Teubner Studienbücher

Biologie

Clarke: **Humangenetik und Medizin**
144 Seiten. DM 18,80

Dzwillo: **Prinzipien der Evolution**
Phylogenetik und Systematik. 152 Seiten. DM 26,80

Françon: **Physik für Biologen, Chemiker und Geologen**
Band 1: 208 Seiten. DM 19,80
Band 2: 171 Seiten. DM 18,80

Lockwood: **Membranen tierischer Zellen**
123 Seiten. DM 17,80

Mohr: **Biologische Erkenntnis**
Ihre Entstehung und Bedeutung. 221 Seiten. DM 26,80

Röhler: **Biologische Kybernetik**
Regelungsvorgänge in Organismen. 180 Seiten. DM 22,80

Ruthmann/Hauser: **Praktikum der Cytologie**
172 Seiten. DM 22,80

Schönbeck: **Pflanzenkrankheiten**
Einführung in die Phytopathologie. 184 Seiten. DM 24,80

Skrzipek: **Praktikum der Verhaltenskunde**
220 Seiten. DM 25,80

Vangerow: **Grundriß der Paläontologie**
132 Seiten. DM 19,80

Wynn: **Struktur und Funktion von Enzymen**
102 Seiten. DM 15,80

Geographie

Bahrenberg/Giese: **Statistische Methoden und ihre Anwendung in der Geographie**
308 Seiten. DM 32,–

Born: **Geographie der ländlichen Siedlungen**
Band 1: Die Genese der Siedlungsformen in Mitteleuropa
228 Seiten. DM 28,–

Dongus: **Die geomorphologischen Grundstrukturen der Erde**
200 Seiten. DM 26,80

Heinritz: **Zentralität und zentrale Orte**
Eine Einführung
179 Seiten. DM 25,80

Herrmann: **Einführung in die Hydrologie**
151 Seiten. DM 24,80

Kuls: **Bevölkerungsgeographie**
Eine Einführung
240 Seiten. DM 28,80

Fortsetzung auf der 3. Umschlagseite

Teubner Studienbücher der Biologie

H. Mohr
Biologische Erkenntnis
Ihre Entstehung und Bedeutung

Teubner Studienbücher
der Biologie

Herausgegeben von
Prof. Dr. H. Stieve, Jülich, und Dr. E. Hildebrand, Jülich

Die Studienbücher der Reihe Biologie sollen in Form einzelner Bausteine grundlegende und weiterführende Themen aus allen Gebieten der Biologie umfassen. Daneben werden auch die übrigen Naturwissenschaften in einem Maße berücksichtigt, wie sie für den Umgang mit den Denk- und Arbeitsmethoden der Biologie notwendig erscheinen. Die Bände der Reihe sind wegen ihrer studienbezogenen Konzeption besonders zum Gebrauch neben Vorlesungen oder auch anstelle von Vorlesungen sowie zur Fortbildung der Lehrer geeignet. Für den Studierenden der Mathematik, Physik oder Chemie, der an biologischen Problemen interessiert ist, bietet die Reihe die Möglichkeit, sich an exemplarisch ausgewählten Themengruppen in die Biologie einführen zu lassen.

Biologische Erkenntnis

Ihre Entstehung und Bedeutung

Von Dr. rer. nat. Hans Mohr
o. Professor an der Universität Freiburg I. Br.

Mit 39 Abbildungen und 4 Tabellen

Springer Fachmedien Wiesbaden GmbH

Prof. Dr. rer. nat. Hans Mohr

Geboren am 11.5.1930, Studium der Biologie, Physik und Philosophie, Promotion 1956 bei E. Bünning (Tübingen). Anschließend
als Stipendiat (postdoctoral research fellow) in den USA bei H. A.
Borthwick und S. B. Hendricks. 1959 Habilitation in Tübingen, seit
1960 o. Professor für Biologie an der Universität Freiburg i. Br.
Arbeitsgebiete: Entwicklungsbiologie, Wissenschaftstheorie. Seit
1968 Projektleiter am Sonderforschungsbereich 46 (Molekulare
Grundlagen der Entwicklung) der Deutschen Forschungsgemeinschaft. Seit 1966 Mitglied der Deutschen Akademie der Naturforscher
(Leopoldina). Gastprofessuren in den USA.

CIP-Kurztitelaufnahme der Deutschen Bibliothek

Mohr, Hans:
Biologische Erkenntnis : ihre Entstehung u. Bedeutung / von Hans Mohr. –
Stuttgart : Teubner, 1981
(Teubner-Studienbücher der Biologie)
ISBN 978-3-519-03613-5   ISBN 978-3-322-92797-2 (eBook)
DOI 10.1007/978-3-322-92797-2

Vorwort der Herausgeber

Für viele Naturwissenschaftler mag die Frage: Wie und auf welches Ziel hin betreiben wir Wissenschaft? unwichtig erscheinen. Methoden und Denkweisen werden während des Studiums und in der täglichen Praxis wie selbstverständlich aufgenommen. Erkenntnis um ihrer selbst willen oder im Hinblick auf eine Veränderung der Welt gilt als ausreichende Begründung für unser wissenschaftliches Tun. Eine Reflexion über die Wege zu wissenschaftlicher Erkenntnis und ihre Bedeutung wird jedoch unausweichlich, wo Wissenschaft in der Auseinandersetzung mit der Öffentlichkeit zu begründen ist.

Die zunehmende Bedeutung der modernen Biologie für die Lösung gegenwärtiger und zukünftiger Probleme der Menschheit sowie ihr Beitrag zu unserem Selbstverständnis machen es notwendig, erkenntnistheoretische Grundlagen der Biologie auch im Rahmen des Studiums zu behandeln. Wer den Beitrag der Biologie zu unserem heutigen Welt- und Menschenbild begründen will, darf den erkenntnistheoretischen Problemen der Biologie nicht ausweichen.

Eine leichtverständliche Darstellung dieser Thematik war für den deutschsprachigen Leser bislang nicht greifbar. In dem vorliegenden Studienbuch werden Voraussetzungen, Entstehung und Reichweite biologischer Erkenntnis aus der Sicht eines in seinem Fach äußerst erfolgreichen und kompetenten Biologen geschildert. Das Buch ist in erster Linie konzipiert als Einführung für Studierende der Biologie, wendet sich aber zugleich an alle, die an wissenschaftstheoretischen Problemen der Naturwissenschaften interessiert sind. Nicht zuletzt wird es auch von Biologielehrern an Höheren Schulen begrüßt werden, denen neben der Wissensvermittlung die Darstellung der Struktur und Bedeutung ihres Faches im Unterricht am Herzen liegt.

Wissenschaftstheorie ist traditionell ein Teil der Philosophie. Aber es ist die Biologie – Verhaltensforschung, Neurophysiologie und Phylogenetik –, die uns mit der Evolutionären Erkenntnistheorie erstmals eine befriedigende Antwort gibt auf die zentrale Frage: Wie erkennen wir? Die Evolutionäre Erkenntnistheorie ist damit zugleich Ergebnis und Voraussetzung biologischer Forschung. Wird die Philosophie die Erkenntnisse der modernen Biologie inkorporieren? Stehen wir damit an der Schwelle zu einem neuen Verständnis von Naturwissenschaft und Philosophie? Professor Hans Mohr ist einer der wenigen, die versuchen, einen Brückenschlag von Seiten der Biologie voranzutreiben. Wir sind ihm dankbar dafür, daß er mit diesem Buch Studenten und Fachkollegen die notwendigen Grundlagen an die Hand gibt, einem beginnenden Dialog kritisch zu folgen.

Jülich, im Sommer 1981   H. Stieve und E. Hildebrand

Vorwort des Verfassers

Dieses Buch geht auf Vorlesungen über "Structure and Significance of Science" zurück, die ich als Gastprofessor an der University of Massachusetts gehalten habe. Ursprünglich war daran gedacht, den englischen Text (publiziert bei Springer, Heidelberg – New York, 1977) ins Deutsche zu übertragen. Schließlich ist aus dieser Absicht aber ein neues Buch entstanden, das sich nach Umfang und Zielsetzung von dem englischen Text wesentlich unterscheidet.

Meine Bereitschaft, das neue Buch zu schreiben, geht letztlich auf die Erfahrung zurück, daß der heutige Biowissenschaftler sich um die philosophische und wissenschaftstheoretische Vertiefung seines Faches selbst bemühen muß. Die Wissenschaftstheoretiker sind in der Regel immer noch an der Physik als paradigmatischer Naturwissenschaft orientiert. Diese Einseitigkeit wäre zu vertreten, wenn die Biologie uns vor keine spezifischen wissenschaftstheoretischen Probleme stellte. Tatsächlich aber läßt sich weder die Biologie völlig auf Physik, noch lassen sich die wissenschaftstheoretischen Probleme der Biologie zur Gänze auf jene der Physik reduzieren.

Das hier vorgelegte Buch soll Biologen und biologisch oder philosophisch Interessierte an die wissenschaftstheoretischen Probleme unseres Faches heranführen. Beispiele und Fallstudien aus Biologie *und* Physik sollen die aller Naturforschung gemeinsamen Prinzipien ebenso zum Vorschein bringen wie die – vermutlich unaufhebbaren – Unterschiede zwischen den physikalischen und biologischen Disziplinen.

Die Herausgeber der Teubner Studienbücher – Biologie, die Herren Prof. Stieve und Dr. Hildebrand, haben mir mit Ratschlägen und kluger Kritik viel geholfen. Ich möchte ihnen und den Repräsentanten des Verlags auch an dieser Stelle für die vertrauensvolle Zusammenarbeit danken.

Besonderen Dank schulde ich meinem Freiburger Kollegen und Freund Prof. Rainer Hertel. Er hat mich nicht nur über die Jahre hinweg durch viele Gespräche über Wissenschaft und Wissenschaftstheorie bereichert; seine Kritik und seine Zustimmung

sind auch in die Konzepte und in die Formulierungen des vorliegenden Textes eingeflossen.

Letztlich freilich beruht das Buch auf meinen eigenen — auch
subjektiven — Erfahrungen in der biologischen Forschung. Diese
unmittelbaren Erfahrungen, in der Bilanz ungemein positive
Erfahrungen, haben meine Auffassung von Wissenschaft weit
mehr geprägt als das Studium wissenschaftstheoretischer Literatur.

Das Buch ist also nicht frei von Subjektivität; es sollte eher
als ein 'Bekenntnis' aufgefaßt werden, als ein offenes und
ehrliches Bekenntnis zur Wissenschaft, wie sie mir als 'insider'
erscheint.

Das Buch ist meiner Frau gewidmet. In vielen Gesprächen, auch
Streitgesprächen, hat sie meine Vorstellungen über Wissenschaft
mitgeformt. Vor allem aber verdanke ich ihr jenen kultivierten
häuslichen Rahmen, der meine intensive wissenschaftliche Arbeit erst ermöglicht hat.

Freiburg, im Frühjahr 1981   H. Mohr

Hinweise für den Leser

Die im Anschluß an die einzelnen Kapitel zitierte 'weiterführende'
Literatur bezieht gelegentlich auch solche Autoren ein, deren An-
sichten ich nicht zu teilen vermag. Es kommt also vor, daß auf den
Literaturseiten unvereinbare Auffassungen nebeneinander empfoh-
len werden. Hingegen hielt ich es für richtig, diesen einführenden
Text nicht mit der Darstellung von Kontroversen zu belasten. In
Konfliktfällen habe ich derjenigen Auffassung den Vorrang gege-
ben, die ich selber teile.

Bei wörtlichen Zitaten wurden doppelte Anführungszeichen
("---") verwendet. Wörter oder Ausdrücke, die termini technici
sind und deren jeweilige Bedeutung vom Leser sorgfältig beachtet
werden muß, stehen zwischen einfachen Anführungszeichen
('----').

Im Einvernehmen mit den Herausgebern und dem Verlag wurden
in den als Einführung gedachten Text nur relativ selten Referenzen
eingefügt. Damit soll gewiß nicht zum Ausdruck gebracht werden,
in dem vorliegenden Buch seien bevorzugt originelle Gedanken
niedergelegt. Wir hielten es aber für wenig zweckmäßig, einen
Text, der in erster Linie Studenten und Wissenschaftler für die
Sichtweise der Wissenschaftstheorie gewinnen möchte, mit Zitaten
und Referenzen zu beladen, abgesehen von Hinweisen auf solche
Autoren, auf deren Gedanken und Formulierungen *unmittelbar*
zurückgegriffen wurde, z. B. Markl, Reichardt, Riedl, Vollmer.

In meinem englisch geschriebenen, umfangreicheren Buch (Structure and Significance of Science, Springer, Heidelberg–New York,
1977) habe ich thematisch weiter ausgeholt und die mir relevant
erscheinende Literatur in den laufenden Text mit einbezogen.
Wer mit der jetzt vorgelegten, als *Einführung* gedachten Darstellung unzufrieden ist, sollte vielleicht den englischen Text heran-
ziehen.

Inhalt

3 Reichweite biologischer Erkenntnis

1 Voraussetzungen biologischer Erkenntnis

1.1 Biologie als autonome Wissenschaft: Selbstverständnis und Legitimation

Die heutige Biologie versteht sich als eine autonome Wissenschaft. Ihr Objekt ist die belebte Natur. 'Autonom' bedeutet, daß die Biologie nach ihren eigenen, inneren Richtlinien arbeitet und voranschreitet. Autonom bedeutet ferner, daß die Biologie sich ebenso emanzipiert und unabhängig fühlt wie die Physik: frei von den Fesseln politischer Bindung, unabhängig von dem Auf und Ab weltanschaulicher und metaphysischer Doktrinen.

Im traditionellen Selbstverständnis des Naturwissenschaftlers ist die Legitimation für Wissenschaft unproblematisch: Das Ziel der Wissenschaft — so heißt es — sei Erkenntnis; und Erkenntnis sei ein supremer, ein überragender Wert.

Mit 'Erkenntnis' meint der Naturforscher zuverlässiges, gesichertes Wissen über die Welt; Wissen, das präzise Erklärung und präzise Prognose erlaubt; Wissen, das sich beim Umgang mit der Welt, einschließlich des Umgangs mit Menschen, beim Umgang mit der Geschichte und beim Umgang mit Ideen bewährt; Wissen, auf das ich mich bei der Lösung von Problemen verlassen kann.

'Erkenntnis' sollte möglichst zutreffend sein; Erkenntnis sollte bestimmte Aspekte der Wirklichkeit möglichst zutreffend beschreiben. Diese Zielsetzung aller Wissenschaft, etwas möglichst zutreffend 'erkennen' zu wollen, bedeutet, den Begriff der Wahrheit als 'regulative Idee' zu verwenden. Der Erkenntnisprogreß der Wissenschaft orientiert sich in der Tat an der Wahrheit als einer regulativen Idee. Die Arbeit des Wissenschaftlers wird von der Überzeugung getragen, daß es einen an die 'wissenschaftliche Methode' gebundenen Erkenntnisfortschritt gibt, der uns der Wahrheit über die Welt näher bringt. Der *jeweilige* Stand der 'Erkenntnis' wäre also nur eine Zwischenstufe auf dem Weg zu einer immer besseren Einsicht.

Der an der Wahrheit als regulativer Idee orientierte Erkenntnisprogreß der Wissenschaften darf nicht als eine geradlinige Akkumulation von Wissen aufgefaßt werden. In der Geschichte der Wissenschaft haben sich nicht nur die maßgebenden Theorien, sondern auch die 'Sichtweise' der Dinge, die Begrifflichkeit, die Sprache, die materiellen Methoden, die Art der Fragestellung, die Form der Erklärung, kurz: das umfassende Gesamtkonzept, das Paradigma, immer wieder geändert. Auch wenn die Bedeutung eines (partiellen) Paradigmenwechsels in der Wissenschaftsgeschichte von einigen Wissenschaftstheoretikern (Kuhn, Feyerabend) offensichtlich überschätzt wird ("Scientific Revolutions"!), so ist doch der nicht-lineare, nicht-kumulative Charakter der Wissenschaft eine Tatsache. Dies sollte jedoch kein Anlaß dafür sein, sich in den "Sumpf des Relativismus und Irrationalismus" versinken zu lassen; vielmehr sollten wir auch die 'Paradigmenwechsel' beim Fortschreiten der Wissenschaften als Oszillationen einer *ansteigenden* Kurve betrachten: das Fortschreiten der Wissenschaft bedeutet *insgesamt* Fortschritt, Erkenntnisprogreß, orientiert an der Wahrheit als regulativer Idee.

'Erkenntnis' muß eindeutig kommunizierbar sein. Wissenschaftliche Erkenntnis findet deshalb ihren Niederschlag in Form von Sätzen (Aussagen). Handelt es sich um allgemeine (generelle) Sätze, so nennen wir sie Gesetze, handelt es sich um singuläre Sätze, so nennt man sie Daten(sätze) oder Tatsachenaussagen (genauer, Aussagen über Sachverhalte, Seite 61). Was die Wissenschaft vor allen anderen Bemühungen des menschlichen Geistes auszeichnet, ist der Umstand, daß sie strenge ideelle und materielle Verfahren dafür entwickelt hat zu prüfen, ob sich ein Satz bewährt, ob ein Satz zuverlässig ist oder nicht. An der Spitze dieser Verfahren — man nennt sie insgesamt die 'wissenschaftliche Methode' — steht das wissenschaftliche Ethos. Man kann es als ein System praktisch bedingter Konventionen auffassen oder als einen Codex normativer Regeln; auf jeden Fall ermöglicht das wissenschaftliche Ethos 'Erkenntnis' dadurch, daß es das Verhalten der Wissenschaftler, das Verhalten der Scientific Community, und damit das Verhalten jedes einzelnen Wissenschaftlers bestimmt. Wer wissenschaftlich forscht, hat eine Entscheidung getroffen: er hat sich für die Wahrheit entschieden; dafür, das Wahre dem Falschen vorzuziehen. Die meisten erfolgreichen Wissenschaftler kümmern sich nicht ernsthaft um normative Wissenschaftstheorie. Und sie glauben nicht an eine widerspruchsfreie, monistische Philosophie der Wissenschaft. Trotzdem hat sich ein ungeheurer Erkenntnisprogreß vollzogen. Dieser unbestreitbare Erfolg ist nur möglich gewesen, weil das wissenschaftliche Ethos als eine unabdingbare Voraussetzung wissenschaftlichen Tuns vom Wissenschaftler nicht nur respektiert, sondern in seiner zentralen Bedeutung auch (intuitiv?) verstanden wird. Der Primat der Erkenntnis; die Verpflichtung zur Rationalität; die intellektuelle Ehrlichkeit; kein Informationsabweis; symmetrisches Argumentieren — diese Normen beispielsweise gehören zum wissenschaftlichen Ethos (→ Seite 46). Erkenntnisgewinnung setzt also die strenge und stetige Bindung an ein vorgegebenes Ethos voraus. Das "Offenlegen der je eigenen Voraussetzungen" reicht für eine Legitimation in der Wissenschaft nicht aus, weil eine codifizierte, verbindliche Verhaltensweise vorgegeben ist.

Und nun zu der Frage, wie sich Wissenschaft *nach außen* legitimiert, vor dem öffentlichen Bewußtsein, vor den herrschenden Ideologien, vor dem kritischen Zeitgeist?

Wilhelm Bernhard, ein großer französischer Zellbiologe, konnte noch vor wenigen Jahren vor der Deutschen Akademie der Naturforscher (Leopoldina) ohne Zögern bekennen: "Wissenschaft war die Leidenschaft unserer Jugend und blieb Sinn und Freude unseres Daseins. Ist sie doch in ihrer reinen Form Suche nach Erkenntnis und Wahrheit innerhalb des rational Zugänglichen. Darin liegt ihre Größe. Damit ist sie unvergänglicher Bestandteil der abendländischen Kultur. Deshalb ziert sie die Länder, die sie fördern, die Universitäten, die sich diesem Ideal widmen."

Jacques Monod, einer der Begründer der Molekularbiologie, charakterisierte seinen Standpunkt mit den Sätzen: "The only goal, the sovereign good, is not, we must admit, the happiness of man, not even his temporal power or comfort, nor the socratic 'know thyself' — it is objective knowledge itself. This is a rigid and constraining ethic which, if it respects man as a supporter of knowledge, nevertheless defines a value superior to man himself."

Wir müssen dieser Tage den Standort unserer Wissenschaft im Spektrum menschlicher Kultur schärfer bestimmen. Wir müssen unseren Anspruch auf Autonomie vor einem gewandelten Zeitgeist und vor einer skeptischen Öffentlichkeit begründen. Wir sollten uns hier nichts vormachen: Die Institution Wissenschaft ist in der heutigen Welt keine Selbstverständlichkeit mehr! Wissenschaft als *autonome kulturelle* Institution — im Sinn von Bernhard und Monod: Erkenntnis als supremer Wert; Erkenntnisprogreß als überragende Zielsetzung menschlicher Vernunft — diese Motive greifen immer weniger, wenn es darum geht, Wissenschaft als autonome Institution gegenüber unseren Mitbürgern zu rechtfertigen. Die Motivation der Gesellschaft, in der wir leben, eine autonome Wissenschaft zu unterstützen, ist eine labile, sekundäre Motivation. Viele Menschen, vermutlich die meisten Menschen unserer Tage, sind an Wissenschaft als einer auf Erkenntnis gerichteten, kulturellen Institution nicht (mehr) ernsthaft interessiert. Die Natur der interstellaren Materie interessiert sie ebenso wenig wie die chemische Struktur des lac-Repressors oder das self assembly der Ribosomen oder das 'erste Gen'. Was die Menschen von der Wissenschaft wollen und erwarten, ist nicht primär 'Erkenntnis', sondern die Lösung existentieller Probleme, konkret: Wohlstand und Freiheit — ein bequemes Dasein, Sicherheit, einen hohen Lebensstandard, Freiheit von Hunger, Befreiung von harter Arbeit, Befreiung von Krankheit, von Not, von ständiger Angst und Bedrohung. Sie teilen die Meinung von Bertolt Brecht, der seinem Galilei die Worte in den Mund legte: "Ich halte dafür, daß das einzige Ziel der Wissenschaft darin besteht, die Mühseligkeit der menschlichen Existenz zu erleichtern."

Wie verträgt sich diese Zielsetzung mit dem auf Erkenntnis zielenden Wissenschaftsideal autonomer Wissenschaft: Erkenntnis als das Ziel der Wissenschaft; Erkenntnis als supremer Wert; Erkenntnis um der Erkenntnis willen?

Ich glaube nicht, daß zwischen den beiden Zielsetzungen ein Gegensatz besteht; ich bin vielmehr überzeugt davon, daß der unreflektierte Wille des Menschen zur Lösung von Problemen und die kultivierte Sehnsucht des Menschen nach Erkenntnis der gleichen Wurzel entstammen. Unsere Intuition weiß, das Erkenntnis die Grundlage für erfolgreiche Problemlösungen darstellt, im kleinen wie im großen, in der Praxis ebenso wie in der Theorie (→ Seite 169).

Solange die Menschen gute Gründe haben, an einen engen Zusammenhang zwischen Erkenntnis und Wohlfahrt zu glauben, werden sie eine autonome, auf Erkenntnis zielende Wissenschaft gewähren lassen und sie unterstützen.

1.1.1 Interdependenz zwischen Biologie und sozialem Wandel?

Es gibt in der Wissenssoziologie die Doktrin, wissenschaftliche
Theorien seien nichts anderes als der Ausdruck sozialer Interessen.
Dies mag im Geltungsbereich polit-ökonomischer oder sozio-
ökonomischer Theorien richtig sein. Auf die Naturforschung trifft
diese Doktrin aber sicher nicht zu. Es ist vielmehr erstaunlich —
und dies hat bereits Karl Mannheim, den Altmeister der Wissenssoziologie, tief beeindruckt —, wenn man die Geschichte der
Naturforschung an sich vorüberziehen läßt, wie wenig der Erkenntnisprogreß mit dem sozialen Wandel und mit dem Wandel sozial
relevanter Doktrinen in Wechselwirkung stand, abgesehen von
extremen, pathologischen Situationen, wie sie beispielsweise in
der 'Deutschen Physik' im 3. Reich (→ Seite 91) oder im
'Lyssenkoismus' (→ Seite 187) vorlagen. Im Gegensatz zu den
Thesen marxistischer Theoretiker der 30er Jahre, alle Fakten
bewiesen "die sozio-geschichtliche Abhängigkeit und die Klassen-
bestimmtheit wissenschaftlicher Theorien" und dementsprechend
werde die bürgerliche Physik (Planck, Einstein, Bohr, aber auch
der alte Newton) und die bürgerliche Biologie (Weismann, Darwin,
Mendel, Morgan) von einer sozialistischen Wissenschaft abgelöst
werden, im Gegensatz zu diesen Prognosen gilt heutzutage auch
in der Sowjetunion und in China wieder die Auffassung als selbstverständlich, daß es nicht eine bürgerliche und eine marxistische
Physik gibt, sondern nur richtige Physik oder keine. In der Biologie liegen die Dinge im Prinzip ähnlich, aber eben nur im Prinzip.
Der 'Rückzug des dialektischen Materialismus aus den Einzelwissenschaften' (→ Seite 191) ist in der Biologie weniger ausgeprägt
als in der Physik. Dies hat historische und sachliche Gründe. Der
sachliche Grund liegt darin, daß biologische Sachverhalte sich
weniger leicht einem wertenden Urteil entziehen können als
physikalische Sachverhalte.
Und damit sind wir beim Kardinalproblem der Wissenssoziologie:
Erkenntnis und Wertung.

1.1.2 Erkenntnis und Wertung

Es gibt hier zwei konträre Positionen:
Die eine Position, glänzend expliziert von Jacques Monod in sei-

nem 'Ethos der Erkenntnis', verbietet jegliche Vermischung von
Erkenntnis und Wertung.

Die Gegenposition hält der dialektische Materialismus, der in seiner Selbsteinschätzung als "wissenschaftliche Weltanschauung"
von sich behauptet, das Problem des Zusammenhangs zwischen
Wissen und Wertung, Erkennen und Handeln gelöst zu haben.
Beide Extrempositionen sind offenbar zu wenig differenziert.

Merton gelangt in seiner 'Sociology of Science' zwar zu der Schluß-
folgerung, daß weder die wissenschaftliche Methode noch die Ergebnisse der Wissenschaft, also der Inhalt der Erkenntnis, durch
die ökonomischen Rahmenbedingungen, etwa die Produktions-
verhältnisse, determiniert sind; andererseits sieht er natürlich,
daß die jeweiligen Interessenschwerpunkte der Wissenschaft auch
durch soziale Faktoren bestimmt werden. Aber dies sei irrelevant
für den Inhalt der Erkenntnis. Erkenntnis als solche habe tatsächlich einen Status, der sie von Ideologie und Doktrin eindeutig
unterscheide.

Auch ausgeprägt marxistische Wissenssoziologen, wie etwa Rose,
gelangen neuerdings zu demselben Resultat: Erkenntnis als solche
erweise sich als nicht-ideologisch. Die Anwendung von Erkenntnis
sei aber ideologie-gesteuert, und auch die Art und Weise, wie der
Wissenschaftler sein Fachwissen, seine Primärkompetenz, im politischen Disput einsetze, beweise seine Ideologie-Gebundenheit.
Ich glaube, daß die Resultate der Rose'schen Analyse im Prinzip
richtig sind; ich glaube aber nicht, daß man dem Wissenschaftler
in der westlichen Welt deshalb einen Vorwurf machen kann. Die
möglichen Vorwürfe lassen sich — so scheint es — leicht entkräften.

Zum 1. Vorwurf: Die Anwendung von Erkenntnis sei ideologie-
gesteuert. Die Anwendung von Erkenntnis in der Praxis der
Existenzbewältigung — so betont Rose — hinge von außerwissenschaftlichen Faktoren, von Wertungen, in der Regel auch von
ideologischen Überzeugungen ab. Dies ist natürlich richtig. Und
deshalb ist jede Anwendung wissenschaftlicher Erkenntnis notwendigerweise ambivalent. Die Wissenschaft geht lediglich davon
aus, daß *Erkenntnis gut* ist. Die Anwendung von Erkenntnis in
der menschlichen Praxis, also im Rahmen physikalischer oder
biologischer Technik, ist hingegen immer ambivalent, ist immer
ein zweischneidiges Schwert. Die Beurteilung einer wissenschaft-

lich-technischen Leistung nach Gut und Böse ist prinzipiell niemals eindeutig, sie hängt vom Standpunkt und vom Zeitpunkt ab, von den jeweils waltenden Rahmenbedingungen, vom ideologischen oder ethischen Vorurteil. Dies kann man sich an jedem Stück Technik klarmachen, an einem Küchenmesser genauso wie am Penicillin, an einem Herbicid genauso wie an einem Atomreaktor.

Die primäre moralische Verantwortung des Wissenschaftlers betrifft somit ausschließlich die Zuverlässigkeit der wissenschaftlichen Sätze, die als 'wenn-dann-Sätze' in die Risiko-Gewinn-Analyse, in die Entscheidungs- und Folgeprozesse eingehen. Der Wissenschaftler ist primär dafür verantwortlich, daß sich wissenschaftliche Sätze an der Realität bewähren, daß sie 'Erkenntnis' darstellen. Die Menschen müssen sich bei jeder Problemlösung und unter allen Umständen auf die Sätze der Wissenschaft verlassen können. Die moralische Verantwortung des Wissenschaftlers als Wissenschaftler liegt also im ideologiefreien Bereich, sie ist wissenschaftsimmanent. Er hat sich primär vor dem wissenschaftlichen Ethos zu bewähren, nicht vor einer politischen Ideologie.

Zum 2. Vorwurf: Der Wissenschaftler beweise im politischen oder politisch relevanten Disput seine Ideologie-Gebundenheit. Dies ist richtig und eigentlich selbstverständlich. Erinnern wir uns für einen Moment an das wissenschaftliche Ethos. Die Tatsache, daß Wissenschaftler aus verschiedenen Kulturen und Gesellschaftssystemen im wissenschaftlichen Ethos übereinstimmen, bedeutet nicht, daß sie auch im Hinblick auf andere Wertsysteme übereinstimmen. In der Tat weichen hier die Auffassungen verschiedener Wissenschaftler nich selten drastisch voneinander ab. Der Polytheismus der Werte und der politisch-ideologische Pluralismus ist innerhalb der scientific communities mindestens ebenso ausgeprägt wie in der menschlichen Gesellschaft insgesamt. Und dies mit gutem Grund: Es gibt schwerwiegende, existentielle Fragen, bei denen weder die wissenschaftliche Erkenntnis noch das wissenschaftliche Ethos uns sagen, was sein soll und was zu tun ist. Wir alle wissen, daß wissenschaftliche Erkenntnis zwar eine unabdingbare Voraussetzung, aber kein hinreichender Grund ist für die richtige Führung unseres Lebens. Deshalb ist es völlig legitim, wenn verschiedene Wissenschaftler verschiedenen politischen Ideologien anhängen. Dies darf sie aber nicht daran hindern, bei der wissenschaftlichen Untersuchung eines Sachverhalts zum gleichen Resultat zu gelangen, auch wenn dieses Resultat tagespolitisch oder ideologisch relevant sein sollte. Wenn ein wissenschaftliches Gutachten, ein wissenschaftliches Buch, eine wissenschaftliche Vorlesung die Parteizugehörigkeit des Wissenschaftlers erkennen läßt, hat der Betreffende das wissenschaftliche Ethos verletzt. Natürlich kann ein Wissenschaftler absichtlich und überlegt aus dem durch das wissenschaftliche Ethos regierten Bezirk heraustreten, indem er sich politisch äußert oder philosophisch-spekulativ über Wissenschaft spricht. Aber er muß dies klar markieren, und er muß deutlich erkennen lassen, wann er politisch oder philosophisch überzeugen will und wann er wissenschaftliche Erkenntnis vorträgt. Eine emotional oder politisch motivierte Lagerbildung in der Wissenschaft bei entscheidenden Sachfragen darf in der Öffentlichkeit nicht zu dem Eindruck verleiten, wissenschaftliche Erkenntnis sei ambivalent. Erkenntnis ist nicht ambivalent, aber wissenschaftliche Erkenntnis beruht auf einem Partialethos, dem wissenschaftlichen Ethos, das nur dann zum Leitfaden unseres Handelns wird, wenn Erkenntnis das Ziel unseres Handelns ist. Verfolgen wir andere Ziele, so kann uns das wissenschaftliche Ethos keine verbindlichen instrumentalen Werte liefern. Es ist, wie wir gesehen haben, politisch und doktrinär neutral.

Weiterführende Literatur

M e r t o n, R. K. (1973): The Sociology of Science. Chicago: University of Chicago Press

M o h r, H. (1980): Problemlösung und Grundlagenforschung. Gießener Universitätsblätter, Heft 1, p. 7

M o n o d, J. (1971): Zufall und Notwendigkeit, München: Piper

M u l k a y, M. (1979): Science and the Sociology of Knowledge. London: Allen and Unwin

R a d n i t z k y, G. (1980): Der politische Wert der nichtpolitischen Wissenschaft. In: Aufklärung heute. Bedingungen unserer Freiheit (M. Z ö l l e r, Hrsg.), p. 99. Zürich: Edition Interfrom

R o s e, H., R o s e, S., (eds.) (1976): The Political Economy of Science. London: Macmillan

Z i m a n, J. (1978): Reliable Knowledge – an Exploration of the Grounds for Belief in Science. Cambridge: Cambridge University Press

1.2 Evolutionäre Erkenntnistheorie

1.2.1 Erkenntnis und Erkenntnistheorie

Das Ziel der Wissenschaft ist Erkenntnis. Der Erkenntnisprogreß, die Vermehrung und Verbesserung von Erkenntnis, orientiert sich an der 'Wahrheit' als einer regulativen Idee.

'Erkenntnistheorie' ist der Versuch des Menschen, sich verständlich zu machen, wie 'Erkenntnis' entsteht. Erkenntnistheorie gilt als eine philosophische Disziplin, und sie wird deshalb von den Naturforschern als weniger rational eingeschätzt als die Wissenschaft selber, genauer gesagt, als die 'wissenschaftliche Methode'.

Die meisten, auch viele der offensichtlich erfolgreichen Wissenschaftler, kümmern sich nicht ernsthaft um Erkenntnistheorie. Trotzdem hat sich ein ungeheurer Erkenntnisprogreß vollzogen. Die Tatsache, daß ein gewaltiger Schatz an zuverlässigem Wissen von erkenntnistheoretisch naiven Wissenschaftlern erarbeitet wurde, kann auch der radikale philosophische Skeptiker im Ernst nicht bestreiten.

Wir stehen also vor der Situation, daß Erkenntnisgewinnung möglich ist, ohne daß man zu wissen braucht, wie Erkenntnisgewinnung funktioniert. Natürlich kennen Sie alle analoge Situationen: Um Auto fahren zu können, brauche ich nichts, aber auch gar nichts zu wissen über die Funktion des Vergasers oder des Differentials. — Wir können richtig denken, ohne etwas von Logik zu wissen. Logik ist zwar die Theorie des richtigen Denkens, aber ganz offensichtlich keine Voraussetzung dafür.

Viele Wissenschaftler lehnen die Beschäftigung mit Erkenntnistheorie und Logik aus den gleichen Gründen ab, wie der technisch unbegabte oder uninteressierte Autofahrer die geistige Beschäftigung mit dem Auto ablehnt:

1. Man kommt doch nicht dahinter: "The most unintelligible thing about the world is that it is intelligible" (A. Einstein).

2. Erkenntnistheoretische Skrupel lähmen den wissenschaftlichen Impetus, hemmen die Fähigkeit zu erkennen. Dieses Argument ist sehr ernst zu nehmen. Wir alle wissen aus eigener Erfahrung, daß der Versuch, einen unbewußt ablaufenden Vorgang zu rationalisieren, meist dazu führt, daß der Vorgang nicht mehr rich-

tig funktioniert. Seiltänzer wissen — so heißt es —, daß es ein sicheres Mittel gibt, vom Seil zu fallen, nämlich angestrengt darauf zu achten, nicht herunterzufallen. Ist also 'erkenntnistheoretische Abstinenz' die richtige Haltung?

Ich glaube, daß die beiden Argumente, die ich (stellvertretend für manche meiner Kollegen) gegen eine Beschäftigung mit Erkenntnistheorie vorgebracht habe, heute nicht mehr stichhaltig sind, und zwar aus folgenden Gründen:

1. Die Theorie der Erkenntnis kann — wenn man will — wissenschaftlich betrieben werden. Die Theorie der Evolution, das zentrale und tragende Paradigma der modernen Biologie, erlaubt einen wissenschaftlichen Angriff auf die Frage, wie Erkenntnis zustande kommt.

2. Die moderne Wissenschaft ist in Dimensionen vorgestoßen, die eine Reflexion über den modus procedendi und die Bedeutung wissenschaftlichen Tuns unerläßlich machen. In der Physik hat sich diese Einsicht bereits seit dem Vorstoß in die Mikro- und Makrodimensionen, also seit der Entstehung der Relativitätstheorie und der Quantentheorie, ausgebreitet. In der Biologie war es die Molekularbiologie, der Versuch eines konsequenten Reduktionismus, der die Reflexion über die Möglichkeiten und die Grenzen der Erkenntnis herausgefordert hat.

Beim heutigen Stand der Wissenschaft ist deshalb die Beschäftigung mit der Theorie der Erkenntnis kein Luxus mehr, sondern eine Notwendigkeit; notwendig zur richtigen Einschätzung des Fortschritts der Wissenschaften — und, wie wir sehen werden, notwendig zur Bewältigung der Krise unserer Kultur.

Aber (und auf dieses aber kommt es an) die Theorie der Erkenntnis muß aufgefaßt werden als eine wissenschaftliche, nicht mehr als eine primär philosophische Disziplin.

1.2.2 Die zentrale Frage der Erkenntnistheorie

Die zentrale Frage der Erkenntnistheorie ist seit Immanuel Kant die Frage nach der Möglichkeit synthetischer Urteile a priori.
Die Kant'sche Argumentation lautet im Prinzip so:
Jeder Satz, jedes Urteil, das aus der Erfahrung stammt, d. h. nur eine Verallgemeinerung von Erfahrung ist, kann auch durch Er-

fahrung widerlegt werden, ist also nur wahrscheinlich gültig. Es gibt aber Sätze, und zwar gerade grundsätzliche Voraussetzungen aller Naturerkenntnis, die wir als durch keine Erfahrung widerlegbar, mithin als streng und allgemein gültig ansehen: so die Axiome der Geometrie, so das allgemeine Kausalgesetz, daß jeder Vorgang eine Ursache haben muß. Woher stammen diese Begriffe und Urteile, um die wir offenbar vor jeder Erfahrung, also a priori, wissen; woher haben wir das Recht, ihnen eine uneingeschränkte gegenständliche Gültigkeit zuzuschreiben?

Am einfachsten können wir uns heute das Problem am Beispiel der Mathematik oder der formalen Logik klarmachen. Die Mathematik ist ein rein deduktives System von Axiomen und Theoremen. Ihre Satze sind Tautologien. Ayer sagt: -- "merely rearrangements of symbols which did not make any statement about the world".

Und trotzdem gilt die Feststellung des Galilei, daß das Buch der Natur in mathematischer Sprache geschrieben sei. Dieser Spruch des Galilei ist von zahllosen Wissenschaftlern über die Jahrhunderte hinweg wiederholt und bestätigt worden, aber keiner konnte eine Erklärung dafür geben, warum dem so ist.

Hierzu Beispiele:
Warum gelten die Axiome und Theoreme der Euklidischen Geometrie in der realen Welt? Warum ist es legitim und erfolgreich, die Kreisformel $c = 2\,\pi\,r$ auf ein Rad, einen Gegenstand der realen Welt, anzuwenden. Der Kreis ist ein völlig abstraktes Gebilde, Kreis und Rad sind völlig verschiedene Dinge, aber trotzdem gehorcht das Rad der Formel für den Kreis.

$$y = \frac{1}{\sigma\sqrt{2\pi}} \cdot e^{-(x - \bar{x})^2 / 2\sigma^2}$$

Diese Formel, abgeleitet von Gauß, gilt für eine rein mathematische Beziehung zwischen zwei Variablen. Warum war es möglich, die physikalische Meßfehlertheorie (→ Seite 108) auf diese Symbolik zu begründen oder die Häufigkeitsverteilung von Merkmalsgrößen in biologischen Populationen (→ Abb. 8) mit Hilfe dieser Beziehung zu behandeln?

Verallgemeinert: Warum lassen sich die formalen Sätze der Mathematik, die in der Tat nichts anderes sind als Tautologien unseres Geistes, auf die Natur anwenden?

Die formale Logik – eine Konstruktion unseres Geistes – nimmt
für sich in Anspruch, die Lehre vom richtigen Schließen zu sein,
die Lehre vom richtigen deduktiven Denken. Warum können wir
uns in der Tat unerschütterlich darauf verlassen, daß der Syllogismus (→ Seite 77) im täglichen Leben ebenso wie bei der Erkenntnisgewinnung gilt? Woher nehmen wir die Sicherheit, daß
sich die Konstruktionen der formalen Logik unter allen Umständen beim Umgang mit der realen Welt bewähren werden?

1.2.3 Empiristen und Rationalisten

Dehnen wir jetzt unsere Betrachtung auf jene Konfrontation aus,
die sich durch die ganze Geschichte der Philosophie zieht:
Empirismus gegen Rationalismus. Der Empirist geht davon aus,
daß alles, was wir über die Welt wissen können, aus unserer sinn-
lichen Erfahrung stammt. Der Rationalist behauptet, daß wir
unabhängig von der Erfahrung wahre Aussagen über die Welt
machen können.

Zitiert aus dem Buch des englischen Philosophen Ayer "Language,
Truth and Logic":
-- "der Empirist hat Schwierigkeiten, wenn er auf die wahren
Sätze der formalen Logik und der Mathematik trifft. Während
nämlich eine empirische Induktion (also eine erfahrungswissen-
schaftliche Generalisierung) jederzeit mit einer Widerlegung
rechnen muß, erscheinen uns die Sätze der Mathematik und der
formalen Logik als notwendig und sicher und zwar unter allen
Umständen und für jedermann. Aber wenn der Empirismus recht
hat, dann kann es keine Aussagen geben, die sich auf die Natur beziehen und gleichzeitig notwendig und sicher sind.

Demgemäß hat der Empirist den Sätzen der formalen Logik und
der Mathematik gegenüber die beiden folgenden Möglichkeiten: er
muß entweder behaupten, sie seien nicht notwendigerweise und unter allen Umständen wahr. (In diesem Fall kommt er in einen un-
überwindlichen Konflikt mit der allgemeinen Überzeugung, daß es
sich um notwendige Wahrheiten handelt); oder er muß sagen, daß
die Sätze der Logik und Mathematik keine faktische Verbindlichkeit, keinen faktischen Gehalt, haben (aber dann muß er erklären,
wie eine Aussage, die faktisch leer ist, bei der Beschreibung der re-

alen Welt und bei der Bewältigung der Probleme unseres Lebens absolut zuverlässig und extrem nützlich sein kann).

Da offensichtlich keine der beiden argumentativen Möglichkeiten eine Chance hat, ernst genommen zu werden, so bleibt uns nur die Zuflucht zum Rationalismus.

Wir müssen schlicht zugeben, daß es wahre Sätze über die Welt gibt, die wir allen Objekten zuschreiben können, obgleich wir dies natürlich empirisch niemals in Erfahrung bringen könnten. Und wir müssen es letztlich als ein geheimnisvolles unerklärliches Faktum akzeptieren, daß unser Denken die Kraft hat, uns autoritativ die Eigenschaften von Dingen zu enthüllen, die wir nie gesehen haben”. Soweit Ayer.

Ich möchte den Leser in diesem Kapitel davon überzeugen, daß das 'Faktum', auf das sich Ayer bezieht, weder geheimnisvoll noch unerklärlich ist. Dieses Faktum, unser zuverlässiges Vorwissen (oder Vorauswissen) über die Welt ist vielmehr eine notwendige Folge der Tatsache, daß auch unser Erkenntnisvermögen das Produkt einer biologischen (genetischen) Evolution ist.

1.2.4 Die Evolution kognitiver Strukturen

Wenn es eine genetische Evolution der Organismen gegeben hat (was vermutlich niemand im Ernst bezweifelt), dann muß auch das Denken des Menschen, sein Erkenntnisvermögen, seine kognitiven Strukturen, Teil dieser Evolution gewesen sein, und dann war es nicht nur möglich, sondern notwendig, im strengen Sinn unausweichlich, daß sich unser Denken an die Strukturen der realen Welt angepaßt hat. Die Selektion hat für uns die der Natur gemäßen Denkmuster ausgelesen. Es muß bei Tier und Mensch zu einer zumindest partiellen Identität von kognitiver Struktur und Realstruktur gekommen sein. Die Muster unseres Denkens und die Muster der Natur müssen wenigstens partiell übereinstimmen. Unser Vorauswissen über die Welt ist in unseren Genen verankert, ist genetische Information. Es ist ebenso in unseren Genen verankert wie die Information für unseren aufrechten Gang, für unsere Fähigkeit zum Sprechen, zum Sehen, zum Hören, zum Fühlen.

Es ist genauso wie Galilei vermutete: das Buch der Natur ist in mathematischen Lettern geschrieben, oder noch allgemeiner, die

Struktur der Welt ist logisch. Weil wir uns an die Natur und an die
Struktur der Welt angepaßt haben, können wir im Einvernehmen
mit der realen Welt denken. Wir können aus den vorgewußten
Axiomen die formale Logik und die Mathematik entwickeln und
auf die Natur anwenden. Die Naturmuster sind notwendigerweise
die Ursache der Denkmuster.

Letztlich freilich stammt all unser Vorwissen (oder Vorauswissen)
über die reale Welt aus der Erfahrung; aber es ist die Erfahrung des
Stammes, die im Laufe der Evolution durch Auslese und Anpassung
akkumulierte genetische Information. So wie sich unsere Hand an
die reale Welt angepaßt hat, unsere Beine, unsere Augen, unser
Kreislauf, so hat sich auch die kognitive Struktur unseres Gehirns
an die reale Welt, in der die Evolution der Hominiden vonstatten
ging, angepaßt. Es kann nicht anders gewesen sein.

"Der Affe, der keine der Realität entsprechende Wahrnehmung von
dem Ast hatte, nach dem er sprang, war bald ein toter Affe — und
gehörte damit nicht zu unseren Urahnen" (Simpson, 1963).

"Wer aufgrund einer falschen kognitiven Struktur, aufgrund seiner
falschen Erkenntniskategorien eine falsche Theorie der Welt machte, der ging an dieser Welt zugrunde — jedenfalls seinerzeit, als die
Evolution der Gattung Homo vonstatten ging" (Mohr, 1967).

In Kurzform: Falsches Denken war ein gravierender Selektionsnach-
teil, richtiges Denken, d. h. Denken in Übereinstimmung mit der
Realstruktur, war ein erheblicher Selektionsvorteil. Deshalb wurde
die Fähigkeit zum richtigen Denken, deshalb wurden richtige, der
Welt angemessene Anschauungsformen und Erkenntniskategorien
in unseren Genen verankert. Zum Beispiel ist die Erwartung kausaler Zusammenhänge ein "selektionsbewährter Algorithmus" (Riedl),
den die Evolution mit dem Ziel einer ökonomischen, der realen
Welt gerecht werdenden Datenverarbeitung in unsere Gene und damit in unser Zentralnervensystem eingebaut hat. Die Vorgänge in
der Natur *sind* kausal; die *Erwartung* kausaler Zusammenhänge ist
deshalb ein hoher Selektionsvorteil.

Für uns Heutige, für das Individuum, hat das ererbte Vorwissen
über die Struktur der Welt den Charakter synthetischer Urteile a
priori, also den Charakter richtiger unumstößlicher Aussagen, die
aller Erfahrung vorausgehen; von Standpunkt der Evolution aus

sind dieselben Urteile synthetische Urteile a posteriori, begründet
auf Erfahrung, nämlich auf die Erfahrung des Stammes.

1.2.5 Die Tragweite unseres Vorauswissens

Wie weit reicht unser Vorwissen über die Welt, wie tragfähig ist es?
Unser genetisch verankertes Vorwissen über die Welt wird, so kann
man argumentieren, nur solche Strukturen der realen Welt betreffen, die genereller Natur sind, also überall gelten. Die Detailstruk-
turen des jeweiligen Biotops müssen individuell und spezifisch gelernt werden. Das Wissen um die Schwerkraft ist uns angeboren;
wie aber ein Apfel fällt oder eine Schneeflocke, das lernen wir individuell. Auf der Kombination von Vorwissen und Lernen beruht
die Flexibilität und Anpassungsfähigkeit der menschlichen Populationen. Die Zecke hat alles, was sie an 'Erkenntnis' braucht, in ihren Genen. Entsprechend minimal ist ihre Flexibilität. Der Mensch
hat nur jenes Vorwissen, das überall gilt, in seinen Genen; entsprechend groß ist seine Fähigkeit zum individuellen Lernen innerhalb
des Rahmens, den das genetische Vorwissen setzt.

Die enormen Erfolge des Homo sapiens bei der Eroberung der Welt
beruhen somit letztlich auf einer Kombination von genetisch fixier-
ter Erfahrung (Vorwissen a priori) und individueller Erfahrung
(durch Lernen erworbenes Wissen a posteriori).

In die individuelle Erfahrung gehen Versuch und Irrtum ebenso ein
wie (richtige oder falsche) Tradition, Kultur, Erziehung und Konditionierung.

Zurück zu der zentral wichtigen Frage: Wie weit reicht unsere genetisch fixierte Erfahrung, die in unseren Genen akkumulierte Erfahrung der Stammesentwicklung?

Auch unsere Vorfahren können Erfahrungen nur über ihre Sinneseindrücke gemacht haben. Demgemäß ist die Anpassung unserer
kognitiven Strukturen an die Struktur der Welt eng begrenzt. Die
Anpassung bezieht sich auf den Bereich der 'mittleren Dimensionen'. Die Auflösungskraft unseres Sehvermögens z. B. ist etwa
1/10 mm im Raum und 1/16 s in der Zeit. Der Grund für die Begrenzung unserer sensorischen Systeme und damit unserer Anschauungsformen und kognitiven Strukturen liegt vermutlich einfach darin, daß die genetische Evolution des Menschen abhing von

der Struktur und Auflösungskraft jener Sinnesorgane, die ihrer
prinzipiellen Konstruktion nach viel früher in der tierischen Evolution angelegt waren und kaum noch verbessert werden konnten.
Deshalb war die genetische Evolution des Menschen in erster Linie
eine Evolution des Gehirns. Die Evolution des Gehirns und der
kognitiven Strukturen wurde aber stets limitiert durch die Leist-
ungsfähigkeit unserer Sinnesorgane, oder (in anderen Worten) durch
die Verfügbarkeit von Signalen, und damit von 'Erfahrung', aus der
realen Welt.

Die Wissenschaft, wie wir sie heute kennen, hat zwei Wurzeln. Sie
entstand aus dem Handwerk und aus der Naturphilosophie, z. B.
der Griechen oder des Mittelalters. Diese Disziplinen verblieben natürlich in der Reichweite der mittleren Dimensionen, an die sich
der menschliche Geist während der Evolution angepaßt hatte. Und
in diesen Dimensionen verblieb zunächst auch die Wissenschaft.
Als beim Aufstieg der modernen Wissenschaften einige Disziplinen
den Vorstoß in die Makro- und Mikrowelt wagten, konnte man eigentlich nicht erwarten, daß die kognitiven Strukturen unseres
Geistes, unsere Begriffe, unsere Anschauungsformen, unsere Kategorien sich in diesen Bereichen als beliebig tragfähig erweisen würden. Glücklicherweise stellte sich heraus, daß die Tautologien der
Mathematik anscheinend überall gelten. Ein Satz der Erleichterung
(von Heisenberg) lautet: "Die Gesetze der Mathematik — und zwar
alle Gesetze der Mathematik gelten auch auf dem fernsten Stern".
Andererseits ergaben sich in der Physik der kleinen und der großen
Dimensionen erschreckende erkenntnistheoretische Probleme, die
bis heute ungelöst geblieben sind: die Unschärferelation, das scheinbare 'Versagen' des Kausalitätsprinzips in der Mikrophysik, die un-
begreiflichen Konsequenzen des 2. Hauptsatzes der Thermodynamik bei seiner Anwendung auf das Universum, die unüberwindli-
chen Schwierigkeiten mit den uns vertrauten Ideen (oder "Anschauungsformen") von Raum und Zeit in der Relativitätstheorie.
Dies sind besonders eindrucksvolle Beispiele dafür, daß es vermutlich Grenzen unseres Erkenntnisvermögens gibt, also Beispiele für
die prinzipielle Limitierung unserer kognitiven Strukturen.

Stoßen wir bei der Extrapolation unserer Erkenntniskategorien auf
kleine und große Dimensionen an wirklich unüberwindliche Grenzen? Nochmals einige Sätze von Heisenberg: "Ob wir entfernte

Sterne oder Elementarteilchen studieren — auf diesen neuen Gebieten endet die Kompetenz unserer Sprache, die Kompetenz unserer
konventionellen Kategorien. Mathematik ist die einzige Sprache,
die uns verbleibt. Ich persönlich halte es für falsch, zu sagen, die
Elementarteilchen der Physik seien kleine Stückchen von Materie;
ich ziehe es vor, zu sagen, sie seien Repräsentanten von Symmetrie-
gesetzen. Je kleiner die Partikel werden, umso mehr bewegen wir
uns in einer rein mathematischen Welt und nicht mehr in der Welt
der Mechanik." Heisenberg hat am Ende seines Lebens sehr darunter gelitten, daß die meisten Physiker nicht bereit waren, ihm hierin
zu folgen.

1.2.6 Unsere Anpassung an die Welt der mittleren Dimensionen

Ich will das Problem, auf das wir beim Vorstoß in die kleinen und
großen Dimensionen treffen, nochmals mit anderen Worten zusam-
menfassen:

Unser ererbtes kategoriales Vorwissen über die Welt — Raum, Zeit,
Substantialität, Kausalität — bezieht sich auf die mittleren Dimensionen, auf jene Dimensionen, an die sich unser Stamm im Lauf der
genetischen Evolution angepaßt hat. Es ist die Euklidische Geometrie, an die wir angepaßt sind, der dreidimensionale Raum mit 3
orthogonalen Achsen. Eine Nicht-Euklidische Geometrie ist ein abstraktes tautologisches System von Axiomen und Theoremen; ein
System, das unsere Vorstellungskraft definitiv übersteigt. Andererseits ist die Riemannsche Geometrie, eine Art Nicht-Euklidischer
Geometrie, anwendbar auf den physikalischen Raum im Kontext
der allgemeinen Relativitätstheorie, also dann, wenn wir sehr große
Geschwindigkeiten oder Entfernungen in Betracht ziehen. Die Riemannsche Geometrie wurde als ein völlig abstraktes, tautologisches
Produkt der Mathematik gegen Ende des 19. Jh. entworfen. Erst
bei der Entwicklung der allgemeinen Relativitätstheorie zeigte sich
dann, daß der Impulstensor der Physik und der Krümmungstensor
der Riemannschen Geometrie zusammenfallen.

Häufig wird aus diesen Einsichten der Schluß gezogen, es sei eine
böse Täuschung, wenn wir davon ausgehen, der Raum sei dreidi-
mensional, mit drei orthogonalen Achsen, und Raum und Zeit sei-
en unabhängige Größen. Die Relativitätstheorie belehre uns über
diese Täuschung.

Es handelt sich hier nicht um eine Täuschung. Unsere Anschauungsformen und unsere angeborenen Kategorien folgen deshalb der Euklidischen Geometrie, weil unser Körper, weil unsere Sinnesorgane
in Übereinstimmung mit der Euklidischen Geometrie der mittleren
Dimensionen gebaut sind: Auge, Ohr, Tastsinn ebenso wie Nerven
und ihre Verschaltung. Daß wir der Euklidischen Geometrie gehorchen, ist somit nicht Willkür oder Täuschung, sondern eine subtile,
ungeheuer erfolgreiche evolutionistische Anpassung an ein Leben
in der Welt der mittleren Dimensionen.

Freilich ist auch diese genetische Anpassung nicht optimal. Es gibt
zum Beispiel 'Sinnestäuschungen', denen wir trotz aller Selektion
auch heute noch unterliegen. Jedermann weiß, wie bereitwillig wir
von zweidimensionalen Strukturen annehmen, sie seien dreidimen-
sional.

1.2.7 Zweiwertige Logik

Wir wollen diese Einsichten noch einmal am Beispiel der Logik nachvollziehen. Wir folgen in unserem Leben, bewußt oder (in der Regel)
unbewußt, der klassischen formalen Logik, der Theorie des richtigen deduktiven Arguments. Die klassische formale Logik, die Aristotelische ebenso wie die Leibnizsche, beruht auf der Idee der logischen Wahrheit: ein Satz ist entweder logisch wahr oder falsch;
es gibt nur ein Ja oder Nein. Die klassische formale Logik ist nicht
unangefochten geblieben: es wurden nicht-klassische Logiksysteme
entwickelt, insbesondere Systeme mehrwertiger Logik. Im täglichen
Leben folgen wir, ebenso wie in unserem wissenschaftlichen Tun,
der klassischen formalen Logik und der Idee der logischen Wahrheit, obgleich sich die dreiwertige Logik − ja, nein, unbestimmt −,
wie sie von Lukasiewicz entwickelt wurde, bei der Anwendung auf
die Quantenmechanik (durch Reichenbach) besonders bewährt hat.
Wir wissen (aufgrund unserer Gene), daß die klassische formale Logik für unser Leben in den mittleren Dimensionen die richtige Theorie des deduktiven Arguments darstellt. Wir denken erfolgreich in
2-wertiger Logik − glücklicherweise auch jene, die von Logik keine
Ahnung haben oder sich der Ausarbeitung mehrwertiger Logiksysteme widmen.

1.2.8 Die komplementäre Funktion von Vorwissen und individueller Erfahrung

Wir 'wissen' a priori, daß die 2-wertige formale Logik jene Logik ist, die wir in der Welt der mittleren Dimensionen anwenden müssen. Ein Satz ist logisch wahr, wenn er in diesem Sinn keine logischen Widersprüche enthält. Ein logisch wahrer Satz kann aber gleichwohl inhaltlich völlig falsch sein. "Eine Spinne hat 6 Beine" ist logisch völlig korrekt, aber inhaltlich falsch. Über die inhaltliche Richtigkeit eines derartigen Satzes entscheidet die recente, nicht die fossile Empirie; über die Zahl der Gangbeine einer Spinne haben wir kein Vorwissen.

1.2.9 Gefährliches Vorwissen

Unser Vorwissen über die Welt bezieht sich nicht nur auf die Anschauungsformen von Raum und Zeit, auf unser uneingeschränktes Vertrauen in Kausalität und logische Wahrheit, sondern auch auf strukturelle Eigenschaften der Welt: wir rechnen mit einer geordneten, stetigen und kohärenten Natur, die keine (großen) Sprünge macht; wir rechnen mit einer "Konstanz der Koinzidenzen". Die 'Idee' von Naturgesetzen setzt eine Welt voraus, die *regelmäßig* strukturiert ist. "Ein Experiment ist reproduzierbar", in diesem Satz offenbart sich ein ungeheurer Glaube an die Uniformität und Verläßlichkeit der Natur. Dieser Glaube ist darauf zurückzuführen, daß unsere kognitiven Strukturen in einer Welt, die keine Sprünge machte, evolviert sind. Unser Vorwissen rechnet mit Zuverlässigkeit und mit Kontinuität; mit jener Kontinuität der realen Welt, auf die sich unsere Vorfahren im Paläolithikum in ihrer Lebensspanne von 30 Jahren verlassen konnten.

Diese Haltung kann in einer Welt des raschen Wandels lebensgefährlich sein. Die Menschen können sich zum Beispiel kaum vorstellen, daß uns *plötzlich* die Energie ausgeht, oder daß ein exponentielles Wachstum der Menschenmassen die Welt *innerhalb kurzer Frist* katastrophal ändern wird. Wir haben keine zuverlässigen Anschauungsformen für exponentielles Wachstum oder für katastrophale Änderungen, weil unser Vorwissen in einer Welt ohne abrupte Wechsel, in einer Welt der steady states und der mittleren Zeitspannen, entstanden ist.

1.2.10 Das Empirismus-Rationalismus-Problem der Philosophie (ein Rückblick)

Ayer schreibt in "Language, Truth and Logic":

--- "das Zugeständnis, daß es Fakten über die Welt gibt, die wir unabhängig von der Erfahrung wissen können, wäre unverträglich mit unserer fundamentalen Überzeugung, daß ein Satz nichts aussagt, wenn er nicht empirisch zu bestätigen ist --- die grundlegende Behauptung des Rationalismus besagt, daß das Denken eine unabhängige Quelle der Erkenntnis ist, und darüber hinaus eine vertrauenswürdigere Quelle der Erkenntnis als die Erfahrung.

Manche Rationalisten haben sich sogar zu der Auffassung verstiegen, daß das Denken die einzige Quelle der Erkenntnis sei. Der Grund für diese Ansicht ist einfach der, daß die einzig notwendigen Wahrheiten über die Welt, die wir kennen, aus dem Denken stammen und nicht aus der Erfahrung."

Vom Standpunkt der evolutionären Erkenntnistheorie ist die traditionelle Konfrontation von Empirismus und Rationalismus, von der zahllose Philosophen gelebt haben, ein Scheinproblem. In Wirklichkeit existiert das Problem überhaupt nicht, weil synthetische Urteile a priori auch auf Erfahrung beruhen.

Vom Standpunkt des Einzelnen, des Individuums, aus ist ein synthetisches Urteil über die Welt, das wir unabhängig von der Erfahrung kennen, ein synthetisches Urteil a priori im strengen Sinn. Vom Standpunkt unserer Evolution aus ist dasselbe Urteil ein Urteil a posteriori; es beruht ebenfalls auf Erfahrung, nämlich auf der Erfahrung unserer Vorfahren, die in unserer genetischen Information erhalten und gespeichert ist; in der spezifischen Nucleotidsequenz der genetischen DNA, die wir von unseren Eltern geerbt haben.

1.2.11 Die Fragen des Immanuel Kant

An dieser Stelle will ich die in der Geschichte der Philosophie so berühmt gewordenen Fragen Kants aus der 'Kritik der reinen theoretischen Vernunft' einschalten:

--- "Frage: ob es ein dergleichen von der Erfahrung und selbst von allen Eindrücken der Sinne unabhängiges Erkennen gebe. Man nennt solche Erkenntnisse a priori und unterscheidet sie von den empirischen, die ihre Quellen a posteriori, nämlich in der Erfahrung, haben ---- Die eigentliche Aufgabe der reinen Vernunft ist nun in der Frage enthalten: Wie sind synthetische Urteile a priori möglich?"

Kant zeigte in der 'Kritik der reinen Vernunft', daß es synthetische Urteile a priori geben muß.

--- "Der Raum ist kein empirischer Begriff, der von äußeren Erfahrungen abgezogen werden (kann) --- Der Raum ist eine notwendige Vorstellung a priori, die allen äußeren Anschauungen zugrunde liegt --- die ursprüngliche Vorstellung vom Raum (ist) Anschauung a priori ---"

Kant konnte überzeugend begründen, daß es synthetische Urteile a priori, apriorische Anschauungsformen wie Raum und Zeit und die reinen Verstandesbegriffe (oder Kategorien) wie etwa die Kausalität geben muß, aber er konnte nicht erklären, warum es sie mit Notwendigkeit geben muß. Kant und seiner Zeit war die Idee einer genetischen Evolution fremd.

Für uns ist diese Erklärung einfach: Jeder von uns kombiniert in seinem individuellen Leben zwei Sorten von Erfahrung: die Erfahrung unserer stammesgeschichtlichen Vorfahren, die wir mit unseren Genen geerbt haben, und die Erfahrung, die wir in unserem persönlichen individuellen Leben gemacht haben, einschließlich der Erfahrung, die durch kulturelle Tradition und soziale Nachahmung auf uns übergegangen ist.

1.2.12 Erwerb der Sprache

Anhand einer Fallstudie, am Beispiel der Sprache, will ich das Zusammenwirken von stammesgeschichtlicher und individueller Erfahrung möglichst durchsichtig machen. Jedes gesunde Kind (d. h. jedes Kind, das nicht an genetischen Defekten wie Taubstummheit leidet) ist fähig, jede beliebige natürliche Sprache zu lernen. Die Basisgene für das Erlernen einer natürlichen Sprache liegen in jedem intakten menschlichen Genom vor. Welche der möglichen natürlichen Sprachen ein Kind als Muttersprache erlernt, ist jedoch durch die individuelle Erfahrung bedingt. Zwar ist das menschliche Gehirn auf bestimmte grammatische Strukturen natürlicher Sprachen

vorprogrammiert (nur Sprachen solcher Struktur kann das Kind erlernen), es können die angeborenen Strukturen eine konkrete, natürliche Sprache aber nicht restlos determinieren. "Welche der
innerhalb der vorgegebenen Strukturen noch möglichen Sprachen
das Individuum erlernt, wird durch die zufällige Umgebung bestimmt, in die es hineingeboren wird" (Vollmer).

Es sind also drei Faktoren zu unterscheiden, die beim individuellen
Erwerb einer Sprache zusammenspielen: 1. der Spracherlernungs-
apparat (language-acquisition-device). Er ist angeboren. – 2. Sprachliche Universalien, also Strukturmerkmale, die alle menschlichen
Sprachen gemeinsam haben, – und die garantieren, daß die Sprache,
die wir lernen, der Welt, in der wir zu leben haben, angemessen ist.
Diese sprachlichen Universalien sind ebenfalls angeboren. – 3. Die
spezifische Umwelt, in der das Kind seine Muttersprache erwirbt.
Die individuelle Spracherfahrung, die das Kind macht, bestimmt,
welche Sprache innerhalb der begrenzten Menge potentiell möglicher Sprachen tatsächlich erlernt wird.

1.2.13 Universales Vorauswissen und kulturelle Vielfalt

Am Beispiel der natürlichen Sprachen läßt sich das Problem, inwieweit universales Vorwissen verträglich ist mit kultureller Vielfalt,
überzeugend meistern. Die Vermutung liegt nahe, daß die vorgeschlagene Lösung allgemeine Gültigkeit hat. Die allgemeine Frage
lautet: Ist das Vorwissen über die Welt bei allen menschlichen Populationen sehr ähnlich oder ist die Diversität der Kulturen korrel-
liert mit Unterschieden im Vorwissen? Tatsache ist, daß die Weltsicht, die Orientierung in der Welt, die wissenschaftliche Erkenntnis ermöglicht, keine Domäne des abendländischen Menschen darstellt, sondern sich überall durchsetzt, sofern sie nicht aktiv repri-
miert oder durch kulturelle Konditionierung überformt wird. Ein
Beispiel (nach Riedl) ist das alte Japan, wo die Logik nur wenig
entwickelt war und 'Wissenschaft' nicht spontan entstanden ist,
trotz eines relativ hohen Bildungsstandes der Bevölkerung in diesem isolierten Inselreich. Aber natürlich kamen auch die alten Ja-
paner mit der Natur aus: sie konnten Schiffe bauen und navigieren,
Stahl herstellen und Paläste errichten, und sie kamen glänzend mit
der Wissenschaft zurecht, sobald ihr Interesse daran geweckt war.
Es kann, glaube ich, keinen Zweifel daran geben, daß innerhalb des

Homo sapiens ein universaler, vorgeprägter Konsens besteht, der
sich auf die grundlegenden Züge der realen Welt bezieht. Es gibt
ein universales kategoriales Rahmenwerk, das wesentliche Aspekte
der realen Welt betrifft. Diese grundlegenden kognitiven Strukturen sind unabhängig von dem jeweiligen kulturellen Paradigma; sie
werden deshalb auch von einem kulturellen Paradigmenwechsel
nicht ergriffen. Deshalb ist es auch möglich gewesen, daß sich die
moderne Wissenschaft, die eine bestimmte Weltsicht und eine bestimmte Geisteshaltung voraussetzt, in kurzer Zeit über weite Teile
der Welt ausbreiten konnte, unabhängig von den jeweils vorherr-
schenden kulturellen Auffassungen und unabhängig von den vor-
herrschenden politisch-ideologischen Maximen.

Die kulturelle Prägung, der wir als Kinder oder Jugendliche ausgesetzt sind, kann allerdings im Extremfall das universale Vorwissen
über die Welt derart überformen, daß es sich nicht mehr erkennbar
manifestiert. Die heute wieder viel zitierten alternativen oder my-
thischen Weltbilder sind sekundäre, kulturell bedingte Luxus-Vari-
anten unserer naturgegebenen Weltsicht. Sie sind nur deshalb le-
bensfähig — beispielsweise die paradoxe Poesie des Zen Koan oder
die absurde Naturphilosophie des späten Schelling —, weil sie
auf Kulturen parasitieren, die der Realität angepaßt sind.

1.2.14 Die Erklärung der Zweckmäßigkeit der belebten Natur

Diese Fallstudie behandelt eines der schwierigsten Probleme der
Philosophie, die Erklärung der Zweckmäßigkeit der belebten Natur,
oder — wie Kant es ausdrückte — die Erklärung der objektiven Zweckmäßigkeit der organischen Natur! "Ein organisiertes Produkt der
Natur ist das, in welchem alles Zweck und wechselseitig auch Mittel ist." Warum beurteilen wir die belebte Natur überhaupt derart?

In der Kritik der Urteilskraft hat Kant versucht, unseren Glauben
an die Zweckmäßigkeit der 'Dinge der Natur' verständlich zu machen. Auch dieses Unternehmen ist ihm nicht geglückt, weil sich —
wie wir heute wissen — ohne die Idee der Evolution die Zweckmäs-
sigkeit der belebten Natur nicht erklären läßt; sie läßt sich konstatieren, aber nicht erklären.

Kant hat mit einem bewunderswerten Scharfsinn das Problem soweit aufbereitet, wie es ohne das Konzept einer genetischen Evolution überhaupt zu bewältigen war. Kant führte die teleologische Erklärung, zu der wir neigen, als regulatives Prinzip der Urteilskraft ein, als eine heuristische Kategorie (im Gegensatz zu den konstitutiven Kategorien der reinen Vernunft). Wir tun, um unserer Bequemlichkeit willen, so als sei die Natur von einer allerhöchsten Vernunft geordnet. "Das spekulative Interesse der Vernunft", sagt Kant, "macht es notwendig, alle Anordnung in der Welt so anzusehen, als ob sie aus der Absicht einer allerhöchsten Vernunft entsprossen wäre."

"Man spricht in der Teleologie", so meint Kant, "ganz recht von der Weisheit, der Sparsamkeit, der Vorsorge, der Wohltätigkeit der Natur, ohne dadurch aus ihr ein verständiges Wesen zu machen". Kant lehnte die teleologische Beurteilung als konstitutive, der Natur entsprechende Kategorie in der Tat strikt ab, er hielt aber andererseits die teleologische Beurteilung der Welt — "als ob sie dem unerforschlichen Ratschluß der höchsten Weisheit entsprungen sei" — für unbedingt notwendig. Diese Beurteilungsweise diene, wie Kant meinte, unserer Erfahrung als Richtschnur, um in der belebten Natur den Zusammenhang der Erscheinungen "nach einer anderen Regel als der des bloßen Mechanismus" zu denken.

Wir sind heute in einer prinzipiell anderen und viel besseren Position. Wir erklären die Zweckmäßigkeit der einzelnen Lebewesen ebenso wie die Zweckmäßigkeit des Naturzusammenhangs und die scheinbare Zielgerichtetheit der Evolution kausal aus der Theorie der Evolution. Die Dinge der belebten Natur sind zweckmäßig (insofern ist Zweckmäßigkeit für uns eine konstitutive, den Realkategorien entsprechende Kategorie der Vernunft), aber sie sind nicht zweckmäßig deshalb, weil sie aus der Absicht einer allerhöchsten Vernunft entsprungen wären, sondern weil sie die Resultate, die Produkte einer genetischen Evolution sind.

Der Mechanismus der genetischen Evolution, das Zusammenspiel der Einzelfaktoren, ist uns im Prinzip bekannt: Mutation und Rekombination sorgen fortgesetzt für genetische Variation, und die Selektion bewirkt die Auswahl der jeweils besseren, der ökonomischeren Varianten. Es sieht so aus, als stünde hinter der Evolution eine höchste Weisheit, die das Geschehen von vornherein und zielsicher auf ein Ziel hindenkt.

Wir wissen, daß diese Zielgerichtetheit nur scheinbar ist — und auch Kant wußte dies. "Daher spricht man in der Teleologie", so sagt er in der Kritik der Urteilskraft, "ganz recht von der Weisheit, der Sparsamkeit, der Vorsorge, der Wohltätigkeit der Natur, ohne dadurch aus ihr ein verständiges Wesen zu machen."

1.2.15 Kant, Konrad Lorenz — und Goethe

Kehren wir zurück zu den Erkenntnis stiftenden Kategorien unserer Vernunft. Das für die Erkenntnistheorie entscheidende Resultat der evolutionären Erkenntnistheorie ist die Erklärung der Möglichkeit synthetischer Urteile a priori. Wir erklären Erkenntnis a priori durch die partielle Identität von kognitiver Struktur und Realstruktur.

"Die Frage, ob es synthetische Urteile a priori gibt, ist eine Schicksalsfrage der Philosophie", so sagte Stegmüller. Kant zeigte in seinen Kritiken, daß synthetische Urteile a priori die notwendigen Vorbedingungen jeder möglichen Erfahrung sind. Er zeigte auch, daß diese unabdingbaren Kategorien unseres Denkens nicht aus der Erfahrung des Menschen zu begründen sind. Die Herkunft unserer Anschauungsformen, die Herkunft der kategorialen Voraussetzungen richtigen Denkens und richtiger Erfahrung blieben im Dunkeln. Kant konnte dieses Problem nicht lösen.

Die Lösung brachte erst die Theorie der Evolution. Vermutlich war (wenn wir von Spencer absehen) Konrad Lorenz der erste, der die Grundgedanken der evolutionären Erkenntnistheorie klar formulierte und damit eine 'kopernikanische Wende' in der Theorie der Erkenntnis einleitete.

"Unsere vor jeder individuellen Erfahrung festliegenden Anschauungsformen und Kategorien", sagt Lorenz, "passen aus ganz denselben Gründen auf die Außenwelt, aus denen der Huf des Pferdes schon vor seiner Geburt auf den Steppenboden, die Flosse des Fisches, schon ehe er aus dem Ei schlüpft, ins Wasser paßt". Die Kategorien sind a priori für das Individuum, zugleich aber a posteriori, durch Erfahrung erworbene Kenntnis seines Stammes.

Die Entwicklung einer *wissenschaftlichen* Theorie, der Theorie der Evolution, hat es schließlich möglich gemacht, die *philosophische* Frage nach der Möglichkeit synthetischer Urteile a priori systematisch zu lösen. Der endlose Empirismus-Rationalismus-Streit der Philosophen ist durch das Fortschreiten der Wissenschaft gegenstandslos geworden.

Die großen Poeten, deren Gespür für die Wirklichkeit häufig das der Philosophen übertrifft, haben auch in diesem Fall die entscheidende Erkenntnis in wunderbaren Metaphern vorweggenommen:

> "Wär' nicht das Auge sonnenhaft,
> die Sonne könnt es nicht erblicken;
> läg nicht in uns des Gottes eigne Kraft,
> Wie könnt uns Göttliches entzücken?"

J. W. v. Goethe

In Wilhelm Meisters Wanderjahren spricht Goethe seine Einsicht mit den Worten aus:

> "(Die) richtige Ansicht der irdischen Dinge
> ist ein Erbteil des allgemeinen Menschenverstandes".

1.2.16 Vorwissen und Problemlösung

Ich muß (und will) dieses Kapitel mit einem negativen Akzent beenden. Unser Vorwissen über die Welt, die Struktur unseres Verstandes, reicht offenbar nicht aus, um die Strukturprobleme der *modernen* Welt zu bewältigen. Dies ist verständlich – schließlich sind die uns heute angeborenen Kategorien des Denkens unter den soziokulturellen Bedingungen des Paläolithikums entstanden –, aber es ist gleichzeitig ein Grund für tiefe Sorge und Skepsis.

Jay Forrester, dem wir das geistige Konzept für die "Grenzen des Wachstums" verdanken, sagte unverblümt: "Es ist mein Grundthema, daß der menschliche Verstand nicht dazu geschaffen ist, das Verhalten komplizierter Sozialsysteme zu verstehen."

Lester Brown, einer der besten Kenner der derzeitigen Weltlage, faßt seine Erfahrungen in der UNO und in der Ernährungs- und Landwirtschaftsorganisation der Vereinten Nationen – FAO – dahin zusammen, "daß nur wenige führende Politiker die Dynamik des Bevölkerungswachstums überhaupt begreifen. Unter hundert

Politikern gibt es höchstens zwei, denen klar ist, daß sich die Bevölkerung bei einer jährlichen Wachstumsrate von drei Prozent innerhalb eines Jahrhunderts auf das Neunzehnfache vermehrt."

Unser Verstand tut sich schwer, komplexe, nicht-lineare, mehrfachverstärkte Systeme in den Griff zu bekommen, weil die Kausalität, auf die wir programmiert sind, die linearen Zusammenhänge, die den Erfolg zu bringen scheinen, überbetont und die Vernetzungen, die Nebenwirkungen, die Rückkoppelungen solange wie irgend möglich ignoriert. Der Historiker August Nitschke analysierte in seinen Studien über Naturerkenntnis und politisches Handeln im Mittelalter auch das Raumkonzept der Naturwissenschaftler im 12. Jh. Der Raum wurde für diese Denker wesentlich durch Bewegungsvorgänge erschlossen. Solche Vorgänge waren für sie *lineare* Abläufe, die in verschiedene Richtungen gehen konnten; meist mit der Tendenz auf das unmittelbar vor ihnen Liegende. Und mehr noch: "Die Bewegungen stellen --- eine ständige Inbesitznahme eines vorher freien Ortes dar". Das Raumbild bestimmte Landnahme, Städtegründung und Territorialherrschaft.

Der Experimentalpsychologe Dörner hat unter der Überschrift "Wie Menschen eine Welt verbessern wollten und sie dabei zerstörten" aufgezeigt, wie rasch wir beim Problemlösen in komplexen Realitätsbereichen versagen.

Ein Beispiel (nach Riedl): Dörner und Reither haben zwölf intelligenten Studenten die Aufgabe gestellt, die Lebensbedingungen in einem fiktiven Entwicklungsstand, Tana-Land genannt, zu verbessern. Alle Konditionen des Landes waren bekanntgegeben und durften beliebig variiert werden. Die Vorschläge der Probanden wurden in den Computer eingegeben und danach das Schicksal des Tana-Landes simuliert. Es zeigte sich, "daß die Probanden fast ausnahmslos das ursprünglich stabile Gefüge --- zerstörten und dadurch häufig katastrophale Zustände schufen." Dörners Analyse ergab, daß die Versuchspersonen in linearen Ursache-Wirkungsketten dachten und die Vernetzung der Ursachen und damit die Nebenwirkung ihrer Maßnahmen ungenügend und verspätet zur Kenntnis nahmen.

Die entscheidende Frage für die Bewältigung der Zukunft läuft wohl darauf hinaus, ob die Grenzen und Mängel unseres Vorwissens, der Umstand, daß unser genetisch verankertes Vorwissen den soziokulturellen Rahmenbedingungen unserer heutigen Existenz nicht mehr genügend entspricht, durch Lernen und Konditionierung zu kompensieren sind. Wenn dies nicht gelingt, wird unsere Kultur vermutlich zugrunde gehen. Sollte es zum Kollaps kommen, so wissen wir immerhin, an welchem Sachverhalt der Homo sapiens letztendlich gescheitert ist: Unser Vorwissen über die Welt hatte uns die geistige Kraft gegeben, diese Welt so sehr zu verändern, daß wir ihr schließlich nicht mehr gewachsen waren.

Weiterführende Literatur

A y e r, A. J. (1936): Language, Truth and Logic. London: Gollancz

C a m p b e l l, D. T. (1974): Evolutionary Epistemology. In: The Philosophy of K. R. Popper (P. A. Schilpp, ed.). La Salle: Open Court

D ö r n e r, D. (1967): Problemlösen als Informationsverarbeitung. Stuttgart: Kohlhammer

K a n t, I.: Die drei Kritiken. Mit verbindendem Text zusammengefaßt von R. S c h m i d t (1949). Stuttgart: Kröner

L o r e n z, K. (1941): Kants Lehre vom Apriorischen im Lichte gegenwärtiger Biologie. Blätter für die deutsche Philosophie 15, 94

L o r e n z, K. (1943): Die angeborenen Formen möglicher Erfahrung. Z. Tierpsychologie 5, 235

P o p p e r, K. R. (1972): Objektive Knowledge — An Evolutionary Approach. Oxford: Clarendon Press

R i e d l, R. (1980): Biologie der Erkenntnis. Berlin: Parey

V o l l m e r, G. (1975): Evolutionäre Erkenntnistheorie. Stuttgart: Hirzel

1.3 Das wissenschaftliche Ethos

Wissenschaft (im Sinn der englischen Science) kann aufgefaßt werden als ein methodisch geordneter, systematisierter Versuch des menschlichen Geistes, gesichertes Wissen ('Erkenntnis') zu erlangen (→ Seite 15). Wissenschaftliche Erkenntnis ist 'öffentliches Wissen' (public knowledge). Es ist ein Wissen, das den kompetenten Mitgliedern einer wissenschaftlichen Gruppe, einer 'scientific community', gemeinsam gehört, das sie gemeinsam erarbeiten, gegenseitig kritisch prüfen, in die Form wissenschaftlicher Aussagen (→ Seite 61) bringen und gemeinsam verantworten (→ Seite 80).

In diesem Abschnitt will ich die normativen Voraussetzungen wissenschaftlichen Tuns darlegen, das innere Wertsystem der Wissenschaft, das die verschiedenen scientific communities in die Lage versetzt, Erkenntnis zu gewinnen. Wir nennen dieses verbindliche Wertsystem der Wissenschaft das wissenschaftliche Ethos. Dieses Ethos wird von den Mitgliedern der globalen 'scientific community' deshalb respektiert, weil der Erfolg von Wissenschaft davon abhängt, wie strikt sich die Mitglieder der scientific community zu dem Ethos bekennen. Erkenntnisgewinnung setzt also die strenge und vor allem stetige Bindung an ein vorgegebenes Ethos voraus. Das "Offenlegen der je eigenen Voraussetzungen" reicht für eine Legitimation in der Wissenschaft nicht aus, weil ein verbindlicher Verhaltenscodex als eine conditio sine qua non vorgegeben ist. Die wissenschaftliche Methode steht und fällt mit der Verbindlichkeit des wissenschaftlichen Ethos.

Man kann es als ein System praktisch bedingter Konventionen oder als einen Codex normativer Regeln auffassen; auf jeden Fall bestimmt es das Verhalten der Scientific Community und damit das Verhalten jedes einzelnen Wissenschaftlers, solange sein Tun und Streben auf Erkenntnis zielt.

1.3.1 Scientific communities

Wissenschaftliches Tun ist eine soziale Aktivität, gebunden an eine Gruppe, die jeweilige 'scientific community'. Eine scientific community ist die Internationale der jeweiligen Fachkollegen, die sich die Resultate ihrer Arbeit gegenseitig mitteilen, sich gegenseitig kritisieren und korrigieren und gemeinsam die Kontinuität der Erkenntnisgewinnung, die Weitergabe von Erkenntnis und die Perpetuation der wissenschaftlichen Methode gewährleisten. Der letztere Aspekt bedeutet 'Tradition': die Einübung der jeweils neuen Generation, das Training der Novizen in den instrumentalen, intellektuellen und moralischen Grundlagen der Wissenschaft.

Es gibt zwei Typen von scientific communities, je nachdem, welche Kräfte die Mitglieder zusammen halten. Die globale scientific community aller Naturforscher ist operational definiert durch die Verpflichtung ihrer Mitglieder gegenüber dem wissenschaftlichen Ethos. Es ist also die Loyalität gegenüber einem supremen moralischen

Prinzip, das die Internationale der Naturforscher über ideologische und politische Barrieren hinaus zusammenhält.

Die globale scientific community zerfällt in eine Vielzahl von Gruppierungen, partikuläre 'scientific communities' genannt, denen die Praktiker der jeweiligen wissenschaftlichen Disziplinen als Mitglieder angehören, z. B. Physiker, Chemiker, Botaniker, Astronomen, usw. Manche Gruppierungen dieser Art sind identisch mit den traditionellen globalen oder regionalen wissenschaftlichen Gesellschaften (z. B. Gesellschaft Deutscher Chemiker). Scientific communities in diesem Sinn existieren jedoch auf allen möglichen Stufen: die offiziellen Akademien gehören ebenso dazu wie die 'invisible colleges' oder 'clubs', die sich gelegentlich im Einzugsgebiet herausragender Wissenschaftler ausbilden, wenn sich bei diesen eine besondere wissenschaftliche Kompetenz mit einer starken Persönlichkeit und einem Schuß Charisma verbindet.

Besondere Bedeutung für den Erkenntnisprogreß kommt heutzutage jenen "Gruppen" zu, deren Mitglieder nicht nur stark motiviert sind, sondern auch *ständig* Primärdaten austauschen, z. B. phage group, recombinant DNA group, phytochrome group.

Neuerdings haben sich auch zahlreiche scientific communites etabliert, die durch die gemeinsame Instrumentierung (Gesellschaft für Elektronenmikroskopie), durch bestimmte Methoden (Gesellschaft für Spektroskopie), durch das Interesse an bestimmten Faktoren (Gesellschaft für Lichtforschung) oder durch praktische Interessen (Gesellschaft für Pflanzenzüchtung) zusammengehalten werden. Häufig gehört ein und derselbe Wissenschaftler mehreren dieser Gruppierungen an.

Die partikulären scientific communities, denen die Praktiker einer wissenschaftlichen Disziplin angehören, sind jene Gruppierungen, die 'Erkenntnis' hervorbringen. Diese Gruppierungen werden von einer 'disziplinären Matrix' zusammengehalten, insbesondere von den 'Paradigmen', den wissenschaftlichen Grundüberzeugungen und Grundanschauungen einer Disziplin, die ihnen gemeinsam sind.

Auch das 'Konsensusprinzip' wird in erster Linie innerhalb der partikulären scientific communities praktiziert. Damit ist gemeint, daß der Konsens, die Übereinstimmung der Fachleute, darüber bestimmt, was als 'Erkenntnis' zu gelten hat und was nicht. Die Bedeutung der Persönlichkeit im Forschungsprozeß wird komplemen-

tär gezügelt durch das 'Konensusprinzip', das auch die geniale Idee
auf den Prüfstein kollegialer Kritik zwingt. Das 'Konsensusprinzip'
schließt auch die Anerkennung ein.

Es ist in der Regel die partikuläre scientific community, die dem
einzelnen Wissenschaftler Anerkennung zuteil werden läßt, die
seine Leistungen honoriert. Nur in seltenen Fällen empfangen die
Wissenschaftler ihre Anerkennung von der globalen scientific
community. Ein Beispiel hierfür sind die Nobelpreisträger.

Auch die Kritik, die ein Wissenschaftler empfängt, stammt in der
Regel aus dem Kreis der für ihn zuständigen partikulären scientific
community. Nur im Fall von schweren Vergehen, z. B. bei Betrug,
reagiert die globale scientific community; jedenfalls dann, wenn
der Betreffende vorher eine prominente Rolle innerhalb der Wissenschaft gespielt hatte.

1.3.2 Das wissenschaftliche Ethos als heterogener Komplex

Das wissenschaftliche Ethos besteht, soweit es bislang explizit ge
macht wurde, aus zwei Teilen:

1. Grundannahmen und Grundvoraussetzungen, die von allen Mitgliedern der Scientific Community geteilt werden,

2. den eigentlichen Geboten.

Zu den Grundannahmen gehören:
- Es gibt eine reale Welt (negative Version: die Idee des Solipsis-
  mus ist nicht akzeptabel).
- Die reale Welt ist erkennbar.
- Logik (einschließlich Mathematik) ist gültig (brauchbar) bei der
  Untersuchung und Beschreibung der realen Welt.
- Es gibt keinen Bruch im Kausalnexus (in der Kette von Ursache
  und Wirkung).

Die meisten Naturforscher haben keine Schwierigkeiten, mit diesen
Grundannahmen zurecht zu kommen. Selbst der Ausbruch 'philosophischer Reflexion', der auf die Formulierung der Unschärferelation durch Heisenberg hin erfolgte, hat (glücklicherweise) das
Vertrauen der Naturforscher in diese Grundannahmen nicht erkennbar erschüttert. Beispielsweise halten sich die Naturforscher
nach wie vor an die zweiwertige Logik und damit an die Idee der
logischen Wahrheit (→ Seite 32).

Zu den Grundvoraussetzungen gehören:
— Gedankenfreiheit (intellektuelle Freiheit),
— Freiheit der Forschung (das Resultat einer wissenschaftlichen
  Forschung darf nicht von Faktoren beeinflußt werden, die von
  außerhalb der Wissenschaft stammen).
— Erkenntnis ist *gut*, d. h. zuverlässiges Wissen ist unter allen Um-
  ständen besser als Ignoranz. Anders formuliert: Erkenntnis ist
  ein überragender Wert, das höchste Gut für einen Menschen,
  solange er Wissenschaft betreibt (Primat der Erkenntnis).
'Freiheit der Forschung' schließt nicht ein, daß der Forscher in der
Wahl seines Forschungsziels jederzeit frei ist. Es muß aber gewähr-
leistet sein, daß die *Resultate* der Forschung nicht von außerwis-
senschaftlichen Faktoren beeinflußt oder gar bestimmt werden.
Zu den eigentlichen Geboten gehören die folgenden Imperativsätze:
— Sei ehrlich! Manipuliere niemals Daten oder Schlußfolgerungen!
  (Intellektuelle Redlichkeit)
— Sei undogmatisch! (Verzicht auf Dogmatismus)
— Sei genau! (Präzisionspostulat)
— Sei fair! (z. B. in Fragen der Priorität)
— Sei ohne Vorurteil! (z. B. hinsichtlich der Daten und Ideen
  Deines Rivalen)
— Erlaube Dir keinen Informationsabweis (d. h. akzeptiere glaub-
  würdige Information auch dann, wenn sie nicht in Dein vorge-
  prägtes Überzeugungsmuster paßt)!
— Schließe keinen faulen Kompromiß; versuche stets, ein Problem
  zu lösen!
— Argumentiere symmetrisch (d. h. prüfe die Alternative zu der
  von dir bevorzugten Hypothese mit derselben Sorgfalt)!
— Benutze eindeutige Worte und Symbole!
— Formuliere klare Sätze! (Klarheit der Ausdrucksweise)
— Formuliere potentiell falsifizierbare Sätze (d. h. ein Satz ist nur
  dann erlaubt, wenn die Aussage von jedem, der die geistigen und
  technischen Voraussetzungen dafür hat, auf seine logische und
  inhaltliche 'Wahrheit' hin kontrolliert werden kann).
— Mache Voraussagen in Form von wenn-dann-Sätzen!
— Beachte stets empirische Daten als die letzte Appelationsinstanz!
— Sei jederzeit bereit, singuläre oder generelle Sätze zu modifizieren
  oder zu ersetzen, falls sich innere Widersprüche zeigen oder neue
  empirische Daten dies nahelegen!

– Denke stets daran, daß die Mitglieder einer scientific community
sich voll aufeinander verlassen müssen. Dies betrifft die Zuverlässigkeit der materiellen und intellektuellen Methoden ebenso
wie die Zuverlässigkeit der Daten, der Schlußfolgerungen und
der Theorien.
– Betrachte Einfachheit als einen hohen Wert! Schaffe keine neuen
Konstrukte, wenn es nicht wirklich unvermeidbar ist.

Der Wissenschaftler unterliegt also einer strengen sozialen Kontrolle.
Die Gruppe, der er angehört, die jeweilige scientific community,
mißt sein Verhalten an den Forderungen des wissenschaftlichen
Ethos. Da die Anerkennung durch die scientific community für
den Wissenschaftler das höchste berufliche Ziel darstellt, akzeptiert
er das normative Wertsystem der Wissenschaft als verbindlich.

Das wissenschaftliche Ethos wird in der Praxis straff gehandhabt.
Wer beispielsweise gegen das Gebot der intellektuellen Redlichkeit
verstößt, verliert seine Vertrauenswürdigkeit. Auch wenn der Betreffende seinen Arbeitsplatz behält, so verliert er doch die Ach-
tung und das Vertrauen seiner Kollegen und scheidet damit mehr
oder minder schnell aus dem engeren Kreis der Wissenschaft aus.
Das wissenschaftliche Ethos sichert somit die Zuverlässigkeit der
wissenschaftlichen Aussagen. Es verhindert, daß an die Stelle von
Erkenntnis wieder die schrankenlose Beliebigkeit der Spekulation
tritt.

Natürlich tun wir uns alle mit dem wissenschaftlichen Ethos schwer.
Jeder von uns hat sein Sündenregister. Aber glücklicherweise gilt
auch für das wissenschafltiche Ethos die Regel, daß ein Ethos dann
funktioniert, wenn ein hinreichend großer Prozentsatz einer community dafür einsteht, unbeirrt vom (gelegentlichen) eigenen
Versagen.

1.3.3 Das wissenschaftliche Ethos als Partialethos

Der Wissenschaftler als Person lebt moralisch in mehreren Welten.
Das Ethos der Wissenschaft, das seiner wissenschaftlichen Arbeit
selbstverständlich und unverrückbar zugrunde liegt, ist im allgemeinen nicht identisch mit den Determinanten seiner privaten und politischen Existenz, es ist in der Regel auch nicht maßgebend für die
zwischenmenschlichen Beziehungen der Wissenschaftler.

Jeder Wissenschaftler weiß aus persönlicher Erfahrung, daß die Kooperation unter Wissenschaftlern, die gegenseitige Kontrolle und gegenseitige Kritik einschließt, niemals frei von Spannungen ist. Popper hat den tatsächlichen Sachverhalt treffend beschrieben als "the friendly – hostile cooperation of scientists which is partly based on competition and partly on the common aim to get nearer to the truth".

In der Regel sind Wissenschaftler nicht besonders moralisch oder bescheiden in ihrem persönlichen Leben, und es gibt keinen Anlaß, anzunehmen, daß sie sich im politischen Leben besser oder anders verhalten als ihre Mitbürger. Korruption, besonders Nepotismus, gibt es auch unter Wissenschaftlern. Manche Wissenschaftler legen gegenüber ihren Kollegen ein übles Verhalten an den Tag, sobald es um Prestige, Priorität, Konkurrenz oder (viel seltener!) um Geld geht. Manche Wissenschaftler verbindet persönlich nichts als eine solide Abneigung. Dies sind menschliche und moralische Defekte, gewiß, und sie werfen gelegentlich ein ungünstiges Licht auf die scientific community. Umso wichtiger ist es, klar herauszustellen, warum diese Defekte von den Kollegen (bis zu einem bestimmten Punkt zumindest) ignoriert oder doch toleriert werden. Der Grund für diese Permissivität liegt darin, daß es bei einem Wissenschaftler in erster Linie darauf ankommt, daß an seiner eigentlichen Reputation kein Makel haftet. Diese eigentliche Reputation betrifft seine wissenschaftliche Arbeit, seinen Umgang mit Methoden, Daten, Hypothesen und Theorien, seine Loyalität gegenüber dem wissenschaftlichen Ethos.

Um es nochmal deutlich zu sagen: Das wissenschaftliche Ethos ist ein Partialethos, das das Verhalten eines Wissenschaftlers (ebenso wie das Verhalten der scientific community) nur dann eindeutig bestimmt, solange das Tun und Streben auf Erkenntnis zielt.

Immer wieder wurde die Frage gestellt, ob das ungemein leistungsfähige wissenschaftliche Ethos geeignet wäre, in einer säkularisierten Welt auch als Grundlage für die engen zwischenmenschlichen Beziehungen, wir wollen sie "personale Beziehungen" nennen, zu dienen. Ich glaube nicht, daß das wissenschaftliche Ethos hierfür geeignet ist. Es ist als Universalethos unbrauchbar. Ich glaube nicht, daß sich beispielsweise Prinzipien wie Objektivität und absolute intellektuelle Redlichkeit in den zwischenmenschlichen Bezie-

hungen langfristig und strikt aufrecht erhalten lassen, ohne daß die
Partner Schaden erleiden. Warum? –

Bei den personalen Beziehungen der Menschen ist nicht Erkenntnis,
ist nicht wissenschaftliche Wahrheit das Ziel, sondern die Erfül-
lung subjektiver Wünsche, die weite Palette menschlichen Glücks.
Das wissenschaftlicheEthos gibt uns hierfür keine verbindlichen
Maximen. Es ist ein Partialethos, das auch die Existenz des Wissenschaftlers nur partiell beherrscht. Ein gescheiter Student, ein hervorragender junger Wissenschaftler, hat sich bei mir einmal fast
verzweifelt mit den Worten abgemeldet. "Ich muß mich ein paar
Tage von der Objektivität erholen." Ich habe ihm klargemacht,
daß sein Wunsch nicht nur verständlich, sondern auch legitim sei.
Ich habe ihm klar gemacht, daß das wissenschaftliche Ethos keinen
Verstoß duldet und daß wir jeden, der es korrumpiert, aus der Wissenschaft entfernen müssen. Ich habe ihm aber auch klar gemacht,
daß das wissenschaftliche Ethos nicht den Anspruch erhebt, ein
Universalethos zu sein.

1.3.4 Läßt sich das wissenschaftliche Ethos rechtfertigen?

Der ethische Kodex der Wissenschaft kann rein deduktiv (→ Seite
76) als ein Satz von Theoremen aus einigen wenigen Axiomen abgeleitet werden. Das zentrale, unabdingbare Axiom ist der Primat
der Erkenntnis als der übergeordnete, terminale Wert.

Das wissenschaftliche Ethos ist eine notwendige Vorschrift für
menschliches Verhalten, sobald wir Erkenntnis als einen überragenden terminalen Wert akzeptieren. Es bleibt also die Frage, ob Erkenntnis in diesem Sinn zu rechtfertigen ist. Oder müssen wir bei
der traditionellen Sicht verharren, wonach der Primat der Erkenntnis als nicht weiter hinterfragbares Axiom zu respektieren sei? Ich
glaube, daß die Evolutionäre Erkenntnistheorie (→ Seite 23)
einen neuen Ansatzpunkt bietet. Ich bin überzeugt davon, daß es
gelingen wird, Schritt für Schritt zu beweisen, daß unser Streben
nach Erkenntnis eine notwendige Folge der Tatsache ist, daß auch
der menschliche Geist während der Evolution entstanden ist. Wenn
Erkenntnis bei der genetischen Evolution der Hominiden einen
Selektionsvorteil darstellte, dann *muß* bei uns recenten Hominiden
das Streben nach Erkenntnis mit hoher Priorität im Genom verankert sein.

Weiterführende Literatur

C o u r n a n d, A. F. (1977): The code of the scientist and its relationship to ethics. Science **198**, 699

H a g s t r o m, W. O. (1965): The Scientific Community. New York: Basic Books

M a s l o w, A. M. (1966): The Psychology of Science. New York: Harper and Row

M o h r, H. (1979): The Ethics of Science. Interdisciplinary Science Reviews **4**, 45

Z i m a n, J. M. (1968): Public Knowledge. Cambridge: Cambridge University Press

W a t s o n, J. D. (1968): The Double Helix. New York: Atheneum

1.4 Die Motivation für wissenschaftliches Arbeiten

Warum wird man Wissenschaftler, warum unterwirft man sich freiwillig dem strengen Ethos und dem Konsensusprinzip? Ich lasse einmal das Einkommen und die Vorteile des Staatsdienstes beiseite: Die Bezüge der meisten Wissenschaftler sind relativ bescheiden, und im Staatsdienst genießen sie keine besonderen Privilegien.

Es gibt ein ganzes Bündel von Motiven, warum fähige Leute ausgerechnet die Wissenschaft als Berufsfeld wählen.

Es gibt tatsächlich, auch wenn es häufig überbetont wird, das 'wissenschaftliche Interesse', das tiefe und echte Interesse an der Natur und an ihren Gesetzen: es gibt die mächtige Freude an der gescheiten Konjektur und am gelungenen Experiment; es gibt das unbeschreibliche Glücksgefühl, das einen Menschen überkommen kann, wenn man eine Entdeckung macht, also einen Zusammenhang sieht, den noch keiner gesehen hat.

Albert Einstein hat über seine Motivation einmal geschrieben: "Was mich zu meiner wissenschaftlichen Arbeit motiviert, ist kein anderes Gefühl als das unwiderstehliche Verlangen, die Geheimnisse der Natur zu verstehen. Meine Liebe zur Gerechtigkeit und mein Streben, einen Beitrag zur Verbesserung der menschlichen Lebensbedingungen zu leisten, sind völlig unabhängig von meinen wissenschaftlichen Interessen."

Dies gilt sicher nicht allgemein. Es gibt derzeit viele junge Wissenschaftler, die glaubhaft versichern, daß sie sich zur Wissenschaft deshalb entschlossen haben, weil sie einen Beitrag zur Verbesserung der menschlichen Lebensbedingungen leisten möchten.

So verschiedenartig die Motivation der Wissenschaftler auch sein mag, in einem sind sie sich alle gleich: sie sind ehrgeizig, sie wünschen Anerkennung — Anerkennung durch das jeweils zuständige Kollektiv, durch die scientific community. Anerkennung bedeutet: Bestätigung durch die kompetenten Kollegen, daß die eigene Arbeit gut gemacht und wichtig ist für das Fortschreiten der Wissenschaft.

Der Wunsch nach Anerkennung, die Bedeutung des Erfolgserlebnisses ist bei den Großen in der Wissenschaft ebenso mächtig ausgeprägt wie beim Fußvolk. Bertrand Russell, einer der mächtigsten Geistesheroen aller Zeiten, schrieb noch 1967: "Ich kann keine harte Denkarbeit leisten aus einem reinen Pflichtgefühl heraus. Ich brauche offensichtliche Erfolge von Zeit zu Zeit, sonst fehlt mir der Antrieb". Wird die Anerkennung verweigert oder bleibt sie hinter der Erwartung zurück, so kommt es nicht selten zu bösen Reaktionen. Streite, manchmal wilde und unerbittliche Streite um Priorität und Anerkennung, durchziehen die Geschichte der Wissenschaft.

Wird die erwartete Anerkennung öffentlich eingefordert und dennoch verweigert, entstehen in der Regel bittere, auch nach außen getragene Ressentiments. Auch hier bilden die Großen keine Ausnahme.

Der überragende Physiker Max Born zum Beispiel entwirft in seiner Autobiographie "My Life: Recollections of a Nobel Laureate" ein offenes und geradezu ergreifendes Bild seiner emotionalen Reaktionen gegenüber der ihm im Lauf seiner Karriere gewährten oder verweigerten Anerkennung. Er glaubt, daß einige seiner Leistungen von der scientific community überbewertet, andere hingegen unfair übergangen wurden. Insbesondere hat Max Born schwer darunter gelitten, daß sein Beitrag zur Begründung der Quantenmechanik nicht anerkannt wurde. Diese Wunde, in der er immer wieder gerührt hat, begann erst zu vernarben, als ihm 28 Jahre später, bereits nach der Emeritierung, doch noch der Nobelpreis verliehen wurde.

Ein anderes Beispiel ist Erwin Chargaff, ein bedeutender Bioche-
miker, der Entdecker der Chargaffschen Regeln über die Zusammensetzung der DNA. Der Umstand, daß ihm die höchste Anerkennung, der Nobelpreis, verweigert wurde, hat ihn in eine wilde,
auch ins Persönliche gehende Polemik gegen die Molekularbiologie
hineingetrieben, die man von diesem ungewöhnlich kultivierten
Mann eigentlich nicht erwartet hätte.

Wir können aus zahllosen Fallstudien dieser Art lernen, daß die
Idee falsch ist, Wissenschaftler würden ausschließlich von dem
Wunsch getrieben, als anonyme Mitglieder einer scientific com-
munity zum Erkenntnisprogreß beizutragen. Was sie in Wirklich-
keit zu Höchstleistungen treibt, ist Ehrgeiz, der Wunsch nach
Anerkennung, die Sehnsucht nach wissenschaftlichem Ruhm.

Ich finde es faszinierend, daß im Lauf der Neuzeit das Ringen um
Anerkennung, das zur menschlichen Natur gehört, von der scientific
community durch die Ausbildung des wissenschaftlichen Ethos
derart kultiviert wurde, daß Erkenntnis, das wertvollste Gut der
kulturellen Evolution neben Kunst und Poesie, entstehen konnte.

Weiterführende Literatur

B o r n, M. (1979): My Life: Recollections of a Nobel Laureate. New York:
Scribner
C h a r g a f f, E. (1974): Building the tower of Babble. Nature **248**, 776
J e v o n s, F. R. (1973): Science Observed. London. Allen and Unwin
H a g s t r o m, W. O. (1965): The Scientific Community. New York: Basic
Books
M o h r, H. (1977): Lectures on Structure and Significance of Science (Chap-
ter 2: The Motivation of Science). Heidelberg — New York: Springer
W a t s o n, J. D. (1968): The Double Helix. New York: Atheneum

2 Entstehung biologischer Erkenntnis

2.1 Wissenschaftliche Aussagen

2.1.1 Zur Erinnerung

Wissenschaft ist ein soziales Phänomen, eine Aktivität von 'scientific communities' (→ Seite 43). Wissenschaftliche Erkenntnis ist 'öffentliches Wissen' (public knowledge). Das 'Konsensusprinzip' spielt eine entscheidende Rolle. Damit ist gemeint, daß die Zustimmung der kompetenten Mitglieder einer scientific community das entscheidende Kriterium für Erkenntnis (für zuverlässiges, gesichertes Wissen) darstellt (→ Seite 80). Deshalb ist die Wissenschaft vital daran interessiert, daß wissenschaftliche Aussagen (Sätze) klar und eindeutig formuliert und ohne Schwierigkeiten kommunizierbar sind. Die Essenz der Wissenschaft ist und bleibt die Kommunikation zwischen kompetenten Leuten. Die erfolgreiche Kommunikation, die Praktizierung des Konsensusprinzips, verlangt eine angemessene wissenschaftliche Sprache.

2.1.2 Natürliche Sprachen

Sprachen sind die wichtigsten Kommunikationsmittel des Menschen. Die Vielfalt und die Verschiedenartigkeit der natürlichen Sprachen weisen darauf hin, daß es mannigfache Ansätze in der genetischen und in der kulturellen Evolution der Teilpopulationen des Homo sapiens gegeben hat, dieses Kommunikationsmittel zu entwickeln und zu optimieren. Allerdings ist die Vielfalt nicht beliebig. Wir haben uns bereits klar gemacht (→ Seite 35), daß es angeborene sprachliche Universalien gibt, also Strukturmerkmale, die alle menschlichen Sprachen gemeinsam haben und die garantieren, daß die Sprache, die wir lernen, der Welt, in der wir zu leben haben, angemessen ist.

Obgleich sich die natürlichen Sprachen als entscheidend wichtiges Kommunikationsmedium des täglichen Lebens auch in der modernen Welt behauptet haben, können sie die Bedürfnisse wissenschaftlicher Kommunikation nicht voll befriedigen, auch dann nicht, wenn sie terminologisch präzisiert und semantisch "geläutert" werden. Die zusätzliche Einführung symbolischer oder formaler Sprachen war für die Entwicklung der Wissenschaften unerläßlich.

2.1.3 Mathematik und Logik

Jene formale Sprache, die ein Höchstmaß an Präzision und Universalität bietet, ist die Mathematik. Es besteht heutzutage Konsens darüber, daß die mathematische Formulierung wissenschaftlicher Sätze das non plus ultra an Präzision und Sicherheit der Kommunikation darstellt.

Woher nehmen wir das Recht, der mathematischen Symbolsprache eine uneingeschränkte gegenständliche Gültigkeit zuzuschreiben? Die Mathematik ist ein rein deduktives System von Axiomen und Theoremen. Ihre Sätze sind Tautologien (logische Wahrheiten). Erst die Evolutionäre Erkenntnistheorie (→ Seite 23) hat uns eine Erklärung dafür gegeben, *weshalb* "das Buch der Natur in mathematischer Sprache geschrieben ist" (Galilei, 1623).

Das Argument der Evolutionären Erkenntnistheorie läßt sich über die Mathematik hinaus auf die gesamte formale Logik ausdehnen. Die universelle Anwendbarkeit ('Gültigkeit') der Logik bei der Beschreibung der Natur läßt sich *logisch* nicht begründen. Man kann die empirische Tatsache, daß es in der Natur uneingeschränkt 'logisch zugeht', nur erklären, wenn man den Thesen der Evolutionären Erkenntnistheorie folgt (→ Seite 32).

Die mengentheoretischen Antinomien, die zur mathematischen Grundlagenkrise führten, haben die Naturwissenschaften kaum berührt. Man verließ (und verläßt) sich darauf, daß die Mathematik in der Praxis der Naturforschung jederzeit und uneingeschränkt funktioniert, obgleich möglicherweise die Grundlagen der Mathematik nicht so solide sind, wie wir gemeinhin annehmen.

2.1.4 Begriffe

Die Wissenschaft ist an möglichst klaren, präzisen und eindeutigen Aussagen interessiert. Die Präzision einer Aussage (in jeder Sprache, einschließlich der symbolischen Sprachen) wird begrenzt durch die

Genauigkeit der Begriffe, die in der Aussage vorkommen. Die möglichst genaue Definition der Begriffe ist deshalb entscheidend wichtig. Dies bedeutet nicht, daß eine Definition starr und unveränderlich zu sein hat; das Postulat einer präzisen Begrifflichkeit bedeutet aber, daß ein Begriff, den ich hic et nunc verwende, klar und unmißverständlich definiert sein muß.

Es gibt zweifellos *verschiedene* Begriffsformen. Eine beliebte Einteilung reicht von den ursprünglichen qualitativen (klassifikatorischen) Begriffen über topologische (komparative) Begriffe zu den quantitativen Begriffen. Entsprechende Sätze lauten: *Sinapis alba* ist eine Blütenpflanze (klassifikatorische Feststellung); *Sinapis alba* ist evolutionistisch jünger als die Samenfarne (komparative Feststellung). Das Wachstum von *Sinapis alba* folgt der logistischen Wachstumsfunktion (quantitative Feststellung).

2.1.5 Einige Bemerkungen zur logischen Propädeutik

Das logisch richtige Definieren von Begriffen ist eine intellektuelle Technik, die sich lernen (und üben!) läßt. Allerdings kann der Logiker uns nur eine formale Instruktion dafür geben, wie man Begriffe richtig definiert. Was den Inhalt der Begriffe anbelangt, trägt der Fachwissenschaftler die volle Verantwortung für die jeweils richtige Definition. Diese Verantwortung schließt die besonders wichtige Forderung ein, daß wissenschaftliche Begriffe möglichst Kontext-invariant sein sollten (Der Begriff 'Gen' sollte immer dasselbe meinen, unabhängig von der biologischen Disziplin). In der formalen Logik nennt man ein Wort, das einem Ding, einem Gegenstand, zugeordnet wird, einen Prädikator. Ein Begriff (Terminus) ist ein explizit eingeführter Prädikator. Wissenschaftliche Begriffe (Termini) sind normierte Prädikatoren, wobei sich das 'normiert' darauf bezieht, daß die Prädikatoren in ihrer Verwendung genau vereinbart sind. Terminologie ist ein System von Termini, deren Beziehungen untereinander geregelt sind.

'Terminologie' ist eine Frage der Verabredung, eine Frage des Konsenses. Die 'Verabredung' schließt ein, daß die Begriffe klar, eindeutig und nützlich sind.

Die Normierung eines Prädikators nennt man eine wissenschaftliche Definition. In der sogenannten Nominaldefinition wird ein neuer Terminus dadurch definiert, daß man ihn mit einer Kombination bereits eingeführter Termini gleichsetze. Wir ersetzen also einen komplizierten und mühsamen Ausdruck (das definiens) durch einen kurzen Ausdruck, in der Regel durch ein einziges Wort (definiendum), ohne daß sich dabei die Bedeutung ändert (Ein 'Auto' ist . . .; ein 'Gen' ist . . .). Eine Nominaldefinition für 'Wissenschaft' (im Sinn des englischen 'science') lautet: science is the study of those judgements concerning which universal agreement among competent scientists can be obtained (Norman Campbell). Von J. H. Woodger stammt die folgende Nominaldefinition für Biologie: Biology is the system of accepted written or printed biological statements.

Es ist offensichtlich, daß eine Terminologie nicht nur auf Nominaldefinitionen aufbauen kann. Eine Nominaldefinition setzt ja die Existenz bekannter Begriffe bereits voraus. Für die Begründung einer Terminologie sind wir also auf Realdefinitionen angewiesen, sowohl bei den natürlichen Sprachen als auch in der Wissenschaft. Ich zeige auf einen Gegenstand und lege fest: Dies ist ein Diagramm; dies ist ein Elephant. Natürlich können 'Diagramm' und 'Elephant' auch über eine Nominaldefinition definiert werden, aber eben nur dann, wenn ein definiens für diese Gegenstände (Dinge) bereits verfügbar ist.

Für das Verständnis der Wissenschaft ist es wichtig, sich klar zu machen, daß auf dem Niveau der Beobachtungssprache (Laborsprache) sowohl Nominal- als auch Realdefinitionen möglich sind: Ein Elefant ist --- bzw.: Die ist ein Elefant. Auf dem Niveau der Theorie (oder theoretischen Sprache) werden Definitionen hingegen notwendigerweise Nominaldefinitionen sein: Ein Gen ist -----. ('Dies ist ein Gen' wird zur Zeit wohl noch niemand zu sagen wagen, der über Definitionen ernsthaft nachgedacht hat.)

Viele Begriffe und Einheiten in der Wissenschaft sind *operational* definiert, d. h. durch ein Verfahren, eine Operation. Längen zum Beispiel sind entweder durch starre Stäbe oder (sekundär) durch Wellenlängen des Lichts definiert. Massen sind definiert durch Wiegen, gefolgt von einer (theoretischen) Konversion von Gewicht in Masse (→ Abb. 22). Dieses letztere Beispiel zeigt, daß operationale Definitionen in der Regel nicht nur an materielle (instrumentale) Operationen geknüpft sind, sondern auch an mentale Opera-

tionen, die bereits Erkenntnis über Naturgesetze einschließen (im
vorliegenden Fall Erkenntnis über die Proportionalität von schwerer
und träger Masse). Wie kompliziert die operationalen Definitionen
und die resultierenden operationalen Kriterien sich auch gestalten
mögen, sie sind von entscheidender Bedeutung für die wissenschaftliche Terminologie.

Ein Beispiel ist die operationale Definition des Phytochroms
(→ Tab. 1). Dieses photomorphogenetische Sensorpigment der höheren Pflanze wurde ursprünglich im Sinn der Tab. 1 (Seite 97)
operational definiert: Wenn die Induktion einer physiologischen
Reaktion (photoresponse) durch einen Hellrot-Lichtpuls dadurch
aufgehoben werden kann, daß man dem Hellrotpuls einen Dunkel-
rot-Lichtpuls folgen läßt, dann beruht die Lichtwirkung auf Phytochrom. Zwar wurde das Phytochrom seit seiner physiologischen
Entdeckung (1952) für eine Art photochromes Molekül gehalten,
aber bis 1959 konnte es trotz seiner zentralen Bedeutung für das
Leben der Pflanzen lediglich operational definiert werden.

2.1.6 Die Sprache des Labors und die Sprache der Theorien

Eine besondere Schwierigkeit der wissenschaftlichen Terminologie
rührt daher, daß die Wissenschaft sowohl Beobachtung als auch
Theorie einschließt (→ Abb. 2). Natürlich gehorchen Beobachtung
und Theorie derselben Logik, aber die beiden Ebenen verwenden
zum Teil verschiedene Begriffe (Begriffe der Beobachtungssprache
bzw. Begriffe der theoretischen Sprache). In diesem Fall muß man
'Korrespondenzregeln' (Zuordnungsregeln) entwickeln, welche die
Begriffe der beiden Ebenen exakt verknüpfen.

Viele Wissenschaftler sind in diesen Fragen erstaunlich sorglos und
leichtsinnig – mit dem Resultat, daß Verwirrung und Mißverständnis auch dort entstehen, wo an sich kein Grund dafür vorliegt.

Ein vergleichsweise harmloses Beispiel: Wenn man in der Entwick-
lungsgenetik über Merkmale oder Phänotypen spricht, bewegt man
sich auf der Ebene der Beobachtung. Eine Aussage wie "Die Erb-
senpflanzen zeigen Zwergwuchs" ist eine Aussage in der Beobachtungssprache. In der gleichen Arbeit findet sich aber auch die Aussage
"Zwergwuchs wird von den Eltern auf die Nachkommen weitergegeben", und diese Aussage ist logisch falsch. 'Zwergwuchs' kann

beobachtet (und gegebenenfalls gemessen) werden, aber er kann
nicht von einer Generation auf die nächste weitergegeben werden.
Hier ist ein Begriff der theoretischen Sprache fällig, nämlich der
Begriff 'Gen'. Der theoretische Satz lautet dann richtig: "Das Gen
für Zwergwuchs wird von den Eltern auf die Nachkommen weitergegeben".

2.1.7 Konstrukte und Korrespondenzregeln

Konstrukte sind intellektuelle Erfindungen, mit deren Hilfe wir im
täglichen Leben wie in der Wissenschaft die reale Welt organisie-
ren. Ein 'Baum' zum Beispiel ist ein Konstrukt, aber auch ein 'Gen'
ist ein Konstrukt. Vermutlich ist jeder brauchbare Begriff ein Konstrukt. Wir wollen mit einem Konstrukt eine Entität erfassen, einen
wesenhaften Teil der Wirklichkeit. Wir glauben also daran, daß wir
mit unseren Konstrukten die realen Entitäten in den Griff bekommen. Mit dem Konstrukt 'Baum' erfassen wir die Entität 'Baum',
mit dem Begriff 'Gen' die letzten Entitäten des Erbguts. Wissenschaftlich sind uns die Konstrukte, und damit die gemeinten Entitäten, nicht unmittelbar zugänglich, sondern nur über jene Eigenschaften, die wir messen können. Der Baum zum Beispiel ist nicht
meßbar, aber seine Höhe und sein Umfang sind meßbar. Das Konstrukt 'Gen' ist nicht meßbar, wohl aber seine Nucleotidsequenz.
Das Konstrukt Elektron ist nicht meßbar, aber man kann den Im-
puls des Elektrons bestimmen. Ein Atom ist nicht meßbar, aber
das Atomgewicht ist feststellbar. Ein Chlorophyllmolekül ist nicht
meßbar, aber seine Absoption ist meßbar. Ein Mensch ist nicht
meßbar, aber sein Gewicht und seine Intelligenz sind meßbar.
Offensichtlich gibt es theoretische Konstrukte wie Chlorophyll-
moleküle, Elektronen, Gene und Konstrukte der Beobachtungssprache wie Absorptionsspektren, photographische Platten, Merkmale. Ein Kardinalproblem der Wissenschaft besteht darin, die
Korrespondenzregeln zu definieren, die die Konstrukte der Beobachtungsebene mit jenen der theoretischen Ebene so eindeutig
verknüpfen, daß Irrtümer und Verwirrung vermieden werden, z. B.
in dem besonders wichtigen Verhältnis von Gen und Merkmal,
Genotyp und Phänotyp (→ Seite 59). Die Verknüpfung der Beobachtungsebene mit der theoretischen Ebene ist freilich nicht

starr und ein für allemal fixiert; die Art der Verknüpfung hängt vielmehr von unserem jeweiligen Interesse ab. Ein Beispiel: Ich messe heute Extinktionen in einem Spektralphotometer und denke in der Begrifflichkeit von π-Elektronen. Am nächsten Tag messe ich wieder Extinktionen im selben Spektralphotometer, aber diesmal im Zusammenhang mit einem optischen Enzymtest. Diesmal interessieren mich auf der theoretischen Ebene π-Elektronen überhaupt nicht; mein theoretisches Interesse gilt einer Enzymaktivität.

Eine Mißachtung der Korrespondenzregeln findet man häufig, besonders eklatant in manchen Arbeiten zur Populationsgenetik. Auf der theoretischen Ebene imponieren diese Arbeiten durch den massiven Einsatz von Mathematik; der Wert dieser mathematischen Modelle wird aber dadurch vermindert ("mathematische Glasperlenspiele"), daß die Korrespondenzregeln zwischen dem Niveau des Gens und dem Niveau der Merkmale nur selten explizit definiert sind. Angesichts der starken, spezifischen Wirkung mancher Umweltfaktoren auf die Genexpression wären präzise Aussagen über die Korrespondenzregeln in diesem Fall alles andere als trivial.

2.1.8 Klassifikation in der Biologie

Die Neigung, beobachtbare Objekte zu klassifizieren, ist dem menschlichen Geist angeboren. Wir folgen beim Klassifizieren unserem 'Vorwissen' (→ Seite 33), wonach der Natur eine Ordnung innewohnt, die wir mit Hilfe geeigneter 'Konstrukte' explizit machen, nachvollziehen können. Der zentrale Begriff bei der Klassifikation biologischer Objekte ist 'Die Art'. Der Artbegriff ist ein klassisches Konstrukt, das auch dem vorwissenschaftlichen 'gesunden Menschenverstand' im Prinzip bereits vertraut zu sein scheint. Ernst Mayr: ". . . primitive natives in the mountains of New Guinea will distinguish the same kinds of organisms as, quite independently, does the specialist in the big national museums". Auch wenn die Erkennung von Arten und der richtige Gebrauch des Konstrukts im Prinzip in unserem Vorwissen verankert sind, so bereitet die genaue, explizite Definition des Artbegriffs große Schwierigkeiten. Die erfahrenen Taxonomen sind sich darüber natürlich im klaren. Der Palaeobotaniker Walter Zimmermann, bei dem ich die Prinzipien der Klassifikation lernte, pflegte zu betonen: "Eine biologische Art ist etwas, was ein erfahrener Systematiker als eine Art betrachtet". Dies ist nicht ein Ausdruck von Resignation; vielmehr betont diese Einsicht die Rolle, die Erfahrung, Intuition, Gefühl und Begabung in der Taxonomie spielen, und die Grenzen, die einer streng formalisierten Klassifikation in der Biologie gesetzt sind. Allerdings gelten die Schwierigkeiten, die uns die Konstrukte der Klassifikation bereiten, nicht auch für die formalen Regeln der Klassifizierung. Diese Regeln gelten vielmehr seit Linné als eindeutig und klar.

Linné schlug vor, die Organismen hierarchisch zu klassifizieren. Er definierte eine hierarchische Reihe von 'Kategorien'; zu jeder Kategorie gehören eine Reihe von 'Taxa'. Organismen sind jeweils Mitglieder von Taxa. Der entscheidende Gesichtspunkt im Klassifikationskonzept des Linné ist darin zu sehen, daß ein bestimmter Organismus innerhalb einer Kategorie nur einem einzigen Taxon als Mitglied angehören kann. Innerhalb der kategorialen Hierarchie (wie wir sie heute benutzen) gehört jeder Organismus zu mindestens sieben Taxa in sieben verschiedenen Kategorien aufsteigenden Ranges. Für eine Senfpflanze (dieser Organismus ist mir entwicklungsbiologisch besonders gut vertraut) ergeben sich die folgenden Kategorien und Taxa:

Kategorie	Taxon
Reich	Plantae
Abteilung	Magnoliophyta
Klasse	Magnoliatae
Ordnung	Capparales
Familie	Brassicaceae
Gattung	Sinapis
Art	Sinapis alba

Man muß betonen, daß die Klassifizierung der Organismen im Sinn des Linné völlig unabhängig ist von genetischen und/oder evolutionistischen Vorstellungen. Dies ist von einem logischen Standpunkt aus ein großer Vorteil des Linnéschen System; es ist hingegen ein Nachteil, wenn man sich für den empirischen Gehalt des Linnéschen Systems interessiert. Dann stellt sich nämlich die Frage, inwieweit das Linnésche System der Klassifikation die genealogischen Beziehungen zwischen den Arten repräsentiert. Die moderne 'evolutionäre Taxonomie' bemüht sich, das primär logische Linnésche

System durch die Hereinnahme genetischen und evolutionären Wissens zu verbessern. Den Schwierigkeiten, die sich dabei ergeben haben, können wir hier nicht weiter nachgehen. Zwei wichtige Gesichtspunkte seien aber noch herausgestellt:

1. Während die 'Art' von den meisten Biologen als etwas Reales angesehen wird (in dem Sinn, wie ein Konstrukt der Beobachtungssprache eben 'real' sein kann, → Seite 58), sind die höheren Kategorien des Linnéschen Systems theoretische Konstrukte, deren Beziehung zu einer realen Entität sehr viel schwieriger zu begründen ist. Nicht selten werden die höheren Kategorien als mehr oder minder 'künstlich' angesehen. Sie sind deshalb auch einem erheblichen Wandel unterworfen.

2. Die Taxonomen arbeiten natürlich primär auf der Ebene der Beobachtung. Ihre primären Aussagen (die Basissätze) sind also Aussagen der Beobachtungssprache, Aussagen über Merkmale. Auf der anderen Seite betont Ernst Mayr mit Recht: "When an evolutionary taxonomist speaks of the relationship of various taxa, he is quite right in thinking in terms of genetic similarity ...". Die Schwierigkeit besteht darin, daß Aussagen über Gene stets theoretische Aussagen sind, Aussagen in einer theoretischen Sprache (→ Seite 57). Aussagen über Gene sind etwas ganz anderes als Aussagen über Merkmale. Natürlich haben wir uns daran gewöhnt, recht sorglos über 'Genpools' und 'Genfrequenzen' zu reden, aber es ist und bleibt der *Phänotyp*, den wir beobachten. Das Problem besteht darin, daß die Beziehungen zwischen der Beobachtungsebene (Niveau der Merkmale) und der theoretischen Ebene (Niveau der Gene) weder einfach noch eindeutig sind. Ich habe bereits früher darauf hingewiesen (→ Seite 59), daß die hier notwendigen, klaren Korrespondenzregeln in der Populationsgenetik oft nur lässig abgehandelt oder gar ignoriert werden. Dies gilt leider auch für die Taxonomie.

2.1.9 Aussagen und Sachverhalte

In einer logischen Propädentik liest man etwa folgendes:
Eine wissenschaftliche Aussage, ein Satz, ist die sprachliche Darstellung eines Sachverhalts. Umgekehrt: Ein Sachverhalt ist der Gegenstand einer Aussage. Einen bestehenden Sachverhalt nennt

man eine Tatsache. Eine Aussage, die sich auf einen bestehenden Sachverhalt, also auf eine Tatsache, bezieht, nennen wir wahr. Eine Aussage, die sich auf einen nicht bestehenden Sachverhalt bezieht, nennen wir falsch.

Sachverhalte können bestehen oder nicht bestehen; Aussagen (oder Sätze) können wahr oder falsch sein.

Die Aufgabe der Wissenschaft besteht darin, nachzuweisen, daß sich ihre Sätze auf bestehende Sachverhalte beziehen. Im Prozeß der Forschung (→ Seite 70, Abb. 2) dürfen letztlich nur solche Aussagen 'überleben', bei denen sich empirisch nachweisen läßt, daß sie sich tatsächlich auf bestehende Sachverhalte beziehen. Der Erkenntnisprogreß der Wissenschaft orientiert sich streng an der Wahrheit als einer regulativen Idee (→ Seite 15). Wie gewinnt man Wahrscheinlichkeit und schließlich Sicherheit dafür, daß sich eine Aussage auf einen bestehenden Sachverhalt bezieht?

1. Es muß sichergestellt sein, daß die Aussage logisch korrekt ist. (Die Natur *ist* logisch.)

2. Die inhaltliche 'Wahrheit' einer Aussage wird gemessen an der Übereinstimmung mit der Empirie — aber die Übereinstimmung ist nicht leicht zu belegen. Es gibt keine schlichten Basissätze, die frei wären von theoretischen Überzeugungen. Niemand in der Wissenschaft kann einfach Daten sammeln, ohne daß er (bewußt oder unbewußt) durch ein theoretisches Rahmenwerk geleitet würde. Das naive, direkte Gespräch mit den Sachverhalten der Natur ist leider nicht möglich. Außerdem zählt in der Wissenschaft letztlich nur der Konsens innerhalb einer scientific community. Ob eine Aussage, ein Satz, einen bestehenden Sachverhalt trifft, wird entschieden durch die Zustimmung, die der Satz bei den kompetenten Mitgliedern einer scientific community findet. Am Konsensusprinzip führt (glücklicherweise!) kein Weg vorbei (→ Seite 86).

2.1.10 Aussagen und Interesse

Welche Form der Aussage wir wählen, hängt entscheidend davon ab, welcher Aspekt, welche Seite, des biologischen Sachverhalts uns vorrangig interessiert, Jeder biologische Sachverhalt hat eine substantielle, eine energetische und eine formale Seite. Gehört unser Interesse vorrangig dem substantiellen Aspekt, werden wir uns in erster Linie biochemisch ausdrücken. Interessieren wir uns für die Energetik, drücken wir uns physikalisch-chemisch aus. Interessiert uns die formale Seite (z. B. die input-output-Analyse, → Seite 92), so werden wir mathematische Funktionen für die angemessene Beschreibungsform halten. Natürlich schließen sich diese Betrachtungsweisen nicht gegenseitig aus. Ganz im Gegenteil! Die angemessene Beschreibung eines biologischen Sachverhalts verlangt die Berücksichtigung aller drei Aspekte, auch wenn wir dem einen oder anderen den Vorrang geben.

2.1.11 Reduktionismus – ein Problem der Begriffe

Die einzelnen wissenschaftlichen Disziplinen unterscheiden sich in ihrer Terminologie. Da alle wissenschaftlichen Disziplinen derselben Logik 'gehorchen', manifestiert sich der Unterschied zwischen den Disziplinen in erster Linie auf der Ebene der Begriffe. Damit stellt sich das Problem der Reduktion einer Disziplin auf eine andere als ein vorrangig terminologisches Problem dar, zum Beispiel die Frage, ob und – gegebenenfalls – wie weit Biologie sich auf Physik zurückführen ('reduzieren') läßt.

Um das Resultat vorwegzunehmen: Der rigorose Reduktionismus, d. h. die konsequente begriffliche Reduktion der Biologie auf Physik, hat sich als nicht praktikabel erwiesen. Die Eigenständigkeit der Biologie als Wissenschaft beruht allerdings nicht darauf, daß die lebendigen Systeme irgendwelche metaphysischen, der Wissenschaft nicht zugänglichen Komponenten enthielten. Die Eigenständigkeit der Biologie ist vielmehr darauf zurückzuführen, daß lebendige Systeme so geartet sind, daß für die Theorienbildung in der Biologie Begriffe gebraucht werden, die in den Theorien der Physik, etwa in der Quantentheorie, keine Rolle spielen.

Die Biologie benötigt bei der Theorienbildung unbedingt eine große Zahl von Begriffen, wie z. B. die Begriffe 'Appetenz' oder 'Reiz', oder die Begriffe 'Kompartiment', 'Enzym', 'Chromosom' und 'Gen', die in der Physik nicht gebraucht werden. Die Verfeinerung der Theorienbildung in der modernen Biologie geht zwar Hand in Hand mit der Eliminierung solcher spezifisch biologischer Begriffe;

es scheint aber zweifelhaft, ob der Versuch überhaupt zweckmäßig
ist, die Theorie der lebendigen Systeme aus der Theorie der Atome
deduzieren zu wollen. Eine direkte Bestimmung von Daten und
eine Verwendung dieser Daten für die Theorienbildung erscheinen
vernünftiger.

Ein Beispiel: Das erklärte Ziel der Molekulargenetik war eine Zeitlang die Reduktion der Genetik auf Physik. Um dieses Ziel zu erreichen, müßten spezifisch biologische Begriffe wie Gen, Chromosom,
Operon, Repressor, Meiosis, Allel, in physikalische Begriffe über-
geführt werden. Es müßte also z. B. möglich sein, den Begriff 'Gen'
in einer physikalischen Terminologie, also letztlich in der Begrifflichkeit der Quantentheorie, neu zu definieren. Die heutigen Biolo-
giestudenten haben sich an diese Tendenz bereits angepaßt. Wenn
man im Vordiplom die Aufgabe stellt: Definieren Sie den Begriff
'Gen', erhält man in der Regel nicht mehr die Antwort der 'Mendelgenetik'; es wird vielmehr etwa folgendermaßen definiert: Ein
Strukturgen ist ein zur Transkription fähiger Abschnitt auf einem
DNA-Makromolekül, der ein Protein codiert. Die exakte quanten-
theoretische Behandlung komplizierter aperiodischer Makromole-
küle bereitet indessen größte Schwierigkeiten. Vielleicht sind diese
durch Näherungsverfahren im Prinzip zu überwinden; die derzeitige
Terminologie und Argumentationsweise der Molekulargenetik
(oder Molekularbiologie) erfüllt jedoch, verglichen mit der quanten-
theoretischen Behandlung einfacher Systeme, noch nicht einmal
näherungsweise die Ansprüche einer physikalischen Theorie.

Dieses Beispiel mag zeigen, wie weit man selbst in der Molekularbiologie von einer exakten Reduktion der Physiologie auf Physik
noch entfernt ist. Wir müssen uns damit abfinden, daß erfolgreiche
Reduktion innerhalb der Physik, z. B. die Reduktion der klassischen Thermodynamik auf statistische Mechanik oder die Bildung
der Einheit stiftenden Quantentheorie oder der Relativitätstheorie,
viel eher möglich ist als eine Reduktion von Biologie auf Physik.

Indessen gibt es ähnliche Situationen auch innerhalb der Physik.
Zum Beispiel ist die Existenz der Chemie als eigenständige Wissenschaft im Zeitalter der Quantentheorie darauf zurückzuführen, daß
es unpraktisch ist, die Theorie komplexer Moleküle aus der Theorie
der Atome zu reduzieren. Es ist zumindest arbeitstechnisch vorteil-
hafter, in der Chemie eine direkte Bestimmung von Daten vorzu-

nehmen und diese für die Theorienbildung zu verwenden. Selbstverständlich wird damit der prinzipielle Anspruch der Quantentheorie, sie könne der gesamten Chemie eine quantitative physikalische Grundlage geben, nicht tangiert. Dieser prinzipielle Anspruch besteht uneingeschränkt, auch wenn man aus praktischen Gründen auf eine konsequente Reduktion der Chemie auf Physik verzichtet. Man wird in der Biologie (wie in der Chemie) auch weiterhin so verfahren, daß man den Reduktionismus so weit wie möglich treibt. Jenseits der durch die praktische Vernunft gesetzten Grenzen jedoch bleibt die Biologie eine terminologisch eigenständige Disziplin.

Weiterführende Literatur

B o c h e n s k i , I. M. (1956): Formale Logik. Freiburg: Alber

C a m p b e l l, N. (1953): What is Science? New York: Dover

C a r n a p, R. (1969): Einführung in die Philosophie der Naturwissenschaft. München: Nymphenburger Verlagshandlung

C h o m s k y, N. (1967): Biological Foundations of Language. New York: Wiley

L e n z e n, W. (1980): Glauben, Wissen und Wahrscheinlichkeit. Wien—New York: Springer

M a r g e n a u, H. (1950): The Nature of Physical Reality, a Philosophy of Modern Physics. New York: McGraw-Hill

Q u i n e, W. V. O. (1960): Word and Object. Cambridge, Mass.: MIT Press

R o b i n s o n, J. T. (1968): The Nature of Science and Science Teaching. Belmont: Wadworth

S a v i g n y, E. von (1970): Grundkurs im wissenschaftlichen Definieren. München: DTV

S e i f f e r t, H. (1973): Einführung in die Logik. München: Beck

S t e g m ü l l e r, W. (1979): Moderne Wissenschaftstheorie. Ein Überblick. Teil I: Moderne Logik und Grundlagen der Mathematik. Naturwissenschaften 66, 377

S t e g m ü l l e r, W. (1979): Moderne Wissenschaftstheorie. Ein Überblick. Teil II: Theorie der empirischen Wissenschaften. Naturwissenschaften 66, 438

S t e g m ü l l e r, W. (1980): Begriffsbildung. In: Handwörterbuch wissenschaftstheoretischer Begriffe (J. S p e c k, Hrsg.), Band 1, p. 61

W h o r f, B. L. (1963): Sprache, Denken, Wirklichkeit. Reinbek: Rowohlt

W o o d g e r, J. H. (1952): Biology and Language. Cambridge: Cambridge University Press

2.2 Der Prozeß der Forschung

2.2.1 Zur Erinnerung

Wissenschaft ist ein diszipliniertes Unternehmen des menschlichen Geistes, das auf Erkenntnis, auf zuverlässiges Wissen, abzielt.

Wissen ist dann zuverlässig, wenn es präzise Erklärungen und genaue Prognosen gestattet und damit Problemlösungen ermöglicht. Wissenschaftliche Erkenntnis ist dem 'gesunden Menschenverstand' insofern überlegen, als sie zuverlässiger und umfassender ist.

Das Ansehen der Naturwissenschaften in der Öffentlichkeit beruht in erster Linie auf der erprobten Fähigkeit, praktische Probleme mit Hilfe von Erkenntnis zu lösen. Die sogenannten Sozialwissenschaften haben in der Regel diesen Status nicht erreicht; im Gegenteil, die Fehlschläge der 'Sozialwissenschaften' bei der Lösung praktischer Probleme haben neuerdings auch die Naturwissenschaften in Mißkredit gebracht.

Die folgende Beschreibung der Erkenntnisgewinnung bezieht sich deshalb ausschließlich auf die Naturwissenschaften (Physik — einschließlich Chemie — und Biologie), die man vom Standpunkt einer Theorie der Erkenntnis aus als Einheit betrachten kann.

2.2.2 Logik der Forschung?

Mit dem Begriff 'Forschung' bezeichnet man den modus procedendi der Erkenntnisgewinnung. Die 'Logik der Forschung' befaßt sich mit der Struktur jenes Prozesses, der Erkenntnis hervorbringt. Es geht um die Frage, wie Erkenntnis tatsächlich zustande kommt. Manche Skeptiker glauben, daß man die Struktur der Erkenntnisgewinnung nicht völlig durchsichtig machen kann. In den Worten von Robert Lindsay: "Man somehow is just sufficiently competent to produce --- science and art, but not sufficiently so ever consciously to explain how he does it." Wir wollen es trotzdem versuchen.

Ich gehe auch bei der Darstellung einer Logik der Forschung in erster Linie von meinen Erfahrungen als praktizierender Wissenschaftler aus und nicht von den meist normativen Beschreibungen der Struktur des Forschungsprozesses, die man in der philosophisch-erkenntnistheoretischen Literatur in reicher Vielfalt vorfindet.

Ist eine Reflexion über die 'Logik der Forschung' von Nutzen? Was können wir Gutes von einer Reflexion über die Struktur des Forschungsprozesses erwarten? Etwa allgemein gültige, normative Einsichten? Oder bestenfalls eine post-factum-Rekonstruktion des wissenschaftlichen Denkens? Wird eine solche Reflexion uns zu bewußteren, zuverlässigeren, besseren und damit erfolgreicheren Wissenschaftlern machen? Oder versuchen wir lediglich, etwas explizit zu machen, was jeder erfahrene Wissenschaftler ohnehin 'weiß'?

Die meisten Wissenschaftler kümmern sich nicht ernsthaft um die 'Logik' der Forschung. Irgendwie absorbieren sie im Verlauf ihrer Lehr- und Wanderjahre die normativen Konventionen des wissenschaftlichen Tuns (das wissenschaftliche Ethos) und das notwendige methodisch-pragmatische Wissen — und dann fangen sie eben an. Trotzdem hat sich die Wissenschaft erfolgreich entwickelt. Ein ungeheurer Reichtum an zuverlässigem Wissen, an Erkenntnis, ist von Wissenschaftlern erarbeitet worden, die sich kaum für die theoretischen und normativen Grundlagen der Wissenschaft interessierten, geschweige denn, daß sie von erkenntnistheoretischen Skrupeln geplagt wurden.

Geht es also auch ohne Reflexion über die Struktur unseres Tuns? Ich glaube, ja — aber nur solange keine Schwierigkeiten auftreten, solange alles sich im vertrauten Geleise und im gewohnten Trott abspielt. Und darauf sollte man sich nicht verlassen.

2.2.3 Der Forschungsprozeß, eine einfache Beschreibung (Abb. 1)

Prinzipiell geht der Weg der Erkenntnisgewinnung aus von klassifizierten Erfahrungen, d. h. von experimentellen oder Beobachtungsdaten, die mit Hilfe genau definierter Methoden gewonnen werden. Nur objektive Daten sind für die Wissenschaft von Interesse. 'Objektiv' bedeutet, daß die Daten zwar mit einem unvermeidlichen Meßfehler behaftet, aber jederzeit reproduzierbar, vom jeweiligen Subjekt also unabhängig sind. Die Ausgangsdaten liefern die Grundlage für die Hypothesenbildung (generalisierende Induktion).

Die generalisierende Induktion (von manchen Wissenschaftstheoretikern auch 'unvollständige Induktion' genannt, was uns nicht irritieren sollte) führt von endlich vielen singulären Sätzen (Daten) zu einigen wenigen, durch passende Verallgemeinerung gewonnenen, kohärenten generellen Sätzen, die eine empirisch begründete Hypothese darstellen.

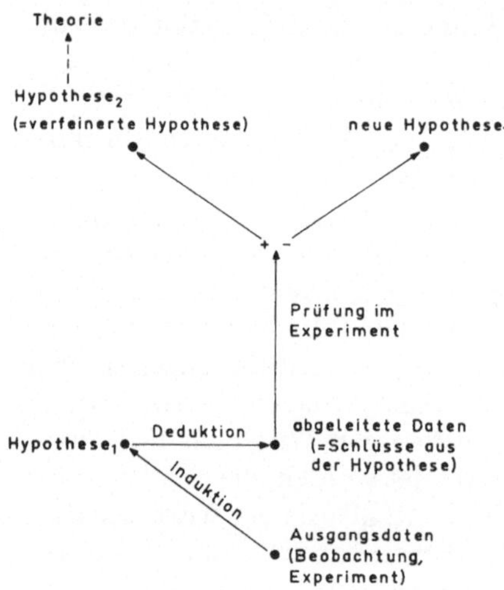

Abb. 1 Diese Skizze soll den Weg veranschaulichen, der zu wissenschaftlicher Erkenntnis führt.

Die generalisierende Induktion ist somit eine *konstruktive* Leistung des menschlichen Geistes, die im Prinzip darin besteht, daß wir mit Hilfe unserer Erkenntniskategorien unter Zugrundelegung objektiver Daten eine Hypothese, ein kohärentes System von Sätzen, aufbauen, von dem wir glauben, daß es jenen Teil der realen Welt, für den wir uns gerade interessieren, repräsentiert. Wir erwarten nicht, daß die Hypothese das gemeinte reale System (den realen Sachverhalt) exakt widerspiegelt, aber wir erwarten eine mehr oder minder gute Repräsentation. Hypothesen enthalten natürlich mehr als die Ausgangsdaten. Jene Momente, die unser Geist beim induktiven Schließen beigesteuert hat, stecken ebenfalls in den Hypothesen.

Eine Hypothese hat einmal die Funktion, die Ausgangsdaten zu 'erklären' (d. h. die Ausgangsdaten müssen aus der Hypothese deduktiv ableitbar sein); zum zweiten erlaubt die Hypothese weitere Schlußfolgerungen, also solche, die über die ursprünglichen Ausgangsdaten hinausgehen. Dies rührt daher, daß von unserem Geist in der Hypothese eben mehr untergebracht wurde, als in den Ausgangsdaten steckte.

Man leitet also aus einer Hypothese eine Aussage ab und sieht zu (meist im Rahmen eines 'Experiments' → Abb. 2), ob die Aussage eintrifft oder nicht. Wenn nicht, ist die Hypothese widerlegt ('falsifiziert'); wenn ja, so hat sich die Hypothese *bewährt*. Bewährung ist kein *Beweis* für die Richtigkeit der Hypothese. Eine bewährte Hypothese ist vielmehr eine solche, die bislang nicht an der Erfahrung gescheitert ist. Hypothesen, die sich immer wieder bewähren, erlangen schließlich unser Vertrauen: aus dem erfolgreichen Wechselspiel von generalisierender Induktion und Deduktion resultiert schließlich eine gesicherte Theorie (Abb. 1).

Die Grundlagen aller Erkenntnisgewinnung sind also Beobachtungsdaten und experimentelle Daten. Sind sie falsch, ist alles weitere sinnlos. Entscheidend für die wissenschaftliche Arbeit ist also, daß nur solche Daten berücksichtigt werden, die mit Hilfe zuverlässiger Methoden gewonnen wurden. Die Methoden müssen so sicher beherrscht und beschrieben werden, daß Beobachtungen und experimentelle Resultate jederzeit reproduziert werden können.Wer absichtlich oder grob fahrlässig falsche "Fakten" für sicher ausgibt, scheidet aus dem Bereich der Naturwissenschaften aus. Die intellektuelle Ehrlichkeit gehört wesentlich zur wissenschaftlichen Arbeit.

Zuverlässige Methoden sind die Voraussetzung für die Datengewinnung. In der Regel geht man in der Forschung von bereits etablierten ("bewährten") Methoden aus. Der Forscher muß aber jederzeit bereit sein, die theoretischen und materiellen Methoden, deren er sich bedient, zu modifizieren, falls sich ihre Unzulänglichkeit erweist. Für den Fortschritt der Naturwissenschaften ist die Verbesserung der Begriffe und der experimentellen Methoden ebenso wichtig wie die gescheite Idee, die zu einer neuen Hypothese oder zu einem neuartigen Experiment führt.

2.2.4 Der Forschungsprozeß, eine detaillierte Beschreibung (Abb. 2)

Unser Verstehen der realen Welt beruht auf zwei Wurzeln: wir haben Sinneseindrücke, und wir besitzen ein ererbtes Vorwissen über die Struktur der Welt (→ Seite 29). Vom Standpunkt des Individuums aus hat dieses Vorwissen den epistemologischen Status synthetischer Urteile a priori; vom Standpunkt der Evolution aus muß

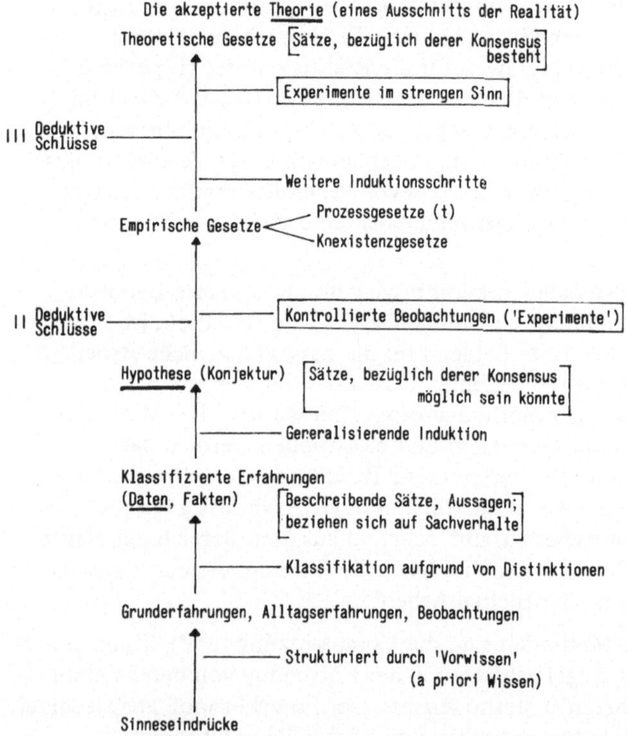

Abb. 2 Die wichtigsten Stufen im Prozeß der Forschung. Das starr erscheinende Schema muß dynamisch aufgefaßt werden. Beispielsweise gewinnen erfolgreiche Hypothesen in der Regel *gleitend* den Status einer akzeptierten Theorie. Die Bedeutung des Experiments ist durch die Umrahmung hervorgehoben. Der (besonders wichtige) Zusammenhang zwischen Aussage und Sachverhalt wird auf Seite 61 besprochen.

dasselbe Vorwissen über die Welt als a posteriori eingestuft werden, da es auf Erfahrung, auf der Erfahrung der Gattung, beruht. Dies ist, in aller Kürze, die wesentliche These der evolutionären Erkenntnistheorie (→ Seite 28).

Die Idee, daß unsere Fähigkeit, die Sinneseindrücke vernünftig zu ordnen und zu strukturieren, darauf beruht, daß wir in unserem Gehirn (in unserem 'Geist') entsprechende Modelle der Welt besitzen, ist natürlich nicht neu (Leibniz zum Beispiel postulierte eine 'prästabilierte Harmonie' zwischen Natur und Geist); aber erst die Evolutionäre Erkenntnistheorie konnte das Entstehen dieser Fähigkeit erklären. Unabhängig jedoch vom Ursprung unseres apriorischen Wissens über die Welt, können wir davon ausgehen, daß in der Tat unser Geist (unser Intellekt) die Sinneseindrücke vernünftig filtert und organisiert, wobei 'vernünftig' bedeutet, daß dies in Übereinstimmung mit der Struktur und den Kategorien der realen Welt geschieht.

Wer je mit Geisteskranken zu tun hatte, weiß, wie schrecklich es ist, wenn diese Übereinstimmung — und sei es auch nur partiell — nicht mehr besteht.

Der gesunde Geist transformiert die Sinneseindrücke in 'Grunderfahrungen', die man als 'Muster' beschreiben kann. Die Muster bestehen aus Konstrukten (→ Seite 58) und den Beziehungen zwischen den Konstrukten. Der Forschungsprozeß beginnt in der Regel nicht auf der Stufe der alltäglichen, zufälligen Grunderfahrungen; es kommt vielmehr ein (weitgehend unbewußter) Klassifikationsprozeß hinzu, der unsere Grunderfahrungen derart vereinfacht und zurechtstutzt, daß sie für unser wissenschaftliches Tun brauchbar werden. Wir *unterscheiden* (deshalb der Begriff 'Distinktion' in Abb. 2) zum Beispiel streng zwischen solchen Grunderfahrungen, die uns wichtig sind, und solchen, die uns im Moment unwichtig erscheinen. In der Tat gehen in den Klassifikationsprozeß unsere jeweiligen Motive, Gefühle und Wertvorstellungen maßgebend ein.

Wer sein wissenschaftliches Tun verstehen will, muß große Sorgfalt darauf verwenden, sich die benützten Distinktionen (Unterscheidungskriterien) bewußt zu machen und zu evaluieren. Irrtümer bei der klassifikatorischen Aufarbeitung der Grunderfahrung zu wissenschaftlichen Daten sind nämlich die Hauptursache für Fehlschläge in der weiteren Forschung. Wenn wir aufgrund unserer

Distinktionen ('Vorurteile') bei der Datenbildung wichtige Grunderfahrungen verwerfen ('ausklammern'), sind diese in der Regel für immer verloren. Erfolg in der Forschung hängt entscheidend davon ab, daß einem die richtige, d. h. eine der Realität gemäße Klassifikation der Grunderfahrung gelingt.

Der nächste Schritt, die generalisierende Induktion, bildet das Kernstück in der 'Kunst des Forschens'. Mit generalisierender Induktion meint man jenen kreativen Akt, der zu einer Hypothese (oder Konjektur) führt. Die Hypothesenbildung ist die erste Stufe in unserem Bemühen, die Daten, die klassifizierten Erfahrungen, zu erklären. Es ist der Wunsch nach Erklärung, der die Forschung vorantreibt. Eine Hypothese wird gebildet, um Erfahrungen erklären zu können.

Was bedeutet hier 'Erklärung'? Mit Erklärung ist gemeint, daß die in Frage stehenden objektiven Daten aus der Hypothese gefolgert werden können. Da die verfeinerte, zuverlässige, umfassende Hypothese (die Theorie) dem gleichen Zweck (nämlich der Erklärung) dient, kommen wir auf diesen wichtigen Punkt weiter unten zurück. Im Moment interessiert uns der Prozeß der Hypothesenbildung, die generalisierende Induktion.

Bei der Bildung einer Hypothese (ebenso wie bei den nachfolgenden Prozessen: deduktive Schlußfolgerungen, experimentelle Prüfungen, weitere Induktionsschritte) spielen nicht nur unsere intellektuellen Fähigkeiten und unsere wissenschaftlichen Erfahrungen eine Rolle, sondern auch die Konventionen, die Normen, die Leitsätze, die Paradigmen unserer Disziplin, die uns stets begleiten und an die wir uns gewöhnt haben. Dies bedeutet, daß die Menge und Art möglicher Konjekturen, die wir überhaupt ins Auge fassen können, entscheidend von unserem wissenschaftlichen Vorurteil (von unserem wissenschaftlichen 'Weltbild') bestimmt wird. Solchen Konjekturen, die nicht in unser vorgeprägtes Überzeugungsmuster passen, werden wir schwerlich den Vorzug geben.

Dieses Verhalten ist, wie Thomas Kuhn richtig bemerkt und beschrieben hat, zumindest für den 'normalen' Forschungsprozeß gültig. Mit 'normal' bezeichnet man hier die übliche Situation, daß die etablierten, bewährten Konventionen, Normen und Paradigmen einer wissenschaftlichen Disziplin (das wissenschaftliche 'Weltbild') vom Forscher nicht in Zweifel gezogen, sondern als vertrauenswürdige Grundlage für weiteres Forschen benützt werden. Wissenschaftliche 'Revolutionen', charakterisiert durch einen Austausch von Paradigmen, sind selten, und die meisten Wissenschaftler wehren sich bis zum Äußersten, bevor sie die bewährten Bahnen des Denkens, die etablierten Paradigmen, das ihnen vertraute wissenschaftliche Weltbild, ernsthaft revidieren oder gar verwerfen.

Vom Standpunkt der Erkenntnistheorie aus gibt es zwei ideale Postulate, die man bei der Entwicklung einer Hypothese berücksichtigen sollte:

1. Eine Hypothese darf nichts enthalten, was gesicherten Erfahrungen oder fest etablierten Gesetzen widerspricht (z. B. wird man in der Biologie eine Hypothese dann für sinnlos erklären, wenn sie etwa dem 'Satz von der Erhaltung der Energie' oder den Prinzipien der Evolutionstheorie widerspricht).

2. Eine Hypothese darf keine Annahmen, keine Denkforderungen, enthalten, deren Berechtigung nicht in einem empirischen Test überprüft werden kann (z. B. lehnen die Biologen das Konzept einer vis vitalis ab, weil die Annahme einer besonderen 'Lebenskraft' einem empirischen Test nicht zugänglich erscheint).

Obgleich diese beiden Postulate in der Praxis der Forschung nicht immer strikt befolgt werden können, so dienen sie dem Forscher doch als Leitsätze, jedenfalls solange wir uns im Rahmen 'normaler' Wissenschaft (s. oben) bewegen.

Einvernehmen besteht in der Wissenschaft darüber, daß die Feststellungen ('Sätze') einer Hypothese so beschaffen sein müssen, daß die fachlich kompetenten Mitglieder einer scientific community sie auf ihre Berechtigung und 'Wahrheit' hin überprüfen können. Präziser ausgedrückt: Die Sätze müssen potentiell verifizierbar (zu bestätigen) oder falsifizierbar (zu widerlegen) sein. Der englische Ausdruck 'consensible statements' bringt besonders treffsicher zum Ausdruck, daß eine Hypothese nur solche Sätze enthalten darf, bezüglich derer im Prinzip Konsensus (→ Seite 80) erzielt werden könnte (sei es im Sinn einer Verifizierung, sei es im Sinn einer Falsifizierung), falls man die entsprechenden empirischen Tests vornehmen würde.

Die Verifizierung oder Falsifizierung hypothetischer Sätze durch einen empirischen Test geschieht in der Regel im Rahmen einer 'kontrollierten Beobachtung'. Allerdings spielen hier auch bereits deduktive Schlüsse (oder Schlußfolgerungen) aus der Hypothese eine entscheidende Rolle. Im Prinzip geht man bei der empirischen Überprüfung einer Hypothese folgendermaßen vor: "Wenn der Satz p (eine explizite Feststellung der Hypothese) wahr ist, dann ist der Satz q (eine neue, aus der Hypothese streng logisch abgeleitete − deduzierte − Feststellung) ebenfalls wahr." Ob die Feststellung q nun tatsächlich wahr ist, überprüft man in einer kontrollierten Beobachtung ('Experiment'). Bei diesem Vorgang muß der Beobachter intellektuell und technisch in der Lage sein, die relevanten variablen Faktoren soweit unter Kontrolle zu halten, daß die Anforderungen einer 'Ein- oder Zwei-'Faktorenanalyse' (→ Seite 119) erfüllt sind. Die meisten sogenannten 'Experimente' in Physik und Biologie sind kontrollierte Beobachtungen mit dem Ziel, die Gültigkeit (oder 'Berechtigung') von Feststellungen zu überprüfen, die aus Hypothesen deduziert wurden. Die deduzierten Sätze der Klasse q unterscheiden sich natürlich hinsichtlich ihrer Bedeutung. Die Skala reicht von vagen, weitgehend intuitiv 'abgeleiteten' Feststellungen bis hin zu präzisen Sätzen, die quantitative Prognosen darstellen. Entsprechend unterschiedlich sind die sogenannten 'Experimente'. Sie reichen vom theoretisch 'blinden' Herumspielen bis zur gekonnten, Schritt für Schritt durchsichtigen Ein- oder Mehr-Faktorenanalyse (→ Seite 122).

Kann man die Vorgänge beim Experimentieren in ein allgemeines Schema bringen? Ich glaube, kaum. Das Wechselspiel zwischen generalisierender Indukation, deduktivem Schließen und kontrollierter Beobachtung (immer bedroht von inneren Widersprüchen, Irrtümern und Fehlern) hängt nicht nur von der jeweiligen, besonderen Situation ab, sondern vor allem von der geistigen Kraft, dem experimentellen Geschick und von der Kreativität des Forschers. Für den Anfänger, den Novizen, ist ein formalisiertes Schema der experimentellen Methode kaum hilfreich. Vermutlich kann man die experimentelle Methode, sofern man selbst dafür begabt ist, am besten in der Zusammenarbeit mit einem erfahrenen und erfolgreichen Forscher lernen.

Zurück zu unserer 'Logik der Forschung' (Abb. 2)! Das *erfolgreiche* Wechselspiel von Induktion, Deduktion und kontrollierter Beobachtung auf der Stufe II stabilisiert die ursprüngliche Hypothese

(Konjektur). Ein Gradmesser für die Fruchtbarkeit einer Konjektur ist die Bildung empirischer Gesetze.

Empirische Gesetze – sowohl Prozeßgesetze als auch Koexistenzgesetze (→ Seite 132) – sind zuverlässige, mehr oder minder *allgemeine* Sätze, zu denen man über wiederholte kontrollierte Beobachtungen und verfeinerte Induktion gelangt. In den meisten biologischen Disziplinen sind 'empirische Gesetze' das beste, was gegenwärtig zu erzielen ist. Aber auch in der Physik werden die empirischen Gesetze als der eigentliche Kern solider Wissenschaft angesehen. Mit Recht! Empirische Gesetze stellen die zuverlässige Basis großer Teile der physikalischen und biologischen Technologie dar, einschließlich der Medizin und Agrikultur. Andererseits jedoch haben empirische Gesetze, so zuverlässig sie auch sein mögen, immer noch den Charakter deskriptiver Generalisierungen. Sie sind und bleiben isolierte Feststellungen über die Natur, solange sie sich nicht in eine einheitliche, kohärente Theorie einfügen lassen.

Die nächste (und letzte) Stufe in der 'Logik der Forschung' (Stufe III) führt zu einer umfassenden Theorie, zur Formulierung eines kohärenten Systems theoretischer Gesetze. Die Theorie erlaubt eine Erklärung sowohl der empirischen Gesetze als auch der Feststellungen (Daten, Fakten) der Stufen I und II.

Häufig entwickeln sich Theorien aus 'Arbeitshypothesen' (heuristischen, teilweise spekulativen Hypothesen). Die 'Evolutionstheorie' des Charles Darwin, zunächst eine recht vage Hypothese, hat sich allmählich, gestützt auf zahllose kontrollierte Beobachtungen, zu einer echten Theorie gewandelt.

Es ist der experimentelle Test theoretischer Gesetze, den die Wissenschaftstheoretiker meinen, wenn sie von einem 'Experiment' (im strengen Sinn) sprechen. Der wesentliche Unterschied gegenüber den 'kontrollierten Beobachtungen' der Stufe II (die im günstigsten Fall zu empirischen Gesetzen führen) besteht darin, daß der Ausgang eines einzigen Experiments, an dessen korrekter Ausführung kein Zweifel besteht, tatsächlich darüber entscheiden kann, ob ein theoretisches Gesetz (und manchmal eine ganze Theorie) sich aufrechterhalten läßt oder aufgegeben werden muß.

Je höher der Anspruch einer Theorie ist, die Realität (bzw. ein Segment der Realität) richtig zu beschreiben, umso empfindlicher

wird eine Theorie gegen solche Beobachtungsdaten, die mit ihr
nicht in Einklang zu bringen sind.

Ein Beispiel aus der Physik, das mich als Photobiologen besonders
interessiert hat, ist die Quantentheorie des Lichts, die mit Planck
und Einstein Anfang des 20. Jahrhunderts beginnt. Aus ihr entwickelte sich die Quantenelektrodynamik, eine überaus geistvolle
Theorie der Wechselwirkung von Photonen und Elektronen. Unter den 'abgeleiteten' Sätzen dieser Theorie, also unter jenen Sätzen,
die man rein deduktiv aus dieser Theorie gewinnen konnte, war
der Satz (die 'Voraussage'), daß die Emission von Licht aus einem
Atom eine kleine Verschiebung gegenüber der Resonanzlinie des
Atoms zeigen würde. Der experimentelle Nachweis dieser Verschiebung, der sogenannte 'Lambshift', war eine glänzende Bestätigung der Quantentheorie des Lichts. Ein negatives Resultat hätte
verheerende Folgen für die Grundlagen der Quantenelektrodynamik gehabt.

Man kann den soeben geschilderten Sachverhalt auch so beschreiben, daß ein experimenteller Befund, der Lambshift, von der Theorie *erklärt* wird. 'Erklärung' bedeutet in diesem Zusammenhang,
daß der experimentelle Befund rein deduktiv (in diesem Fall,
mathematisch) aus der Theorie abgeleitet werden kann. Der Lambshift steckte also bereits implizite in der Theorie, bevor er beobachtet wurde. Bei der theoretischen Ableitung wurde dieses Wissen
lediglich explizit gemacht.

Wir können und brauchen an dieser Stelle die Struktur rein deduk-
tiver Systeme nicht näher zu behandeln. Der Leser ist sicher im
Prinzip damit vertraut, wie jene Regeln der deduktiven Logik beschaffen sind, die es uns erlauben, Schlußfolgerungen (Theoreme)
aus Prämissen (Axiomen) hervorgehen zu lassen.

Es sei lediglich an den Syllogismus der traditionellen aristotelischen
Logik erinnert, der als Grundform des deduktiven Schlusses alles
enthält, was man für das prinzipielle Verständnis eines deduktiven
Arguments braucht. Ein Syllogismus besteht aus drei Sätzen, zwei
davon bilden die Prämissen, die Vordersätze, der andere bildet die
Konklusion (Schlußsatz). Jeder Satz kann durch ein Subjekt und
ein Prädikat ausgedrückt werden, die eine Copula (in unserem Beispiel das Verb 'sein') verbindet. Wenn wir alles, was entweder als
Subjekt oder als Prädikat dient, einen Begriff nennen, dann müssen

drei (und nur drei!) Begriffe in einem Syllogismus vorkommen. Jener Begriff, der den beiden Prämissen gemeinsam ist, wird der 'Mittelbegriff' genannt, und von diesem gemeinsamen Element hängt der deduktive Schluß ab. Die beiden anderen Begriffe, die in den Prämissen von dem Mittelbegriff zusammengehalten werden, tauchen dann in der Konklusion ohne den Mittelbegriff auf. Das übliche Beispiel für den Syllogismus lautet:

Alle Menschen sind sterblich
Sokrates ist ein Mensch $\Big\}$ Prämissen

Sokrates ist sterblich (Konklusion)

'Mensch' ist der Mittelbegriff, der den Sokrates mit der Sterblichkeit verbindet, so daß wir *wissen*, daß Sokrates sterblich ist (auch wenn er noch nicht gestorben wäre).

Der Mangel der traditionellen aristotelischen Syllogistik besteht darin, daß diese Theorie des richtigen Denkens auf Aussagen von einfacher Gestalt beschränkt blieb. Die moderne Logik, die Gottlieb Frege ins Leben gerufen hat, hat die aristotelische Logik nicht verdrängt, sondern lediglich deren Begrenztheit überwunden.

Der empirische Test darauf, ob ein theoretisches Gesetz (oder eine ganze Theorie) mit der Realität verträglich ist, kann auch in einer schlichten Beobachtung bestehen, bedarf also nicht unbedingt eines raffiniert ausgeknobelten, aufwendigen Experiments. Der Leser wird sich vielleicht daran erinnern, wie entscheidend wichtig die Beobachtung von Sternenlicht während einer totalen Sonnenfinsternis für die Bestätigung der Allgemeinen Relativitätstheorie Einsteins gewesen ist. Eine Konklusion aus der Einstein'schen Theorie besagt, daß ein Lichtstrahl von einem fernen Stern, der ganz nahe an einem massiven Körper vorbeiläuft, sich ein wenig von dem Körper wegbiegen wird. Die totale Sonnenfinsternis am 21. September 1922 bot eine nahezu ideale Gelegenheit, diese Konklusion aus der Allgemeinen Relativitätstheorie empirisch zu überprüfen, da man 6 min lang entsprechende Messungen im Wüstenklima von Nordaustralien vornehmen konnte. Man fand eine Ablenkung von $1,72 \pm 0,11$ Bogensekunden, in ausgezeichneter Übereinstimmung mit der Konklusion (und damit mit der Theorie).

Die grundlegend wichtige Theorie in der Biologie, jene Theorie, die sozusagen die Biologie zusammenhält, ist die Evolutionstheorie, genauer: jene Theorie, die den Prozeß der Evolution 'mechanistisch' erklärt. Die Gesetze der Evolutionstheorie sind in erster Linie die Wahrscheinlichkeitsgesetze der Populationsgenetik. Mary Williams hat eine Axiomatisierung der Evolutionstheorie insofern zustande gebracht, als es ihr gelang, die vage Darwin'sche Evolutionstheorie als ein *deduktives* System aufzubauen, in dem einige fundamentale Sätze (Prinzipien) der Theorie als Axiome verwendet werden, aus denen die restlichen Prinzipien der Theorie als Theoreme deduktiv folgen. Natürlich benötigt man für die Erklärung eines bestimmten, konkreten Evolutionsschrittes nicht nur diese Axiome und Theoreme, sondern auch zuverlässige Information über die Anfangs- und Randbedingungen, die in einer bestimmten historischen Situation vorlagen. Wir werden später sehen, daß generell die Güte einer Erklärung und die Präzision einer Voraussage nicht nur von der Zuverlässigkeit der relevanten Gesetze, sondern ebenso von der Genauigkeit abhängt, mit der die einschlägigen Anfangs- und Randbedingungen bekannt sind (→ Seite 136).

Die Evolutionstheorie, ein kohärentes System von fundamentalen Sätzen (Prinzipien), ist für die Biologen längst zu einem unangreifbaren Lehrgebäude geworden. Mit Recht! Es gibt keine falsifizierenden Beobachtungen, also keine Beobachtungen, die mit der Theorie nicht in Einklang stünden. Im Gegenteil, die Fruchtbarkeit der Evolutionstheorie ist kaum zu überschätzen! Ihre neuesten Sprößlinge, die Soziobiologie und die Evolutionäre Erkenntnistheorie, belegen eindrucksvoll die ungebrochene Vitalität der 1859 von Darwin in den Grundzügen konzipierten Theorie.

2.2.5 Wie vollzieht sich die Forschung in Wirklichkeit?

Die Abb. 2 und der sie begleitende Text sollen nicht den Eindruck erwecken, das 'Unternehmen Forschung' sei stets ein systematischer, gut organisierter und bis ins Letzte überlegter Prozeß. Eher das Gegenteil ist richtig. Forschung ist nicht nur ein komplexer, sondern in hohem Maße unberechenbarer Prozeß. An ihm sind eine große Zahl von Menschen beteiligt, deren Interessen und Zielsetzungen verschieden sind und die sich nach Talent, Intellekt und geistiger Penetranz unterscheiden.

Nicht alle Experimente gelingen. Manche Experimente werden so schlecht ausgeführt, daß sie einfach wertlos sind. Die Herausgeber wissenschaftlicher Zeitschriften und ihre Referenten sollten darauf achten, daß solche Experimente unpubliziert bleiben. Andere Experimente sind zwar gut gemacht, ihre Resultate sind aber verwirrend. Damit meint man, daß sich die Resultate derzeit nicht befriedigend erklären lassen. Meist werden diese Daten wieder vergessen; sie sinken in das riesige 'Massengrab der Daten', auch wenn sie gedruckt und in Bibliotheken aufbewahrt sind.

Von Zeit zu Zeit ergeben sich aus dem Wirrwarr unkoordinierter Forscheraktivitäten jene Resultate, die wir (d. h. die scientific community) als wichtig und zuverlässig anerkennen und denen wir den Erkenntnisprogreß, u. U. sogar wissenschaftliche Revolutionen, verdanken. Die anscheinend unüberwindliche Schwierigkeit bei jeder 'Forschungsplanung' liegt darin, daß es äußerst schwierig, wenn nicht unmöglich ist, im voraus zu wissen, welcher Ansatz in der Forschung den durchschlagenden Erfolg oder zumindest eine anständige Rendite verspricht.

Weiterführende Literatur

Beveridge, W. I. B. (1950): The Art of Scientific Investigation. New York: Vintage Books

Broad, W. J. (1979): Paul Feyerabend: Science and the Anarchist. Science 206, 534

Davies, J. T. (1973): The Scientific Approach. London: Academic Press

Fleck, L. (1979): Genesis and Development of a Scientific Fact. Chicago: University of Chicago Press

Goldstein, M., Goldstein, I. F. (1978): How we Know. New York: Plenum

Kuhn, Th. S. (1970): The Structure of Scientific Revolutions, 2nd edition. Chicago: University of Chicago Press

Popper, K. R. (1969): Logik der Forschung. 3. Aufl. Tübingen: Mohr (Siebeck)

Walker, M. (1963): The Nature of Scientific Thought. Englewood Cliffs: Prentice Hall

Williams, M. B. (1971): Reducing the consequences of evolution: a mathematical model. J. Theoret. Biol. 28, 343

Ziman, J. (1979) Reliable Knowledge. Cambridge: Cambridge University Press

2.3 Konsens und Subjektivität im Forschungsprozeß

2.3.1 Das Konsensusprinzip (eine Erinnerung)

Die Zielsetzung der Wissenschaft ist 'Erkenntnis'. Mit 'Erkenntnis'
meint der Naturforscher zuverlässiges, gesichertes Wissen. Die Naturwissenschaften erzielen zuverlässiges Wissen durch einen gesellschaftlichen Prozeß ('social process'), an dem ein Kollektiv, die jeweilige scientific community, das Kollektiv der jeweils kompetenten Wissenschaftler, beteiligt ist. Was als zuverlässiges Wissen hic
et nunc gelten kann, wird durch den 'Konsens' der jeweils kompetenten Fachleute entschieden. Das 'Konsensusprinzip' ist das zentrale, konstitutive Element im Prozeß der Erkenntnisgewinnung
(→ Seite 44).

Erkenntnisgewinnung ist möglich, weil in der Wissenschaft nur
zwei Typen von Sätzen zugelassen sind:

Konsensible Sätze: dies sind Sätze, die potentiell bestätigt oder
widerlegt werden können (→ Abb. 2, Mitte) und

Konsensuale Sätze: dies sind Sätze, die tatsächlich von den meisten
Mitgliedern einer scientific community für richtig, für zuverlässig,
gehalten werden (→ Abb. 2, oben).

Erkenntnisgewinnung setzt die Verbindlichkeit des wissenschaftlichen Ethos voraus. Wir haben uns bereits früher (→ Seite 42) klar
gemacht, daß die Wissenschaft nur deshalb funktioniert, weil sie
strenge ideelle und materielle Verfahren dafür entwickelt hat, zu
prüfen, ob ein vorgeschlagener Satz zuverlässig ist oder nicht. An
der Spitze der Hierarchie dieser Verfahren steht das wissenschaftliche Ethos, jener Codex normativer Regeln, der das Verhalten
der scientific community und damit das Verhalten jedes einzelnen
Wissenschaftlers bestimmt. Hier hat der Wissenschaftler nur die
Alternative 'Akzeptanz oder Nicht-Akzeptanz'. Beim wissenschaftlichen Ethos gibt es keinen Spielraum subjektiver Beliebigkeit

Allerdings, und dies ist ein entscheidend wichtiger Gesichtspunkt
(→ Seite 47), bin ich dem wissenschaftlichen Ethos nur so lange
verpflichtet, wie das Ziel meines Tuns darin besteht, zur Erkenntnis beizutragen. Das wissenschaftliche Ethos ist ein 'Partialethos',
das im Hinblick auf ein bestimmtes Ziel, im Hinblick auf einen
bestimmten, überragenden terminalen Wert, sittliche Normen an-

gibt. Das Ziel ist Erkenntnis. Solange die Bemühungen eines Menschen auf dieses Ziel gerichtet sind, unterwirft er sich dem für die Zielerfüllung geeigneten instrumentalen Wertsystem, dem wissenschaftlichen Ethos.

Um keinen Zweifel zu lassen: das Damoklesschwert der Strafe ist auch innerhalb der Wissenschaft ein entscheidendes Element. Wer das wissenschaftliche Ethos, das spirituelle Konzept der Gemeinschaft verletzt, wird bestraft. Die Skala reicht vom vorübergehenden Vertrauensentzug bis zur Eliminierung aus der scientific community. Ein Wissenschaftler würde vielleicht bei seiner Arbeit nie betrügen, weil er sich an intellektuelle Ehrlichkeit gewöhnt hat; er wird mit hoher Wahrscheinlichkeit aber dann nicht mogeln, wenn er sich beständig klar macht, daß die scientific community ihm die Anerkennung entziehen und ihn in der Regel sogar feuern wird, wenn der Betrug herauskommt. Und der Betrug wird über kurz oder lang herauskommen. In der Naturforschung ist es letztlich unmöglich, mit Erfolg zu betrügen.

Der Leser darf aus diesen strengen Bemerkungen nicht den Schluß ziehen, Wissenschaftler seien in ihrem persönlichen Leben besonders anständige, besonders sittliche Menschen. Dies würde der Erfahrung widersprechen; es ist außerdem auch gar nicht notwendig. Das wissenschaftliche Ethos ist ein 'Partialethos'. Die Anerkennung des wissenschaftlichen Ethos bedeutet nicht, so habe ich früher (→ Seite 47) dargelegt, daß für den Wissenschaftler 'Güte', 'Schönheit', 'Mysterium', 'Gott' Gegenwerte darstellen; noch braucht der Wissenschaftler Liebe und Furcht, Bewunderung und Haß, Triumph und Verzweiflung, Zärtlichkeit und Leidenschaft aus seinem emotionellen Repertoire zu eliminieren. Der leidenschaftslose, nur der Erforschung der Wahrheit hingegebene Wissenschaftler ist eine Karikatur, und eine schlechte Karikatur dazu, weil sie den wahren Sachverhalt nicht trifft.

Die herausragenden Wissenschaftler waren in der Regel auch eigenwillige und herausragende Menschen, verbunden mit der Welt, eingefügt in die Kultur ihrer Zeit, ebenso viel oder ebenso wenig wie andere Bürger interessiert, zuweilen vital interessiert, an den ideologischen und politischen Spannungen und Kämpfen ihrer Zeit.

2.3.2 Die Rolle der Persönlichkeit im Forschungsprozeß

Kehren wir zurück zu jenem kollektiven Prozeß, der zuverlässiges Wissen, Erkenntnis, hervorbringt (→ Abb. 2). Die Kardinalfrage lautet: Ist Forschung, Erkenntnisgewinnung, ein kühler, logisch beherrschter Prozeß, der Subjektivität nicht zuläßt, ein kollektiver Prozeß, in dem die Bedeutung der Persönlichkeit verschwindet vor der Leistung der jeweiligen scientific community. Der Glaube, Wissenschaft, Forschung sei ein durchgängig rationaler Prozeß, ist im allgemeinen Bewußtsein tief verankert. Während der ersten Hälfte des 20. Jahrhunderts haben die Wissenschaftstheoretiker einen umfassenden Versuch unternommen, diesen Glauben zu rechtfertigen. Sie haben die rationalen Elemente des wissenschaftlichen Vorgehens beschrieben und eine normative Logik der Forschung entwikkelt. Es war in erster Linie die sog. Wiener Schule der Wissenschaftstheorie, die zuerst im deutschen Sprachgebiet, später in England und Amerika, die Ansicht begründete, Wissenschaft sei ein streng logischer Prozeß. Dieser Auffassung, bekannt als logischer Positivismus, ignoriert den historischen Kontex der Wissenschaft ebenso wie jene psychologischen Faktoren, die den Erkenntnisprogreß beeinflussen. Vermutlich gibt es immer noch strenge Vertreter des logischen Positivismus, aber in der Regel sind die Wissenschaftstheoretiker heute bereit, die Einsicht zu respektieren, daß der Persönlichkeit des Forschers im Erkenntnisprogreß eine ebenso zentrale Rolle zukommt wie den vorgegebenen logischen Strukturen des Forschungsprozesses. Von Stephen Toulmin, einem maßgebenden amerikanischen Wissenschaftstheoretiker, stammt die Feststellung ––– 'we didn't need Paul Feyerabend to tell us what was wrong with logical positivism. Most of us have come home from the funeral and assumed that it is safely buried".
Den in der Forschung stehenden Wissenschaftlern war das streng normative System des logischen Positivismus ohnehin nie geheuer. Da sie wußten, wie es an der Front der Forschung wirklich zugeht, empfanden sie die Diskrepanz zwischen Theorie und Praxis der Forschung besonders deutlich und gelegentlich auch schmerzlich. Die strengen Rationalisten unter den Wissenschaftstheoretikern konzipierten normativ eine 'wissenschaftliche Methode', die nach ihrer Auffassung jedermann, sogar der Nicht-Wissenschaftler, erlernen könnte, falls er sich genügend engagierte. Die Wissenschaft-

ler selbst wissen natürlich, daß ihre eigene Entwicklung ganz anders verlaufen ist: Während ihrer Lehr- und Wanderjahre haben sie sie irgendwie, sei es intuitiv oder an der Seite eines erfahrenen Lehrers, gelernt, wie man forscht. Sie haben sowohl die normativen Konventionen (also das, was ich — systematisiert — wissenschaftliches Ethos nannte) als auch das notwendige pragmatische Wissen mehr oder minder unsystematisch gelernt und sind dann ihren Weg gegangen. In der Regel hatten sie allenfalls einen zufälligen, flüchtigen und eher scheuen Kontakt zu normativer Wissenschaftstheorie. Geprägt wurde kaum ein erfolgreicher Wissenschaftler meiner Generation von der normativen Theorie seiner Disziplin. Selbst am Beispiel der Grundlagenforschung lassen sich die Widersprüche zwischen normativer Wissenschaftstheorie und tatsächlichem Forschungsprozeß leicht aufzeigen.

'Grundlagenforschung' wird in der Regel als solche Forschung definiert, bei der die Wahl der Probleme (innerhalb einer Disziplin) aufgrund ihrer vermuteten 'wissenschaftlichen Wichtigkeit' erfolgt. Ob ein bestimmter Forscher eine Frage für wissenschaftlich wichtiger hält als eine andere Frage innerhalb derselben Disziplin, bleibt allerdings subjektiv. Selbst ein Konsens der Mehrheit der scientific community ist kein objektiver Indikator. Vielmehr entscheidet über die 'wissenschaftliche Wichtigkeit' die intuitive Kraft der hervorragenden wissenschaftlichen Persönlichkeit, die schließlich die andern mitreißt. Sie bestimmt, welche Probleme vorrangig wichtig sind; sie bestimmt somit die Richtung, die der Erkenntnisprogreß nimmt.

"Wo die Könige bauen, haben die Kärrner zu tun", dies gilt auch im Zeitalter von big science und team-Forschung! Sicherlich beschreibt die Poppersche These, daß Erkenntnisprogreß im "Fortschreiten von Problemen zu tieferen Problemen" bestehe, einen wesentlichen Zug. Aber es kann andererseits kein Zweifel bestehen, daß man den Erkenntnisprogreß weder vorausplanen noch formalisieren kann. Die intuitive Kraft des überragenden Forschers läßt sich weder durch Gremienherrschaft noch durch normative Wissenschaftstheorie ersetzen.

Als Sprecher der SPD-Fraktion äußerte sich der Abgeordnete Hoffmann am 21. September 1979 bei der Bundestagsdebatte über 'Grundlagenforschung in der Bundesrepublik Deutschland' zu diesem Thema wie folgt: "Meine Damen und Herren, so wichtige Persönlichkeiten wie Newton, Kepler oder Galilei bestimmen eben heute nicht mehr signifikant den Wissenschaftsprozeß. Sie haben damals Wesentliches verändert und Wesentliches in Gang gesetzt. Heute ist Wissenschaft ein komplexerer Prozeß von Ausbildung, von Bildungschancen, von Infrastrukturen, von Investitionen". Herr Hoffmann verwechselte in seinem Referat Rahmenbedingungen für Wissenschaft mit jenen Kräften, die der Wissenschaft das Gepräge und die Richtung geben. Es ist ein kostspieliger Irrtum, zu glauben, Investitionen führten automatisch zu Erkenntnisprogreß.

In den 20er Jahren war die deutsche Wissenschaft bestimmt nicht auf Rosen gebettet und sie war dennoch auf einigen Gebieten die beste der Welt, weil hervorragende Gelehrte die Richtung und den Geist bestimmten.

Der unerhörte Erkenntnisprogreß, der sich in der Biologie seit 1950 vollzogen hat, war in jeder Phase ebenso eng mit der Leistung bestimmter, ungewöhnlich kreativer Wissenschaftler verbunden wie in den ersten Jahrzehnten dieses Jahrhunderts die Entstehung der Quantentheorie und der Relativitätstheorie. Wer die Geschichte der Molekularbiologie zwischen 1953 und 1965 verfolgt hat, also zwischen der Ankündigung der DNA-Doppelhelix und der Entzifferung des genetischen Code, weiß, welche entscheidende Rolle hier bestimmte, überragende Persönlichkeiten und eine bestimmte kleine Gruppe, der 'Tie Club' gespielt haben. Man kann sich an der Geschichte der Molekularbiologie darüber hinaus klar machen, daß Führungsqualität auch in der Wissenschaft auf einer günstigen Mischung von überragender Leistung, Eloquenz und starker Persönlichkeit beruht. Francis Crick, ein Star der Molekularbiologie, konnte durch die Wirkung seiner Persönlichkeit und seiner Worte ein Auditorium von Tausend derart in Atem halten, daß einem unheimlich wurde.

Was ich im Prinzip sagen will, ist dies: Wer die Bedeutung des hervorragenden Individuums im Forschungsprozeß verkleinert oder gar leugnet, eliminiert den entscheidenden Faktor aus der Wissenschaft. Er darf sich dann nicht wundern, wenn die Grundlagenforschung in unserem Land den Investitionen und den Infrastrukturen, die man ihr anbietet, nicht mehr gerecht werden kann.

2.3.3 Rahmenbedingungen für kreative Forschung

Ein anderer folgenschwerer Irrtum der Apologeten des bürokratisch
verplanten Wissenschaftsprozesses resultiert aus der Fehleinschätzung der Rahmenbedingungen für wissenschaftliche Kreativität.
Die Organisation der Universitäten und Forschungsstätten muß
derart beschaffen sein, daß sie den Freiraum garantiert, ohne den
sich die jeweilige Schöpferkraft und das jeweilige Talent für Höchstleistungen weder entwickeln noch manifestieren können.

Wir sind in den letzten 12 Jahren — im Prinzip zumindest — eher
umgekehrt verfahren: Rigide, meist politisch motivierte Strukturen wurden von außen vorgegeben; die wissenschaftliche Persönlichkeit hatte sich anzupassen oder zu resignieren. Wir kennen
inzwischen das Resultat. Die auf einen oberflächlichen 'Interessen-
ausgleich' bedachte, gleichzeitig aber politisierte Gruppenuniversität
war in der Regel außerstande, der hervorragenden, eigenwilligen,
nicht selten sensiblen und introvertierten wissenschaftlichen Persönlichkeit den ihr angemessenen Freiraum, die geeignete 'ökologische Nische', zu bieten. An die Stelle der gescheiten Idee, an die
Stelle der schöpferischen Leistung des Forschers, rückte deshalb
allzu oft die Geschäftigkeit und Geschwätzigkeit von Gremien.

In der nahezu blinden Euphorie, mit der die Politisierung der
Universität betrieben wurde, übersah man, daß gute Wissenschaft
ein solides Quantum an politischem Desinteresse voraussetzt.
Wissenschaft braucht — nach Max Weber — "das Augenmaß, die
Fähigkeit, die Realitäten mit innerer Sammlung und Ruhe auf
sich wirken zu lassen, also: die Distanz zu den Dingen und Menschen", und sie braucht, so möchte ich hinzufügen, einen Freiraum,
der sie vor internen Pressionen schützt.

Die Max-Planck-Gesellschaft hat dieser Tage (1979) ihre klassischen
Grundsätze für die Besetzung von Leitungspositionen bekräftigt.
"Wir werden nur dann ein neues Forschungsvorhaben beginnen
und fortsetzen, wenn eine besonders qualifizierte Forscherpersönlichkeit zur Verfügung steht, der wir die verantwortliche Leitung
hierfür übertragen können." Dieser Grundsatz — so heißt es in der
Begründung — "beruht auf der festen Überzeugung, daß wesentliche Fortschritte in der Wissenschaft --- immer auf die Leistung
Einzelner zurückgehen. Der Einzelne ist es, der den Durchbruch in
unbekanntes Neuland erreicht. Das sollte uns gerade bei der Rück-

erinnerung an Lise Meitner, Otto Hahn, Albert Einstein und Max von Laue erneut deutlich geworden sein. Bei aller notwendigen Teamarbeit in den meisten unserer Institute gilt dies auch heute noch für die Entwicklung der Wissenschaft". Soweit der Präsident der Max-Planck-Gesellschaft, Reimar Lüst.

2.3.4 Die Grenzen der Subjektivität

Wenn man die Bedeutung des einzelnen Forschers für Richtung und Intensität des Erkenntnisprogresses skizziert, muß man entsprechend intensiv betonen, daß auch die überragende wissenschaftliche Persönlichkeit letztlich unter derselben strengen Kontrolle steht wie jedes Mitglied einer scientific community: das Kollektiv der jeweils kompetenten Wissenschaftler bestimmt, was als zuverlässiges, bleibendes Wissen gelten kann. Mit anderen Worten, auch die geniale Idee kann jederzeit am 'Konsensusprinzip' scheitern.

Der Subjektivität sind in der Wissenschaft somit zwei klare Grenzen gesetzt: Das wissenschaftliche Ethos – hier wird kein Verstoß geduldet – und das Konsensusprinzip – hier gibt es, jedenfalls auf die Dauer, keine Ausnahme. Dies ist ein gewaltiger Unterschied gegenüber der Macht der Autorität, und ich vermute, daß der geistige Umschwung, der mit dem Aufstieg der positiven Wissenschaften verbunden war, am einfachsten beschrieben werden kann als die Absage an die Diktatur der Autoritäten zugunsten der Urteilsbildung in einem kompetenten Kollektiv.

Einige Beispiele für die Grenzen, die auch den herausragenden wissenschaftlichen Persönlichkeiten gesetzt sind:

Isaac Newtons Bedeutung für die Entwicklung der Wissenschaften kann man kaum überschätzen. Die Newtonsche Theorie der Gravitation zum Beispiel gilt immer noch (mit Recht) als das Meisterstück einer wissenschaftlichen Theorie – elegant, umfassend, einfach und gleichzeitig akkurat –, obgleich wir wissen, daß unter extremen Bedingungen die Natur signifikant von der Theorie abweicht. Unter weniger extremen Bedingungen arbeitet die Newtonsche Theorie ausgezeichnet: Denken wir an die Voraussage der Existenz des Planeten Neptun – einer der größten Triumphe in der Geschichte der Wissenschaft. Auf der anderen Seite spielt Newtons Korpuskulartheorie der Lichtbrechung, die er 1704 entwickelte, heute keine Rolle mehr. Newtons Theorie wurde zwar im 18. Jh. gegenüber der Huyghen'schen Wellentheorie bevorzugt, aber um 1850 endgültig von Foucault widerlegt. Foucault konnte die Lichtgeschwindigkeit direkt messen und dabei zeigen, daß sich das Licht in einem dichteren Medium langsamer bewegt. Dies stand im Gegensatz zu der Voraussage der Newtonschen Theorie, wonach sich die Lichtkorpuskeln im dichteren Medium schneller bewegen müßten. Da sich Foucaults Messungen beliebig bestätigen ließen. herrschte bald Konsens darüber, daß das Licht sich im dichteren Medium langsamer fortbewegt. Damit war Newtons Korpuskulartheorie der Lichtbrechung erledigt.

Ein anderes Beispiel – diesmal aus der Biologie – ist Louis Pasteur. Pasteur war ein genialer Wissenschaftler. Seiner Ausbildung nach war er Chemiker, und in dieser Disziplin hat er bereits als junger Mann bahnbrechende Arbeiten über optisch aktive Isomeren ausgeführt. Seine überragenden Leistungen aber vollbrachte er in der Mikrobiologie. Die Keimtheorie der Infektionskrankheiten, die auf Pasteur zurückgeht, besagt, daß Infektionskrankheiten durch Mikroorganismen (und Viren, wie wir heute wissen) verbreitet werden. Es ist nicht die de-novo-Entstehung, die Urzeugung von Keimen, es ist vielmehr die Übertragung von Mikroorganismen, die das Wesen der Infektionskrankheiten ausmacht. Die Theorie von Pasteur – sie ist für uns heute selbstverständlich – hat ein neues Zeitalter der präventiven und curativen Medizin begründet. Man kann sie in ihrer Bedeutung für unsere Kultur nicht hoch genug einschätzen. Auch wenn die meisten Menschen sich heutzutage nicht mehr vorstellen können, was es für uns wirklich bedeutet, daß die Infektionskrankheiten ihren Schrecken verloren haben, Pasteur gilt immer noch – mit Recht – als ein Wohltäter der Menschheit. Für seine ungemein kreativen Leistungen als Mikrobiologe genoß er bereits zu Lebzeiten ein legendäres wissenschaftliches Ansehen. Pasteur starb 1895 auf der Höhe seines Ruhms als einer der größten Naturwissenschaftler der Geschichte.

Dies hat die scientific community nicht daran gehindert, eine von Pasteurs Ideen, seine 'Theorie der alkoholischen Gärung', mit Skepsis zu betrachten und schließlich total abzulehnen. Pasteur war Vitalist. Er favorisierte die Idee, eine Art von elan vital, ein Attribut der lebenden Zelle, sei unentbehrlich für den Prozeß der

alkoholischen Gärung in der Hefezelle. Der deutsche Chemiker
Eduard Buchner widerlegte 1896 Pasteurs vitalistische Theorie.
Er zeigte, daß ein zellfreier Extrakt aus der Hefezelle die Verwand-
lung von Zucker in Alkohol bewerkstelligen kann. Buchner nannte
das aktive stoffliche Prinzip "Zymase". Die Arbeiten Buchners, die
in ihrer fundamentalen Bedeutung von der scientific community
sehr rasch richtig eingeschätzt wurden, stehen am Beginn jenes
Forschungszweigs, den wir heute Biochemie nennen.

Mein drittes Beispiel ist Einstein.

Im Jahr 1905 machte Albert Einstein drei entscheidende Entdek-
kungen.

Er berechnete — erstens — die Größe von Atomen aus der Brown-
schen Bewegung mikroskopischer Partikel.

Zweitens bewies er — an Experimenten von Lenard orientiert —
die Partikelnatur des Lichts. Dafür erhielt er später den Nobelpreis.

Seine dritte und größte Entdeckung war die Relativität, eine Leistung
abstrakten Denkens, die bemerkenswert ist für ihre Einfachheit
und für ihre ungeheure Bedeutung.

In der nächsten Dekade gelang Einstein mit der Entwicklung der
allgemeinen Relativitätstheorie ein geistiger Durchbruch, der auch
von kongenialen Köpfen als eine wahrhaft überragende Leistung
gepriesen wird. "No man's intellectual accomplishment stands
higher than Einstein's theory of general relativity" (Edward Teller).

Und wie ging es weiter?

Einstein versuchte, die gesamte Physik in eine geometrische Form
zu bringen. Er wollte die geometrischen Ideen der Allgemeinen Relativitätstheorie auf das elektromagnetische Feld übertragen. Ein
paar Jahre vor seinem Tod publizierte er ein Buch über dieses intellektuell ungemein schwierige Unternehmen. Er bekam keine Reso-
nanz mehr. Die experimentelle Hochenergiephysik hatte offenbar
die Grenzen von Einsteins geometrischen Konzepten gesprengt.

Auch Einsteins Widerstand gegen die Kopenhagener Schule der
Quantentheorie wurde von der kompetenten scientific community
nicht ernst genommen. "Another great field, the world of atoms,
transcended the scope of Einstein's horizon" (E. Teller).

Ich glaube, daß diese Geschichten zeigen, welche Grenzen auch
dem Genie in der Wissenschaft gesetzt sind.

Die elementare Kraft des subjektiven Einfalls kann nur dann der
Zielsetzung der Wissenschaft dienstbar gemacht werden, wenn der
rigorose Zwang zum Konsens diese Kraft zügelt. Das Ziel der Wissenschaft ist gesichertes Wissen, wir sollten dies nie aus dem Auge
verlieren. Wer Wissenschaft treiben will, muß bereit sein, das Konsensusprinzip als ein konstitutives Element des wissenschaftlichen
Tuns anzuerkennen, auch wenn dies uns manchmal schwer fällt.

2.3.5 Der persönliche Mut in der Wissenschaft

Ein Faktor, in dem sich die Menschen in hohem Maße unterscheiden, ist der persönliche Mut, Zivilcourage, Tapferkeit ohne insti-
tutionelle Rückendeckung. Alle Erfahrungen sprechen dagegen,
daß Wissenschaftler besonders mutig sind. Im Gegenteil: Wer wollte
leugnen, daß Kleinmut und Angst, Sorge um günstige, existentielle
Rahmenbedingungen, politische Anpassungsfähigkeit, die oppor-
tunistische Verbeugung vor dem Zeitgeist die scientific communities immer wieder vor ähnliche Zerreißproben stellen wie andere
menschliche Gemeinschaften auch. Es sind stets die wenigen, mu-
tigen Persönlichkeiten gewesen (und nicht das Kollektiv), die in
kritischen Situationen die Ehre und das moralische Ansehen der
scientific communities gerettet haben, auch wenn sie daran gestorben sind, wie seinerzeit der geniale russische Biologe Vavilov in
seinem vergeblichen Kampf gegen Lyssenko und — letztlich — gegen Stalin (→ Seite 182). Schon wenige Sätze aus einer improvisierten Antwortrede Vavilovs an Lyssenko zeigen seine unbeugsame wissenschaftliche Haltung und sein menschliches Format:
"Wir werden auf den Scheiterhaufen gehen, wir werden verbrennen,
aber wir werden nicht von unserer Überzeugung lassen, — — — weil
sie auf wissenschaftlicher Erfahrung beruht." Vavilow mußte für
seine Worte einstehen. Er wurde verhaftet und kam in Sibirien um.
Ich möchte dieses Kapitel schließen mit der Erinnerung an eine
Persönlichkeit, die mich als Student tief beeindruckt hat: Max von
Laue, der große Physiker. Er hatte 1912 die geniale Idee, daß ein
Kristall für Röntgenlicht dasselbe sein müsse wie ein Beugungsgitter
für normales Licht. In der Tat zeigte das Experiment, daß beim
Durchtritt von Röntgenstrahlen durch Kristalle ein Interferenzef-
fekt auftritt. Damit war der Wellencharakter der Röntgenstrahlen
über jeden Zweifel bewiesen.

"Ich gratuliere herzlich zu Ihrem wunderbaren Erfolg", schrieb Einstein an Laue, "Ihr Experiment gehört zum Schönsten, was die Physik erlebt hat".

Die Laue'sche Entdeckung, für die er den Nobelpreis erhielt, war ungeheuer folgenreich. Es entstand daraus nicht nur die Röntgenstrukturanalyse, die es schließlich erlaubte, auch die Struktur der kompliziertesten biologischen Moleküle zu erforschen, zum Beispiel die Struktur der DNA, also die Struktur des Erbmaterials. Für diese Arbeiten, die letztlich alle auf die Lauesche Entdeckung zurückgehen, wurden mehrmals Nobelpreise verliehen.

Umgekehrt machte es die Entdeckung der Röntgenstrahlen-Interferenzen in Kristallen auch möglich, die spektrale Zusammensetzung des Röntgenlichts zu erforschen. Die Atomphysik erhielt auf diesem Wege tiefe Einblicke in die Struktur der Elektronenhülle von Atomen und Festkörpern.

Im Kontext dieses Kapitels kommt es mir auf etwas anderes an: auf die Bedeutung des Max v. Laue für die Erhaltung der Physik in Deutschland nach der Machtübernahme durch die Nationalsozialisten.

Laue hatte sich von Anfang an für die Relativitätstheorie eingesetzt und er stieg in die Arena gegen das bornierte Vorurteil einiger einflußreicher deutscher Physiker, als sich die Ablehnung der Relativitätstheorie seit dem Ende des ersten Weltkriegs zunehmend politisch und antisemitisch akzentuierte.

Nach der Machtergreifung durch die Nationalsozialisten wurden Einstein, Born, Schrödinger, James Franck, Frisch und viele andere deutsche Physiker in die Emigration gezwungen. Die unversöhnlichsten Gegner der modernen Physik — voran die Nobelpreisträger Philip Lenard und Johannes Stark — konnten sich hingegen mit Recht auf ihre alte Verbundenheit mit Adolf Hitler und anderen "Führern" im neuen Staat berufen.

Max von Laue nahm den aussichtslos scheinenden Kampf auf. Als Vorsitzender der Deutschen Physikalischen Gesellschaft eröffnete er die Physikertagung 1933 in Würzburg mit einem Gedanken an die 300 Jahre zurückliegende Verurteilung des Galilei durch die Inquisition. Jeder im Saal wußte: Es war nicht Galilei gemeint, sondern Einstein, und nicht das kopernikanische Weltbild, sondern die Relativitätstheorie. "Bei aller Bedrückung", so schloß v. Laue, "konnten sich die Gelehrten aufrichten an der sieghaften Gewißheit, die sich ausspricht in dem schlichten Satz: Und sie bewegt sich doch!"

Die Rede des Max von Laue wirkte als Signal und gab vielen Physikern den Mut zurück, der sogenannten "Deutschen Physik" — in Wirklichkeit ein Ausbund rassistischer Ideologie — entgegenzutreten. Tatsächlich gelang es, den Einfluß jener Physiker, die der nationalsozialistischen Ideologie verhaftet waren, soweit zurückzudrängen, daß die physikalische Wissenschaft, wenn auch mit geschwächten Kräften, aber doch im alten Geist, weiter betrieben werden konnte.

"Ich hab's immer gefühlt und gewußt", schrieb Einstein im März 1934 an Max von Laue, "daß Du nicht nur ein Kopf, sondern auch ein Kerl bist".

Behalten Sie aus diesem Kapitel wenigstens dieses eine Zitat in Erinnerung! Sicherlich ist die Wissenschaft ein kollektives Unternehmen, die gemeinsame Leistung einer kulturellen Gruppe. Aber auch in der Wissenschaft hängt das Schicksal des Kollektivs von jenen seltenen Menschen ab, in deren Persönlichkeit sich intellektuelle Brillanz und persönlicher Mut, fachliche Kompetenz und Charakter durchdringen.

Weiterführende Literatur

J u d s o n, H. F. (1979): The Eighth Day of Creation: The Makers of the Revolution in Biology. New York: Simon and Schuster

L e o p o l d, A. C. (1978): The Act of Creation: creative Processes in Science. Bio Science 28, 436

M a i e r - L e i b n i t z, H. (1979): Bedingungen für das Besondere in der Forschung — Spitzenforschung an Hochschulen. In: Zwischen Wissenschaft und Politik. Boppard: Boldt

F r i s c h, O. R. (1979): What Little I Remember. London: Cambridge University Press

Z i m a n, J. M. (1968): Public Knowledge. London: Cambridge University Press

2.4 Das Experiment in der Biologie

Nicht-triviale Experimente gestalten sich in der Biologie immer
schwierig. Warum?

Biologische Systeme sind ihrer Natur nach komplex, und nützliche
('sinnvolle') Experimente verlangen die Erhaltung der Komplexität,
die Erhaltung des intakten Systems, dessen Eigenschaften wir messen wollen. Die Eigenschaften des Blutkreislaufs lassen sich nicht
an einem Toten studieren, die Eigenschaften einer Zelle nicht an
einem Mitochondrion, die Eigenschaften eines Mitochondrions
nicht an einem Multienzymkomplex. Die 'Grenzen des Reduktionismus' (→ Seite 63) sind für den erfahrenen Experimentator offensichtlich. Beispielsweise wird er nicht erwarten, daß er mit einer isolierten Mitochondrienpopulation jene Gesetze finden kann,
die der energetischen Homoeostasis der Zelle zugrunde liegen. Er
wird auch kaum auf die Idee kommen, ein Experiment, das er
mit einer menschlichen Fibroblastenkultur ausführt, werde ihm jene Koexistenzgesetze liefern, die die mechanische Stabilität des
menschlichen Körpers erklären. Wer mit einer pflanzlichen Zell-
suspensionskultur arbeitet, weiß, daß er damit keine Einsicht in
jene Prozeßgesetze gewinnen kann, die für die Embryogenese maßgebend sind, u. s. w.

In der theoretisch fortgeschrittenen Physiologie geht deshalb die
Tendenz dahin, im Experiment möglichst ungestörte Systemkomplexität zu gewährleisten. Man bevorzugt in-vivo-Experimente, in
denen eine Leistung des intakten Systems (output, Wirkung) als
Funktion eines variablen Faktors (input, 'Ursache') gemessen wird,
wobei die Randbedingungen streng definiert und kontrolliert werden. In der modernen Physiologie werden input und output in der
Regel physikalisch, chemisch oder physiko-chemisch gemessen.

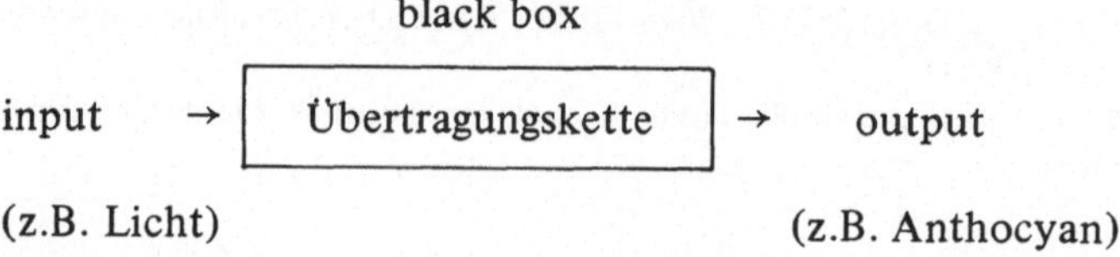

Black-box-Experimente, die dieses Schema illustrieren, werden im
Zusammenhang mit der Abb. 5 (Seite 98) und der Tabelle 4
(Seite 125) dargestellt.

Input-output-Experimente, in denen das biologische System als 'black box' angesehen wird, enthüllen uns nur gewisse Aspekte des Systems. Sie müssen ergänzt werden durch möglichst umfassende *deskriptive* Studien über die molekulare Zusammensetzung des Systems und über die Wechselwirkung zwischen den identifizierten (molekularen) Elementen. Dies erfordert eine zumindest partielle Zerstörung des lebendigen Systems.

Das damit angedeutete Dilemma, in dem sich der experimentierende Biologe ständig befindet, ist *konstitutiv*, läßt sich also prinzipiell nicht überwinden. Bei in vitro-Studien geht nun einmal die "organisierte Komplexität", der Systemcharakter, mehr oder minder verloren (→ Seite 160). Die Entscheidung über die biologische Relevanz einer in vitro-Studie fällt deshalb stets im *physiologischen* Experiment. Die Kunst, am intakten Organismus oder Organ, d. h. bei Erhaltung der "organisierten Komplexität", sinnvolle Experimente anzustellen, bleibt die Grundlage der experimentellen Biologie.

Andererseits besteht die Forderung zu Recht, die Systemelemente seien zu molekularisieren. Das System als black box, definiert durch input und output, bleibt für den Biologen unbefriedigend. Allerdings sei nochmals betont, daß eine Molekularisierung der Systemelemente für den Biologen nur dann sinnvoll ist, wenn parallel da-

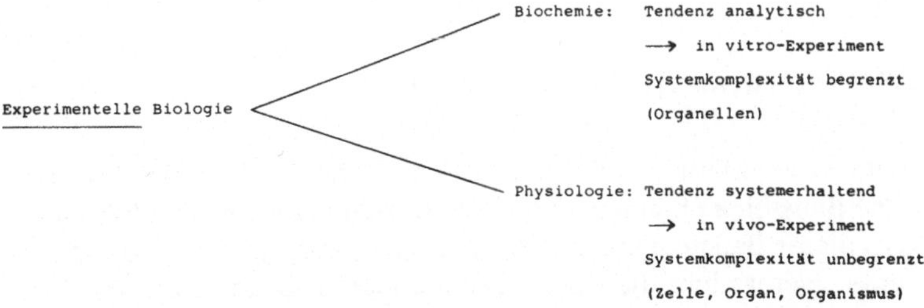

Abb. 3 Diese Skizze soll die komplementäre Funktion der biochemisch-analytischen und der physiologisch-systemerhaltenden Arbeitsrichtungen innerhalb der experimentellen Biologie zum Ausdruck bringen. Die Physiologen verwenden bei ihren input-output-Experimenten häufig biochemisch-analytische Methoden und sind in dieser Hinsicht weitgehend von den Fortschritten der analytischen Biochemie abhängig. Die Wechselwirkung zwischen den Disziplinen ist also noch enger, als es die Skizze unmittelbar anzeigt.

zu die Beziehungen zwischen den Elementen unter Erhaltung der Systemeigenschaften erforscht werden, z.B. mit den Verfahren der Systemanalyse (→ Seite 101).

Deshalb sind Biochemie und Physiologie Partner, die unabdingbar aufeinander angewiesen sind. Die Abb. 3 soll aufzeigen, in welcher Weise die biochemisch-analytischen und die physiologisch-system-erhaltenden Arbeitsrichtungen kooperieren müssen, damit die experimentelle Biologie ihren Auftrag erfüllen kann. Dieser Auftrag lautet letztlich: Abbildung der biologischen Systeme durch quantitative Systemmodelle, deren Elemente bis herab auf die molekulare Ebene analysiert sind und deren Systemeigenschaften die in vivo-Komplexität berücksichtigen.

Weiterführende Literatur

E d g e, D. (ed.) (1964): Experiment. London: BBC
M o h r, H. (1975): Zur Zielsetzung der Physiologie. Naturwiss. Rdsch. 28, 154
N a c h t i g a l l, W. (1978): Einführung in biologisches Denken und Arbeiten. Heidelberg: Quelle und Meyer.
P i l e t, P.-E., Z a s l a w s k y, D. (1978): Confrontation dialectique entre le biologiste et le philosphe: expérimentation et épistémologie. Revue Internat. Phil. 123, 100

2.5 Der Systembegriff in der Biologie

Jedes System läßt sich durch zwei Komponenten charakterisieren: seine Bausteine (Elemente) und die Beziehungen (Wechselwirkungen) dieser Bausteine untereinander. Kenntnis der einen Komponente ersetzt nicht die Kenntnis der anderen. Deshalb ist eine Aussage wie "Das Gehirn besteht aus 10^{10} Neuronen und sonst nichts" irreführend. Es werden in diesem Satz nur die Bausteine, die Bestandteile, angesprochen, während die ebenso wichtige Verschaltung der Bausteine offen bleibt.

Ein System kann Eigenschaften aufweisen, die seine Bestandteile nicht aufweisen, auch nicht in 'Vorstufen'. Elektron und Proton sind *geladene* Elementarteilchen; zusammen bilden sie das *neutrale*

Wasserstoffatom. Sauerstoff und Wasserstoff sind Gase; sie verbinden sich zu der *Flüssigkeit* Wasser.

Auch bei biologischen Systemen hat die Wechselwirkung zwischen den Bausteinen zur Folge, daß ein System Eigenschaften zeigen kann, die an den isolierten Elementen nicht aufzufinden sind. Diese *System*eigenschaften sind der Ausdruck "organisierter Komplexität". Es ist klar, daß ein noch so genaues Studium der einzelnen Elemente in vitro eine Erkenntnis der Systemeigenschaften nicht erlaubt. Eine rigorose Analytik, welche die "organisierte Komplexität" zerstört, führt deshalb zum Verlust genau jener Eigenschaften, die es zu erkennen gilt. Selbst in der Molekularbiologie genügt es nicht, die Elemente zu 'molekularisieren'; erst die komplementäre Erforschung der Systemeigenschaften in vivo, unter Erhaltung der "organisierten Komplexität", macht die Molekularisierung der Elemente physiologisch relevant (→ Seite 160).

Dies gilt generell: Am klassischen Beispiel des Cytochroms und der Atmungskette, am Beispiel des Chlorophylls und der Elektronentransportkette der Photosynthese, am Beispiel des Phytochroms und der Photomorphogenese kann man sich diese Gesichtspunkte ebenso klar machen wie am Ölstradiol und am Modell der hormonalen Steuerung des mensuellen Cyclus.

2.5.1 Eine Fallstudie: Das Phytochromsystem der Pflanzen

Phytochrom ist ein Sensorpigment. Es nimmt Lichtsignale auf und steuert die Entwicklung ('Photomorphogenese') der Pflanzen. Im Dunkeln können sich die Pflanzen nicht normal entwickeln.

Phytochrom ist ein photochromes Pigment, d. h. es besteht aus zwei Formen (P_r und P_{fr}), die durch Licht ineinander überführt werden (Abb. 4). Phytochrom ändert also seine Absorptionseigenschaften bei Belichtung. Nach Belichtung mit hellrotem Licht erscheint eine im Reagenzglas gehaltene Molekülpopulation grünlich, nach Belichtung mit dunkelrotem Licht ist die Eigenfarbe der Moleküle blau. Im Dunkeln bildet eine Pflanze nur P_r. Dieses P_r wird von der Zelle nicht erkannt. Erst wenn das P_r Licht absorbiert, geht es in die physiologisch aktive Form P_{fr} über. Das Effektormolekül P_{fr} hat eine nur beschränkte Lebensdauer, z. B. beträgt die Halbwertszeit einer P_{fr}-Population in den Kotyledonen eines Senfkeimlings lediglich 45 min (bei 25° C).

Biochemisch ist das Phytochrom ein Chromoprotein (Abb. 4): ein offenkettiges Tetrapyrrol, die chromophore Gruppe, ist kovalent an ein Protein vom Molekulargewicht 120.000 gebunden.

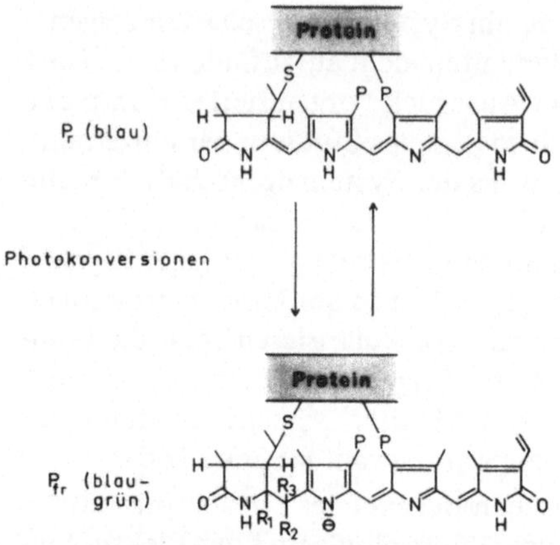

Abb. 4 Ein illustrierendes Strukturmodell des Phytochroms. Das hier wiedergegebene Strukturbild des photochromen Chromoproteins betont die Struktur der chromophoren Gruppe (ein offenkettiges Tetrapyrrol) und die Bindung des Chromophors an das Protein. – S –, Thioätherbindung; – P, Propionsäureseitenketten. (nach Klein et al., 1977)

Das aus den beiden Formen P_r und P_{fr} bestehende Phytochrom*system* ist durch eine Reihe von Systemeigenschaften ausgezeichnet, zum Beispiel durch die Ausbildung eines Photogleichgewichts. Beide Phytochromformen, P_r und P_{fr}, absorbieren Licht zwischen 300 und 800 nm. P_r hat seinen Absorptionsgipfel im hellroten Spektralbereich bei 665 nm, P_{fr} im dunkelroten Spektralbereich um 725 nm. Die Absorptionsspektren der beiden Phytochromformen überlappen sich im ganzen sichtbaren Spektralbereich. Dies bedeutet, daß bei jeder Belichtung sowohl die Photokonversion $P_r \rightarrow P_{fr}$ als auch die Photokonversion $P_{fr} \rightarrow P_r$ angetrieben werden, allerdings (abgesehen vom isosbestischen Punkt) verschieden stark. Daraus ergibt sich, daß sich bei jeder Belichtung (mit genügend hohem Lichtfluß) ein für die Lichtqualität (bei monochromatischem Licht für die Wellenlänge) charakteristisches Photogleichgewicht

$$\varphi_\lambda = \frac{[P_{fr}]_\lambda}{[P_r] + [P_{fr}]} = \frac{[P_{fr}]_\lambda}{[P_{tot}]}$$

einstellt. Diese Systemeigenschaft macht es möglich, die relative Konzentration aktiven Phytochroms mit Hilfe geeigneter Photometer auch in vivo zu messen, obgleich das Phytochrom nur in sehr geringen Mengen in den Zellen vorliegt. Auf der raschen Ausbildung eines Photogleichgewichts (bei genügend hohem Lichtfluß) beruht auch das 'Operationale Kriterium' für die Funktion von Phytochrom als Sensorpigment bei einer Photoregulation (Tab. 1).

Tab. 1. Operationales Kriterium für die Funktion von Phytochrom bei einer durch Lichtpulse induzierten physiologischen (photomorphogenetischen) Reaktion.

Lichtbehandlung	Ausmaß der Reaktion	
Hellrotpuls (660 nm)*	a	
Dunkelrotpuls (725 nm)**	b	$a > b$
Hellrotpuls + Dunkelrotpuls	b	
Hellrotpuls + Dunkelrotpuls + Hellrotpuls	a	
Hellrotpuls + Dunkelrotpuls + Hellrotpuls + Dunkelrotpuls	b	

* $\varphi_{HR} = 0.8$
** $\varphi_{DR} = 0.02$

Die über Phytochrom ausgelöste Anthocyansynthese in den Kotyledonen einer Senfpflanze möge als ein Beispiel dafür dienen, wie präzise das 'Operationale Kriterium' zu verifizieren ist (Abb. 5). Wo und wie ist das Phytochromsystem in das System 'Zelle' eingebaut und wie kann das Phytochrom in die Zellfunktionen steuernd eingreifen? Derzeit beschreibt das in Abb. 6 anschaulich gemachte Modell die Meßdaten zum Phytochromsystem am besten. Dieses quantitative Modell berücksichtigt nicht nur die Photochromie des Phytochroms, sondern auch die Bildung von P_r, die Bindung von P_{fr} an 'Receptoren', die Destruktion von P_{fr} (und P_r) und die Ankopplung des Phytochromsystems an die zu steuernden Zellfunktionen.

Die wichtigsten Aussagen des Modells lauten: Die Bildung von P_r erfolgt im Cytosol nach einem Reaktionsgeschehen 0. Ordnung. $^{0}k_s$ und die Reaktionskonstanten der Destruktion (k_D^r und k_D^{fr})

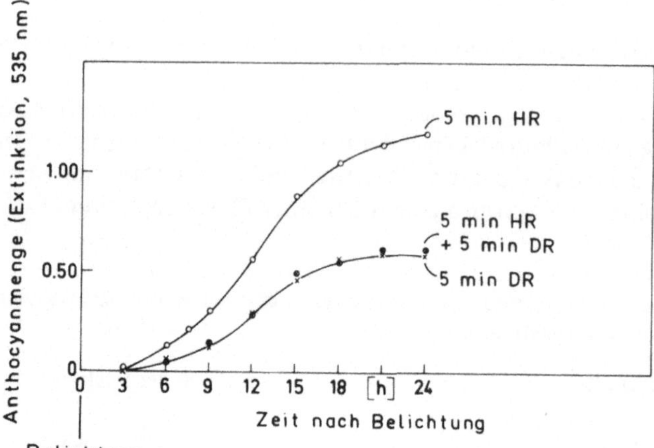

Abb. 5 Die Kinetik der Anthocyanakkumulation im Senfkeimling (*Sinapis alba* L.) nach ein oder zwei kurzen Belichtungen (jeweils 5 min) mit Hellrot, Dunkelrot oder Hellrot, unmittelbar gefolgt von Dunkelrot. Die Belichtungen wurden zum Zeitpunkt 0 (d. h. 36 h nach Aussaat) durchgeführt. Man erkennt, daß die Anthocyanbildung sehr empfindlich auf kleine P_{fr}-Gehalte reagiert. Dunkelrot wirkt selbst bereits halb so stark wie Hellrot. (nach Lange et al., 1971)

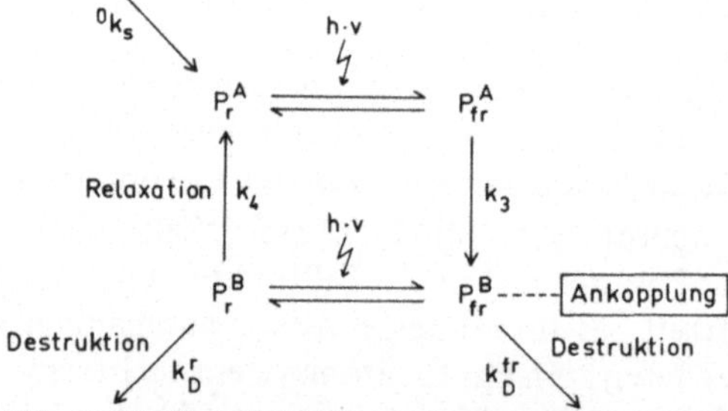

Abb. 6 Ein Modell des Phytochromsystems, das die Bindung des Phytochroms an 'Receptoren' und die Destruktion des gebundenen Phytochroms berücksichtigt. Das Modell basiert auf spektralphotometrischen und immuncytochemischen Daten sowie auf den Resultaten von Bindungsstudien. P_r^A und P_{fr}^A, freies Phytochrom, keine Destruktion; P_r^B und P_{fr}^B, gebundenes Phytochrom, Destruktion. Die sehr rasch erfolgende Bindung geht ausschließlich von P_{fr}^A aus. Wird P_{fr}^B nach P_r^B revertiert, so geht die Destruktion solange weiter, bis sich das P_r^B aus der Bindung gelöst hat (Relaxation). Diese Relaxation erfolgt relativ langsam ($\tau_{1/2} \approx 50$ min bei 25° C). (nach Jabben, 1980)

sind lichtunabhängig. Sehr wahrscheinlich sind auch k_3 und k_4 lichtunabhängig; das Licht käme also nur bei der reversiblen Photokonversion, $P_r \leftrightarrow P_{fr}$, ins Spiel. Die Destruktion erfolgt nur von der gebundenen Form aus. Lediglich P_{fr}^B ist als 'Effektor' anzusehen, d. h. das ursprüngliche Lichtsignal verläßt das Phytochromsystem nur von P_{fr}^B aus. Anders ausgedrückt: Die Ankopplung des Phytochromsystems an Zellfunktionen erfolgt über P_{fr}^B.

Die über Phytochrom operierenden Lichtreize können zahlreiche Wirkungen hervorbringen, die insgesamt zur Normalentwicklung der Pflanze ('Photomorphogenese') führen. Man spricht deshalb von einer 'multiplen Wirkung' des Phytochroms. Der Lichtreiz ist somit ein Signal, das über P_{fr}^B in ein *vorgegebenes* latentes Entwicklungsmuster, ebenfalls wieder ein 'System', eingreift und es realisiert.

2.5.2 Eine weitere Fallstudie (nach Haken und Graham): Der Wald

Auf den ersten Blick erscheint ein Wald als eine statische Anhäufung von Bäumen. Tatsächlich ist aber ein Wald ein dynamisches Gebilde, seine Bestandteile (in diesem Fall 'Untersysteme' genannt) entstehen und vergehen. Für jeden einzelnen Baum können wir — im Prinzip — eine Wachstumsgleichung aufschreiben, in die der Bedarf an Licht, Wasser, Bodennährstoffen, Mykorrhizapilzen eingeht. Dabei wird das Wachstum eines Baumes durch das anderer beeinflußt, indem die anderen ihm z. B. das Licht wegnehmen oder aber ihm durch das verrottende Laub Nährstoffe zuführen.

Das wissenschaftliche Interesse am Wald kann sicht nicht darin erschöpfen, die Lebensläufe der einzelnen Bäume exakt zu beschreiben; wir suchen vielmehr nach Ordnungsparametern. Ein möglicher Ordnungsparameter ist die Zahl der Bäume (einer bestimmten Art) pro Flächeneinheit. Offensichtlich unterliegt die Baumdichte einem Regelvorgang: Bei geringer Dichte füllen sich allmählich die Lücken: bei zu hoher Dichte (Licht- und Nährstoffmangel) sterben einige Bäume frühzeitig ab.

Auch Phasenübergänge wird es geben: Bei Klimawechsel kann z. B. eine Baumart aussterben und durch eine andere ersetzt werden. Aus der Theorie der Phasenübergänge folgt, daß unter gewissen Bedingungen schon eine geringfügige Änderung eines Klimaparameters, z. B. der mittleren Jahrestemperatur, genügt, um eine derartigen Phasenübergang hervorzurufen.

In dieser Weise betrachtet die *Synergetik*, die Lehre vom Zusammenwirken, einen Wald. Diese neue, aus der theoretischen Physik entstandene Forschungsrichtung hat es sich zum Ziel gesetzt, Erscheinungen in ganz verschiedenen Gebieten wie Physik, Chemie, Biologie, Soziologie, unter gemeinsamen Gesichtspunkten zu behandeln (Tabelle 2). Das Interesse richtet sich in erster Linie auf die 'Ordnungsprinzipien', die das Zusammenwirken der Untersysteme eines großen Systems regieren. Diese Ordnungsprinzipien erweisen sich als von den Untersystemen selbst geschaffene Regelkreise.

Tab. 2. Beispiele für die Verwirklichung von abstrakten Begriffsbildungen der Synergetik. (nach Haken und Graham, 1971)

Abstraktion	Verwirklichung	
	1. Beispiel	2. Beispiel
Gebiet	Physik	Ökologie
Gesamtsystem	Laser	Wald
Untersystem	Atom	Baum
Teilnahmezeit am Prozeß	zwischen Anregung und Ausstrahlung	Lebenszeit des Baumes
statistische Prozesse	Anregung, spontane Ausstrahlung	Keimung der Samen, Absterben der Bäume
Ordnungsparameter	Lichtfeld	Dichte der Bäume
äußerer Parameter	elektrischer Strom	Klima (z. B.)

2.5.3 Kybernetik

Biologische Systeme sind dadurch ausgezeichnet, daß sie gewisse Größen (z. B. die "Energieladung", die Körpertemperatur, den Blutdruck, den Blutzucker) auch bei wechselnden Umweltbedingungen mehr oder minder konstant halten können (Homöostasis). Die Konstanz wichtiger Körperfunktionen setzt entsprechende

Regelungsvorgänge voraus. Die Biologische Regelkunde (Kybernetik) befaßt sich mit der modellhaften Erfassung jener Regelkreise, die der Homöostasis zugrunde liegen. Darüber hinaus hat sich die biologische Kybernetik auch jener Probleme angenommen, vor die uns die Verarbeitung exogener Signale in biologischen Systemen stellt. Demgemäß ist die biologische Kybernetik durch regel- und nachrichten*technische* Begriffe und Größen geprägt (Beispiele: Regelkreis, Meßfühler, Stellglied, Rückkopplung, Information, Kanal, Signal). Da die Zuordnung der regeltechnischen Größen zu biologischen Entitäten jedoch oft nicht eindeutig ist, darf man den Wert kybernetischer Modelle (in der Regel in Form von Blockschaltbildern anschaulich gemacht) nicht überschätzen. Hinzu kommt, daß die *kybernetische* Betrachtung biologischer Sachverhalte eben nur *eine* mögliche Betrachtungsweise darstellt. Die Kybernetik konzentriert sich darauf, biologische Wirkungsgefüge, auch solche komplexer Art, in Blockschaltbildern darzustellen und entsprechende Strukturgesetze mathematisch zu formulieren. Da hierbei der formale (oder funktionale) Aspekt (→ Seite 63) ganz in den Vordergrund rückt, wird das kybernetische Vorgehen jene Biologen, die am substantiellen oder energetischen Aspekt der Sachverhalte besonders interessiert sind, nicht voll befriedigen.

2.5.4 Systemanalyse in der Verhaltensforschung

Verhaltensforschung beginnt damit, daß man reproduzierbare Verhaltensweisen unter systematisch kontrollierten Versuchsbedingungen quantitiativ mißt. Die so gewonnenen Verhaltensdaten werden nun *analysiert* und zwar mit dem Ziel, Aussagen über die dem Verhalten zugrunde liegenden physiologischen Vorgänge im Innern des Organismus zu machen.

"Eine Systemanalyse des Verhaltens läßt sich im Prinzip auf zwei verschiedenen Ebenen durchführen. Ähnlich wie in der Thermodynamik werden zunächst die Eigenschaften des 'Makrosystems' (Organismus) untersucht, ohne daß man dabei auf Organisation und Funktion der beteiligten reizaufnehmenden Organe explizit eingeht.

Die Ergebnisse einer solchen Analyse werden in einer phänomenologischen Theorie zusammengefaßt, die das Verhalten des Makrosystems für einen möglichst vollständigen Satz von Umweltbedingungen beschreibt.

Auf der zweiten Ebene der Analyse wird sodann die Frage behandelt: Welches sind die charakteristischen Eigenschaften der 'Mikrosysteme', die das Makrosystem verwirklichen? Auf dieser (algorithmischen) Ebene der Analyse stehen die Bestimmungen von Minimaleigenschaften der Funktionen der beteiligten physiologischen Elementarbausteine, ihrer Wechselwirkung untereinander, sowie die Frage nach ihrer topologischen Organisation im Vordergrund. Man versucht dann aus den Ergebnissen dieser Untersuchungen eine phänomenologische Theorie zu entwickeln. Diese enthält notwendig die den Mikrosystemen eigenen funktionellen Prinzipien (Algorithmen), deren Zusammenwirken die Verhaltensweise des Makrosystems ergeben.

Die systematische Verhaltensforschung kann einen wichtigen Beitrag zur Funktions- und Struktur-Aufklärung leisten, wenn es gelingt, die für die Bestimmung von Elementar-Funktion und Struktur adäquaten Fragestellungen scharf einzugrenzen. Im Prinzip ist dies immer dann möglich, wenn das Verhalten des Makrosystems auf eine begrenzte Zahl räumlich verteilter und in ihrer Funktion beschreibbarer Mikrosysteme zurückgeführt werden kann." (nach Reichardt)

Reichardt und seine Mitarbeiter haben im Rahmen einer weit gespannten Systemanalyse der musterinduzierten Flugorientierung der Stubenfliege beispielhaft gezeigt, wie aus quantitativen Messungen des Verhaltens Minimalbedingungen für Funktion *und Organisation* des untersuchten Systems abgeleitet werden können. Von *genereller* Bedeutung war dabei die Erkenntnis, daß sich aus den wechselseitigen Beziehungen zwischen der 'makrokopischen' und der 'mikrokopischen' Analyse Aussagen über das Zusammenwirken der Teilsysteme zur Gesamtfunktion ergeben.

Diese Art des Vorgehens hat sich besonders in jenen Bereichen der Biologie als fruchtbar erwiesen, die sich mit der Aufklärung integrativer Funktionen des Zentralnervensystems und der ihnen zugeordneten Strukturen befassen.

2.5.5 Systemkomplexität und Bewußtsein

Als Biologen gehen wir (selbstverständlich?) davon aus, daß jedem
Bewußtseinsakt ein neurophysiologischer Vorgang entspricht. Die
meisten von uns gehen noch einen Schritt weiter: Geist, Seele,
Bewußtsein werden als Funktionen des Zentralnervensystems,
insbesondere des Gehirns, aufgefaßt. Diese "Identitätstheorie"
ist wohlbegründet. Zahllose Experimente (im Sinn 'kontrollierter
Beobachtungen, → Abb. 2) haben gezeigt, wie eng in der Tat die
Beziehungen zwischen Gehirn- und Bewußtseinsprozessen sind.
Jedermann weiß, welch ungeheure Wirkung auf das Bewußtsein
von einfachen Molekülen wie Alkohol, Narkotika, Psychopharmaka
ausgehen kann. Die biochemische Therapie von Geisteskrankheiten,
beispielsweise Schizophrenie, spricht ebenso für die Identitätstheorie wie die Erblichkeit geistig-seelischer Eigenschaften.

Vermutlich ist Bewußtsein ein Korrelat hoher Systemkomplexität;
allerdings besteht derzeit keine Klarheit darüber, ob die Zahl der
Neuronen und ihr Vernetzungsgrad die mit dem Auftraten von
Bewußtsein korrelierte 'Struktur' hinreichend beschreiben.

Die evolutionäre Erkenntnistheorie (→ Seite 23) stützt sich auf
die Identitätstheorie: Es war von Vorteil in der Evolution, so lautet das Argument, solche neuralen Strukturen auszubilden, die
gleichzeitig mentale Prozesse ermöglichen. "Der mentale Charakter
dieser Strukturen ist nicht ein zufälliges Nebenprodukt oder Epi-
phänomen, sondern gerade eine typische, eine wesentliche Eigenschaft dieser Strukturen" (Vollmer).

Weiterführende Literatur

B e r t a l a n f f y, L. von (1971): General System Theory. London:
The Penguin Press
H a k e n, H., G r a h a m, R. (1971): Synergetik — die Lehre vom Zusam-
menwirken. Umschau 1971, 191
H a s s e n s t e i n, B. (1967) Biologische Kybernetik. Heidelberg:
Quelle und Meyer
M o h r, H. (1981): Licht und Entwicklung — das Phytochromsystem der
Pflanzen. Naturwissenschaften 68, 193
R e i c h a r d t, W. (1980): Systemanalyse in der Verhaltensforschung.
Physik in unserer Zeit 11, 68

S c h a r f, J.-H. (Hg.) (1977): Systeme und Systemgrenzen.
Nova Acta Leopoldina, Nummer 226, Band 47. Halle: Deutsche Akademie
der Naturforscher Leopoldina

V o l l m e r, G. (1980): Evolutionäre Erkenntnistheorie und Leib-Seele-
Problem. In: Wie entsteht der Geist (W. B ö h m e, Hrsg.).
Herrenalber Texte 23. Karlsruhe: Verlag der Evangelischen Akademie Baden.

W e i s s, P. A. (ed.) (1971): Hierarchically Organized Systems in Theory and
Practice. New York: Hafner

W u k e t i t s, F. M. (1979): Die Bedeutung des Systemdenkens in der
Biologie. Biologie in unserer Zeit 9, 73

2.6 Über die Zuverlässigkeit wissenschaftlicher Aussagen

Das Ansehen der Wissenschaft steht und fällt mit der Zuverlässigkeit ihrer Sätze. Ein Satz ist dann zuverlässig, wenn er sich beim
theoretischen Argument und beim praktischen Umgang mit der
Welt bewährt.

2.6.1 Formulierung von Sätzen

Die Aussagen der Wissenschaft erfolgen durch singuläre Sätze
(Tatsachenaussagen) oder durch generelle Sätze (Gesetzesaussagen).
Singuläre Sätze werden in der quantitativen Biologie häufig dadurch
zum Ausdruck gebracht, daß die Meßdaten in geeigneten Koordi-
natensystemen angeordnet werden. Die in der Abb. 7 wiedergegebene empirische Wachstumskurve zum Beispiel ist zunächst nichts
anderes als eine günstige Darstellung von Meßdaten. Etwas 'Gesetz-
haftes' kommt aber darin zum Ausdruck, daß das Wachstum
während der ganzen Versuchsdauer strikt einer exponentiellen
Funktion folgt. Die mathematische Formulierung lautet:

$$N_t = N_0 \cdot e^{k \cdot t},$$

wobei: N_t = Zahl der Glieder zum Zeitpunkt t;
        N_0 = Zahl der Glieder zum Zeitpunkt 0;
        k = Wachstumskonstante (= relative Wachstumsinten-
           sität).

Die Gleichung ist darüber hinaus ein mehr oder minder *genereller* Satz, da exponentielles Wachstum häufig und bei ganz verschiedenen Systemen vorkommt (→ Seite 133).

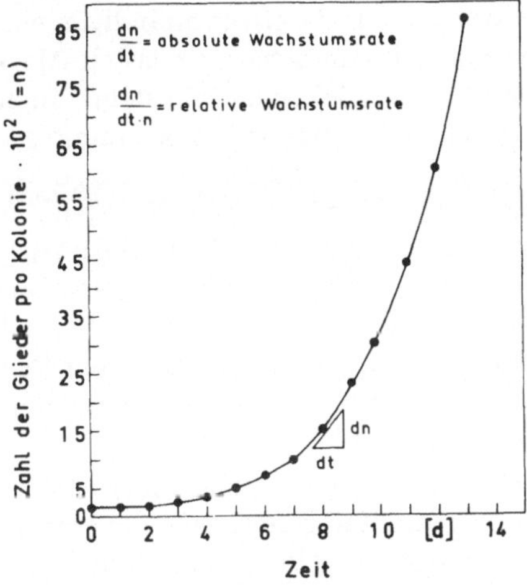

Abb. 7 Wachstumsverlauf einer Kolonie (Klon) der Wasserlinse (*Lemna minor*) unter Kulturbedingungen. Die Ausgangszahl der Laubglieder (N_0) ist mit 100 angenommen. (nach Wareing und Phillips, 1970)

Bei manchen anderen biologischen Gesetzen wäre eine mathematische Formulierung nicht angemessen, zum Beispiel bei den meisten Gesetzesaussagen der vergleichenden Biologie. Ein Beispiel: Die verbale Formulierung für das Grundgesetz der Spermatophyten ("Der Inhalt des Embryosacks ist einem weiblichen Gametophyten homolog") ist ebenso prägnant und eindeutig ('exakt') wie die obige Gleichung. Die Allgemeingültigkeit ist im Fall des „Grundgesetzes" sogar höher (partikulärer Allsatz). Die optimale Formulierung biologischer Gesetze, ob zum Beispiel mathematisch oder nicht, ist offensichtlich ein Problem, das ad hoc und pragmatisch gelöst werden muß.

2.6.2 Variabilität

Die wesentlichen Aussagen der Biologie sind in der Regel Aussagen über Populationen, nicht Aussagen über einzelne Individuen. Populationen sind Kollektive von Individuen, die sich in bezug auf Merkmale gemeinsam behandeln lassen. Merkmale sind direkte meßbare Eigenschaften lebendiger Systeme. In der Regel zeigen die Individuen einer Population ein bestimmtes Merkmal in verschiedenem Ausmaß. Hierin unterscheiden sich die Objekte der Physik und Chemie entscheidend von den Objekten der Biologie. In der Physik kann man zum Beispiel damit rechnen, daß alle Elektronen genau dieselben Eigenschaften haben; der Chemiker kann damit rechnen, daß eine reine Substanz nur identische Moleküle enthält. In der Biologie hingegen muß man in aller Regel damit rechnen, daß sich die Individuen einer Population erheblich unterscheiden (Variabilität, Variation).

Biologische Populationen lassen sich deshalb quantitativ nur dadurch charakterisieren, daß man Merkmale festlegt und deren Häufigkeitsverteilung in der Population bestimmt. Natürlich gibt es entsprechende Situationen auch in der Physik (man denke beispielsweise an das Maxwellsche Verteilungsgesetz für die Geschwindigkeit der Moleküle in einem auf konstanter Temperatur gehaltenen Gas); aber in der Biologie sind Verteilungsfunktionen das A und O.

Man unterscheidet unter dem Gesichtspunkt der Variabilität zwei Klassen von Merkmalen: Alternativmerkmale (z. B. die Geschlechtstypen ♀ und ♂) und gleitende (= abgestufte = quantitative) Merkmale (z. B. das Körpergewicht). Die Häufigkeitsverteilung bei Alternativmerkmalen wird in der Regel durch Prozentangaben zum Ausdruck gebracht, z. B. 48 % ♀ und 52 % ♂. Die Variabilität eines gleitenden Merkmals in einer Population kann quantitativ nur durch die Verteilungsfunktion beschrieben werden. Wir veranschaulichen dies am Beispiel der Hypokotyllänge einer Keimpflanze. Dabei behalten wir im Auge, daß quantitative Merkmale in der Regel nicht zeitunabhängig sind. Die Verteilungsfunktion für ein bestimmtes Merkmal kann sich im Verlauf der Entwicklung auch bei einer synchronisierten Population durchaus ändern.

Wir bestimmen die Verteilungsfunktion für das Merkmal Hypokotyllänge bei 72 h alten Senfkeimlingen. Zuerst messen wir möglichst viele Hypokotyle möglichst genau (Basisdaten, Ausgangsdaten). Dabei ergeben sich Hypokotyllängen zwischen 13 und 38 mm. Von der Zuverlässigkeit (Präzision, Güte) der Basisdaten hängt natürlich die Präzision aller weiterführenden Aussagen ab. Bei der Bestimmung der Basisdaten müssen deshalb die (unvermeidlichen) Meßfehler so klein wie irgend möglich gehalten werden.

Liegen die Basisdaten vor, teilen wir die Population nach aufsteigender Merkmalsgröße in Größenklassen ein, z. B. kommen alle Hypokotyle zwischen 15,6 und 18,5 mm in die Größenklasse 17, alle Hypokotyle zwischen 18,6 und 21,5 in die Größenklasse 20, usw. Die Häufigkeit, mit der die Individuen der Population in den einzelnen Größenklassen vorkommen, die Klassenhäufigkeit, trägt man nun als Funktion der Merkmalsgröße auf. Dies ist die Verteilungsfunktion (Abb. 8). Sie ist kontinuierlich, nahezu symmetrisch

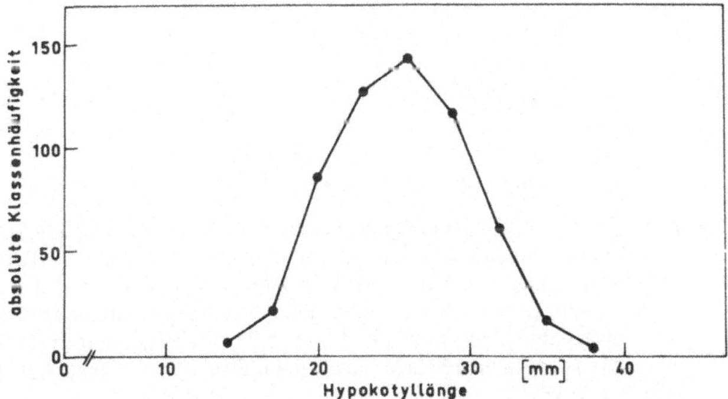

Abb. 8 Häufigkeitsverteilung einer Population von Senfkeimlingen (*Sinapis alba*) bezüglich der Hypokotyllänge 72 h nach Aussaat (25° C). Das Hypokotyl ist der Achsenabschnitt zwischen dem Wurzelansatz und dem Knoten, der die Kotyledonen trägt. Die Verteilungsfunktion ist einer Normalverteilung recht ähnlich. (nach Mohr, 1972)

und glockenförmig, und damit der theoretischen Normalverteilung (Abb. 9) recht ähnlich. Man erhält eine Normalverteilung, so besagt die Theorie, immer dann, wenn an der Ausprägung eines Merkmals viele, unabhängig voneinander wirkende Faktoren beteiligt sind. Wenn die Verteilungsfunktion für ein Merkmal normal ist, also wenigstens näherungsweise der Gaußschen Verteilung folgt, kann die Population im Hinblick auf das in Frage stehende Merkmal charakterisiert werden durch den Mittelwert M (das arithme-

tische Mittel) und durch die Standardabweichung s, die ein Maß
ist für die Variabilität des Merkmals in der Population.

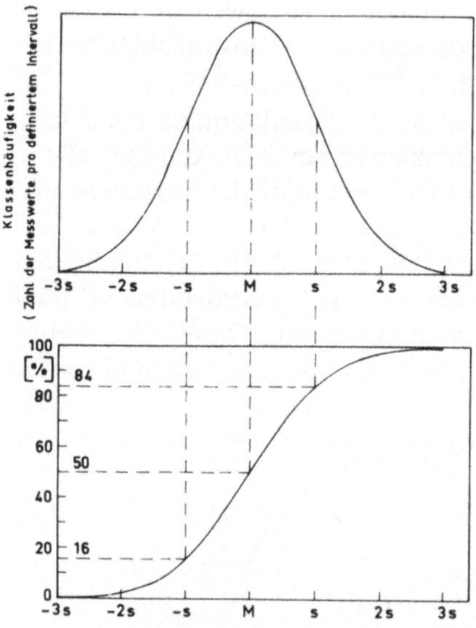

Abb. 9 Die Normalverteilung als Gauß-Kurve (oben) und als Summenpro-
zentkurve (unten). Die Normalverteilung ist eine kontinuierliche
Verteilung. Sie heißt Gauß-Verteilung, weil sie in der für die Naturwissenschaften grundlegenden Fehlertheorie des berühmten Mathe-
matikers C. F. Gauß (1777–1855) eine entscheidende Rolle spielt.
Die Normalverteilung wird durch zwei Parameter, den Mittelwert

$$M = \frac{\Sigma x_i}{n}$$ (das arithmetische Mittel) und die Standardabweichung

$$s = \pm \sqrt{\frac{\Sigma (M - x_i)^2}{n - 1}}$$ charakterisiert. Im allgemeinen werden für

die Parameter der theoretischen Verteilungsfunktion griechische
Symbole (μ, ρ), für ihre Schätzwerte lateinische (M, s) verwendet.
Die Normalkurve hat ihre Wendepunkte bei ± s. 68 % der Meßwerte
liegen innerhalb dieser Grenzen.

Die Erklärung der phänotypischen Variabilität kann nur aufgrund
von Experimenten erfolgen. Man muß hierbei die Gesamtvariabili-
tät (= phänotypische Variabilität) in ihre Komponenten (= Teil-
variabilitäten) aufgliedern: genetische Variabilität, umweltbedingte
Variabilität, altersbedingte Variabilität. Die genetische Variabilität

läßt sich durch die Verwendung von Klonen eliminieren; die umweltbedingte Variabilität läßt sich in modernen Phytotronanlagen weitgehend ausschalten; die altersbedingte Variabilität ist gering, falls man eine hochgradige Synchronisation der Population erreicht.

Nicht immer sind die Verteilungsfunktionen normal oder doch wenigstens einigermaßen symmetrisch. Bei asymmetrischer Verteilung wird die Charakterisierung der Population schwierig, z. B. kommen Modus, Median und Mittelwert als repräsentative Maßzahlen in Frage (Abb. 10). Der Mittelwert (= arithmetisches Mittel) ist nur dann als charakteristische Maßzahl für die Basisdaten gerechtfertigt, wenn eine symmetrische Verteilung vorliegt. Die Kenntnis der Verteilungsfunktion ist deshalb eine *unabdingbare* Voraussetzung für die sachgerechte Verarbeitung der Basisdaten.

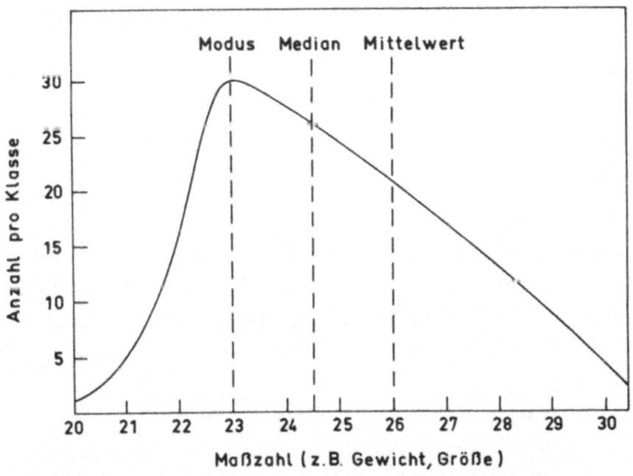

Abb. 10 Eine asymmetrische Verteilungsfunktion mit Modus, Median und Mittelwert (arithmetisches Mittel), die jeweils einen verschiedenen Wert haben. Der Modus (= Dichtemittel) ist jener Wert der Merkmalsgröße, bei dem die größte Klassenhäufigkeit vorliegt. Der Median (= Zentralwert) ist jener Wert, der eine gleiche Zahl von Meßwerten auf beiden Seiten hat. Der Mittelwert M, das arithmetische Mittel, ist jedem geläufig: $M = \dfrac{\Sigma x_i}{n}$. Im Fall einer symmetrischen Verteilung fallen Modus, Median und Mittelwert zusammen (→ Abb. 9)

2.6.3 Darstellung von Daten

Welche Darstellung erfahren repräsentative Maßzahlen (z. B. M ± s) in der Biologie? Wir wählen als Beispiel eine Serie von Maßzahlen, die Körpergewicht und Atmungsintensität bei verschiedenen Säugetieren betreffen. Darstellung in Tabellenform (Tab. 3): Man sieht, daß die (Durchschnitts-)Maus eine viel höhere Atmungsintensität

Tab. 3. Körpermasse und Atmungsintensität verschiedener Säugetiere. (nach Baker und Allen, 1968)

Tierart	Körpermasse [g]	Atmungsintensität $[\mu l\ O_2\ \cdot g^{-1} \cdot h^{-1}]$
Maus	25	1 580
Ratte	225	872
Kaninchen	2 200	466
Hund	11 700	318
Mensch	70 000	202
Pferd	700 000	106
Elefant	3 800 000	67

besitzt als der (Durchschnitts-)Elefant und daß die übrigen Säugetiere dazwischen liegen. Die Darstellung als Kurvenzug mit linearen Koordinaten (Abb. 11) ist vielleicht anschaulicher, bringt aber kei-

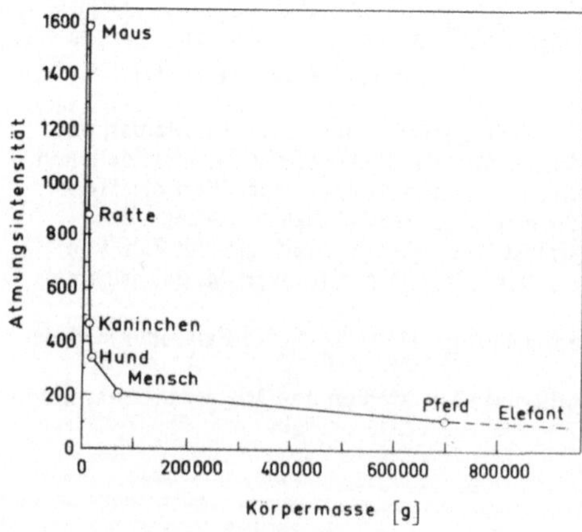

Abb. 11
Atmungsintensität verschiedener Säugetiere (Ordinate) als Funktion ihrer Körpermasse (Daten aus Tab. 3) Beide Koordinaten sind linear. (nach Baker und Allen, 1968)

ne weitere Erkenntnis. Erst die Darstellung im doppellogarithmischen Koordinatensystem läßt erkennen, daß ein gesetzhafter Zusammenhang besteht und daß sich auch der Mensch in diesen Zusammenhang einfügt (Abb. 12). Man sieht an diesem Beispiel, daß die Darstellung der Maßzahlen häufig darüber entscheidet, ob aus Primärdaten und Maßzahlen Erkenntnis entsteht.

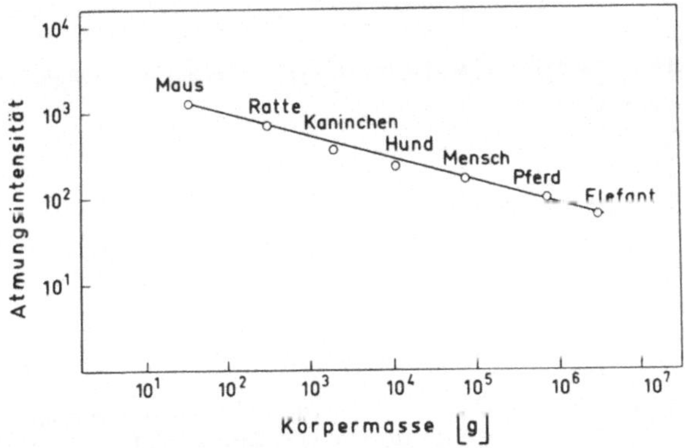

Abb. 12 Atmungsintensität verschiedener Säugetiere als Funktion ihrer Körpermasse (Daten aus Tab. 3). Beide Koordinaten sind logarithmisch. Diese Darstellung hat den Vorteil, daß auch ein extremer Bereich von Maßzahlen in einer Darstellung vereinigt werden kann. Außerdem treten dabei manchmal Zusammenhänge in Erscheinung, die bei linear geteilten Koordinaten nicht auffallen. (nach Baker und Allen, 1968)

2.6.4 Das Problem der Extrapolation

Als Extrapolation bezeichnet man Aussagen über den Verlauf einer Funktion außerhalb eines Gebiets, in dem der Kurvenverlauf durch Maßzahlen eindeutig gerechtfertigt ist. Die Extrapolation ist zuerst stets mit Unsicherheiten behaftet; sie kann aber in der Regel nicht umgangen werden, wenn es sich um die Abschätzung der Wirkung sehr kleiner oder sehr großer Faktormengen handelt. Man darf aber keinesfalls davon ausgehen, daß der funktionale Zusammenhang zwischen Faktormenge und Wirkung notwendigerweise stetig ist und durch den Nullpunkt des Koordinatensystems extrapoliert. Vielmehr muß man im Auge behalten, daß bei biologischen Systemen auch Schwellenwertreaktionen auftreten (Abb. 13).

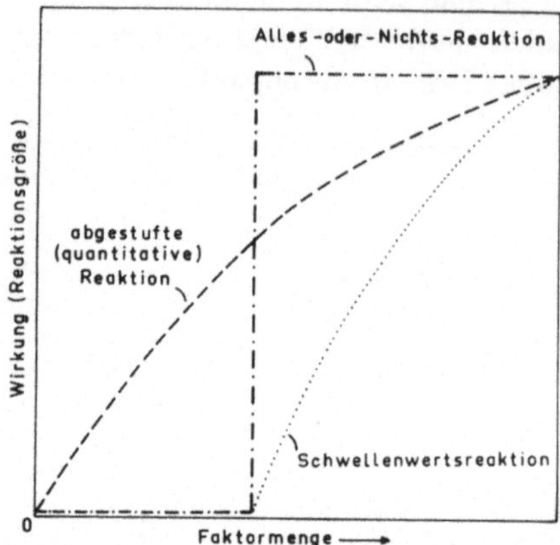

Abb. 13 Der prinzipielle Gegensatz zwischen einer abgestuften Reaktion, bei der der stetige funktionale Zusammenhang zwischen Faktormenge und Merkmalsgröße durch den Nullpunkt extrapoliert, und einer Schwellenwertsreaktion, bei der eine Wirkung erst ab einer bestimmten Faktormenge eintritt. Die Schwellenwertsreaktion kann darüber hinaus den Charakter einer Alles-oder-Nichts-Reaktion haben. (nach Mohr und Schopfer, 1978)

2.6.5 Bewertung von Hypothesen und Theorien

Welcher Hypothese (Theorie) geben wir den Vorzug? Der Erkenntnistheoretiker (Wolfgang Stegmüller) meint: "Für die Annahme einer bestimmten Theorie kann es eine Begründung im eigentlichen Sinn nicht geben, sondern nur gute Gründe, und unter diesen guten Gründen sind erfolgreiche Anwendungen wesentlich".

Es ist in der Tat keineswegs unmittelbar einsichtig, weshalb im Wissenschaftsbetrieb bestimmte Hypothesen (Theorien) anderen vorgezogen werden. Von vornherein klar ist lediglich, daß eine Hypothese (Theorie) die relevanten Tatsachen widerspruchsfrei erklären muß und daß sie logisch einwandfrei sein muß. Häufig erfüllen mehrere Hypothesen (Theorien) diese Grundbedingungen. Die Folge ist eine Erscheinung, die man als "multiple Hypothesenbildung'' bezeichnen kann. Sie ist besonders für solche Gebiete der Wissenschaft, die einen raschen Erkenntnisprogreß aufweisen, charakteristisch und notwendig. Selbst innerhalb einer Forschergruppe bietet die "multiple Hypothesenbildung'' ein wirksames und notwendiges Gegengewicht gegen die Dominanz einer bestimmten Idee. Auf diese Weise kann verhindert werden, daß eine wenig geeignete Hypothese allzu lange die Arbeitsgrundlage bleibt.

Welche Eigenschaften kennzeichnen nun jene Hypothesen und Theorien, die schließlich bevorzugt werden? — Häufig werden jene bevorzugt, die möglichst einfach, intuitiv plausibel, elegant oder ästhetisch attraktiv erscheinen. Für den experimentell arbeitenden Wissenschaftler spielt bei der Bewertung auch die Frage eine Rolle, ob die deduktiven Sätze, die eine Hypothese (Theorie) hergibt, mit dem verfügbaren Methodenarsenal im Experiment zu prüfen sind. Je mehr empirische Tests vorliegen und je genauer die Daten sind, umso kleiner wird im allgemeinen die Zahl der möglichen Theorien. Und schließlich kann es dazu kommen, daß eine Theorie so eindeutig im Vorteil ist — man denke zum Beispiel an die Chromosomentheorie der Vererbung oder an die Evolutionstheorie oder an die Quantenmechanik —, daß die Konkurrenz verschwindet. Sie kann aber — dies gehört zum Wesen der wissenschaftlichen Forschung — jederzeit wieder in Erscheinung treten.

Auf eine Schwierigkeit, die dem Forscher besonders zu schaffen macht, sei noch hingewiesen: Die Sätze einer Hypothese werden häufig in einer (etwas) anderen Terminologie formuliert als die Beobachtungssätze. Wir haben auf diesen terminologischen Bruch bereits früher hingewiesen (→ Seite 57). Das Problem für den an Verifizierung bzw. Falsifizierung interessierten Forscher besteht darin, die aus der Hypothese abgeleiteten Sätze, die einem empirischen Test unterzogen werden sollen, in der jeweils angemessenen 'Laborsprache' zu formulieren, ohne die Aussagen der Hypothese zu verwässern oder gar zu verfälschen. Dies ist eine besonders anspruchsvolle Aufgabe, an der viele Forscher scheitern.

Eine Hypothese nennt man 'steril', wenn sie keine Ableitungen zuläßt, die auf dem Laborniveau einem eindeutigen Test unterzogen werden können. Weicht die theoretische Sprache der Hypothese von der Laborsprache des betreffenden Forschungsgebiets zu weit ab, so erweist sich eine Hypothese in der Regel als steril. Viele Konjekturen auf dem (schwierigen) Forschungsgebiet der endogenen Rhythmik ("physiologische Uhr") können hier als Anschauungsmaterial dienen. Eine Hypothese wird als 'fruchtbar' bezeichnet, wenn sie abgeleitete Sätze liefert, die (im Sinn der Hypothese) prägnant sind und auf dem Laborniveau einem empirischen Test unterworfen werden können.

Es ist klar, daß die Wissenschaft primär an fruchtbaren Hypothesen interessiert ist und daß viele Spekulationen in Soziologie, Philosophie und Theologie für uns das Stigma steriler Hypothesen tragen. Diese Spekulationen mögen den Menschen gelegentlich Trost und Kraft spenden, vom Standpunkt der Erkenntnistheorie aus sind sie wertlos.

2.6.6 Theorie und Spekulation

In der Biologie werden diese beiden Begriffe häufig diskriminierend verwendet, besonders von jenen Experimentalbiologen, die den Theoretiker zu entmutigen suchen. Man sollte jedoch nicht nur die Nachteile vorschneller 'Theoriebildung' anprangern, sondern auch den Stimulus anerkennen, den eine gescheite Konjektur mit sich bringt.

Als 'Spekulationen' sind solche theoretischen Sätze zu bezeichnen, die keinesfalls einem empirischen Test zugänglich sind. Solange ein hypothetischer ('theoretischer') Satz in sich konsistent und potentiell auf dem Laborniveau überprüfbar ist, stellt er keine Spekulation, sondern einen legitimen wissenschaftlichen Satz dar, unabhängig davon, wie kühn er sich ausnimmt. Ein jeder Satz, der logisch-semantisch korrekt ist, die vorliegende Erfahrung respektiert und im Prinzip zu bestätigen oder zu widerlegen ist, ist ein wissenschaftlicher Satz.

Kühne Hypothesen mit dem Verdikt "fairy tales instead of solid science" abzutun, zeugt eher von Verknöcherung als von dem Wunsch, die Wissenschaft vor einer Überforderung durch Spekulationen zu bewahren. Wären die Wissenschaftler der Empfehlung der induktivistischen Zauderer gefolgt und hätten sich stets möglichst eng "an die Tatsachen" gehalten, so wäre keine einzige der großartigen Entdeckungen von Kopernikus bis zur Quantentheorie und Doppelhelix zustande gekommen.

Kühne Hypothesen bilden die Antriebskraft für den Erkenntnisprogreß, sofern aus ihnen Sätze ableitbar sind, die auf dem Laborniveau einem empirischen Test unterzogen werden können.

Aber selbst solche Entwürfe, die in den (noch) transempirischen Bereich vorstoßen, haben einen guten Sinn. Es ist 'legale Metaphysik', wenn in der Praxis des wissenschaftlichen Erkenntnisprogresses die überragend gescheite Hypothesenbildung gelegentlich weit in den noch transempirischen Bereich vorstößt, wenn also (streng gesehen) metaphysische Entwürfe (Konjekturen) an die Stelle der bescheidenen, strikt an Tatsachen orientierten Hypothesenbildung treten.

Eine Reihe (zu ihrer Zeit) 'metaphysischer' Konjekturen haben sich in der Geschichte der Wissenschaft als ein großartiger Rahmen für den wissenschaftlichen Erkenntnisprogreß erwiesen und — vor allem — die Richtung der Forschung entscheidend bestimmt.

Sowohl Newton als auch Darwin, Maxwell oder Einstein haben zuerst 'metaphysiche' Konjekturen vorgelegt, die erst allmählich scientifiziert werden konnten.

2.6.7 Fehler

Fehler und selbst Betrügereien kommen in der Wissenschaft nicht selten vor. Fehler passieren bei der Ausarbeitung der Daten nicht nur als (prinzipiell unvermeidliche) zufällig verteilte Meßfehler (deren Theorie Gauß meisterhaft begründet hat, → Abb. 9), sondern auch als (prinzipiell vermeidbare) 'systematische' Versuchs- oder Meßfehler.

Die gravierendsten Fehler sind wohl jene, die bei den logischen Operationen im Zusammenhang mit der empirischen Prüfung von Hypothesen vorkommen. Es wird nicht immer richtig gedacht und nicht immer richtig gerechnet!

Außerdem hängt der experimentelle Teil des Testvorgangs in der Regel entscheidend vom Zustand der benutzten Apparaturen ab, beispielsweise von komplizierten Spektralphotometern und deren exakter Wellenlängeneichung. Besonders kritisch wird die Situation, wenn Mehrstufenexperimente erforderlich sind und in den einzelnen Stufen verschiedenartige Techniken angewendet werden müssen, z. B. in der elektronenmikroskopischen Immuncytochemie. Systematische Fehler sind beim heutigen Stand der 'Experimentierkunst' nur allzuleicht möglich.

Wenn deshalb die gewonnenen Daten die aus einer Hypothese (Theorie) abgeleiteten Sätze ('Voraussagen') nicht bestätigen, wird man sich vernünftigerweise zuerst die Frage stellen, ob logische und/oder experimentelle Fehler (vor allem auch bei der Einhaltung der Randbedingungen) für die Nicht-Übereinstimmung (Diskrepanz) verantwortlich sind. Erst wenn der Wissenschaftler davon überzeugt ist, daß kein Fehler ins Spiel kam, wird er eine beobachtete Diskrepanz zwischen Voraussage und empirischem Testergebnis dahin interpretieren, daß mit der Hypothese etwas nicht stimmt.

Voreilige 'Falsifizierungen' von Hypothesen und Theorien haben viel Unruhe, Verschleiß und Streit in die Wissenschaft gebracht. Es gehört zur Verantwortung des Wissenschaftlers, behutsam vorzugehen, wenn er eine bislang wohl begründete Hypothese (Theorie) in Zweifel zieht.

Ein Beispiel: Gegen Ende des 19. Jahrhunderts war die Atomtheorie endlich allgemein akzeptiert, nachdem sich wilde Auseinandersetzungen über das ganze 19. Jahrhundert hingezogen hatten. Aufgrund der Atomtheorie sollte das Element Stickstoff stets dasselbe sein, unabhängig davon, ob man es über die Zersetzung von Nitraten oder als Restgas aus der Luft gewinnt, nachdem man Sauerstoff, Kohlendioxid und Wasserdampf entfernt hat. Gänzlich unerwartet ergab sich nun das unbezweifelbare experimentelle Resultat − bestätigt von mehreren Laboratorien −, daß Stickstoff aus der Luft etwa 0,5 % dichter war als Stickstoff aus Nitrat.

Diese Diskrepanz zwischen Theorie und Experiment veranlaßte Ramsay zu der 'Zusatzhypothese', Stickstoff aus der Luft enthalte Spuren eines inerten, schweren Gases. Ramsay, ein genialer Wissenschaftler, faßte die Alternative, die Atomtheorie müsse aufgegeben werden, nicht mehr ernsthaft in Betracht. Für ihn war die Atomtheorie bereits zu gut begründet.
Die von Ramsay vorgeschlagene Erklärung für die Diskrepanz zwischen Theorie und Experiment erwies sich als richtig. Er isolierte das Argon und öffnete damit den Weg für die Entdeckung der ganzen Familie der Edelgase.
Ein Beispiel aus der Biologie: Als man im Kreuzungsexperiment Abweichungen vom 2. Mendelschen Gesetz fand (man fand, daß

manche Gene nicht unabhängig voneinander segregieren), verwarf
man deshalb natürlich nicht die Mendelschen Gesetze. Vielmehr
wurde die 'Zusatzhypothese' der Kopplungsgruppen eingeführt,
die in der Folge zur 'Chromosomentheorie der Vererbung' führte,
nachdem es sich ergab, daß die Zahl der Kopplungsgruppen in
einem bestimmten Organismus mit der Zahl der Chromosomen im
haploiden Zustand (n) übereinstimmte.

Weiterführende Literatur

D a v i e s, J. T. (1973): The Scientific Approach (Chapter 5: The credibility,
truth and 'inner perfection' of scientific theories). London: Academic Press
H a l b a c h, U., K a t z l, F. (1974): Die Ursachen der Variabilität.
Biologie in unserer Zeit **4**, 58
P o p p e r, K. R. (1972): Objective Knowledge – An Evolutionary Approach.
Oxford: Clarendon Press
R a d n i t z k y, G. (1980): Theorienbegründung oder begründete Theorien-
präferenz. In: Fortschritt und Rationalität der Wissenschaft
(E. R a d n i t z k y, E. A n d e r s s o n, Hrsg.), p. 317. Tübingen: Mohr
(Siebeck)
W e b e r, E. (1972): Grundriß der Biologischen Statistik, 7. Auflage.
Stuttgart: Fischer

2.7 Faktorenanalyse in der Biologie

2.7.1 Allgemeines zur Kausalität

Es ist eine Aufgabe des menschlichen Geistes, die Welt zu *ordnen*
und die Sachverhalte dieser Welt zu *erklären*. Wenn von 'Erklärung'
die Rede ist, denken wir vorrangig an die *kausale* Erklärung; mit
Recht, denn das Ansehen der Wissenschaft ist wesentlich darauf
gegründet, daß sie Erscheinungen oder Ereignisse – Sachverhalte –
kausal erklären kann.

Was versteht man allgemein unter 'Kausalität'? Das Kausalitätsprinzip, wie es im 'gesunden Menschenverstand' verankert ist, läßt
sich vielleicht am ehesten so formulieren: Ein und dieselbe Ursache
führt stets zu ein und derselben Wirkung.

An dieses Prinzip glauben wir alle. Wir glauben fest daran; wir verlassen uns darauf. Auch dann, wenn uns ein Sachverhalt unbegreiflich erscheint oder uns eine gänzlich unerwartete Situation verunsichert, auch dann glauben wir unerschütterlich an die uneingeschränkte Gültigkeit des Kausalitätsprinzips. Warum? Offenbar, weil das Kausalitätsprinzip in unseren Genen verankert ist! Es ist, so kann man vom Standpunkt der Evolutionären Erkenntnistheorie (→ Seite 28) aus argumentieren, für den Menschen von heute apriorisches Wissen über die Struktur der Welt. Für die Species hingegen, die aus einer genetischen Evolution hervorgegangen ist, bedeutet das Kausalitätsprinzip aposteriorisches Wissen über die Struktur der Welt *der mittleren Dimensionen*. Unsere Vorfahren haben dieses Wissen nach den Gesetzen der Evolution erworben. Wir glauben also deshalb unerschütterlich an das Kausalitätsprinzip, weil dieser Glaube in unseren Genen verankert ist. Die Schwierigkeiten, die aufgrund der Heisenbergschen Unschärferelation bei der Formulierung des Kausalitätsprinzips in der Quantenphysik entstanden sind, haben das an den mittleren Dimensionen orientierte allgemeine Bewußtsein mit Recht nicht berührt. Was die Biologie anbelangt, so hat Erwin Bünning bereits 1943 in einem wegweisenden Aufsatz über "Quantenmechanik und Biologie" gezeigt, daß Akausalität mit Lebensvorgängen unverträglich ist. Was die Quantenphysik deutlich gemacht hat, sind gewisse Grenzen der Voraussagbarkeit.

2.7.2 Das Kausalitätsprinzip in der Biologie

Abbildung 14 veranschaulicht das Kausalitätsprinzip, wie es — in der Regel implizit — der biologischen Kausalforschung zugrunde liegt. Das Kausalitätsprinzip enthält den Zeitfaktor und den (philosophischen) Begriff Determination. Man kann es als 'Wenn-dann-Satz' formulieren: Wenn x Faktoren den Zustand A determinieren und aus A mit der Zeit A' folgt, dann gilt allgemein: Wenn sich irgendwo der Zustand A (determiniert durch die Faktoren F_1 --- F_x) einstellt, dann wird der Zustand A' *mit der Zeit und mit Notwendigkeit* folgen. A nennen wir die Ursache, A' die Wirkung, den (zeitlichen) Zusammenhang zwischen A und A' nennen wir den Kausalnexus.

Wie läßt sich die rein zeitliche Abfolge (post hoc) von einer kausalen Beziehung (propter hoc) unterscheiden? Konrad Lorenz hat auch bei dieser Frage schon früh (1941) auf die richtige Antwort hingewiesen. Der ontologische Unterschied zwischen zeitlicher Abfolge und kausaler Beziehung, zwischen post hoc und propter hoc, ist der "Energieübertrag" (Vollmer, 1981). Ein Kausalzusammenhang ist *notwendigerweise* mit einer Energieübertragung verbunden, eine nur zeitliche Abfolge von Ereignissen hingegen nicht.

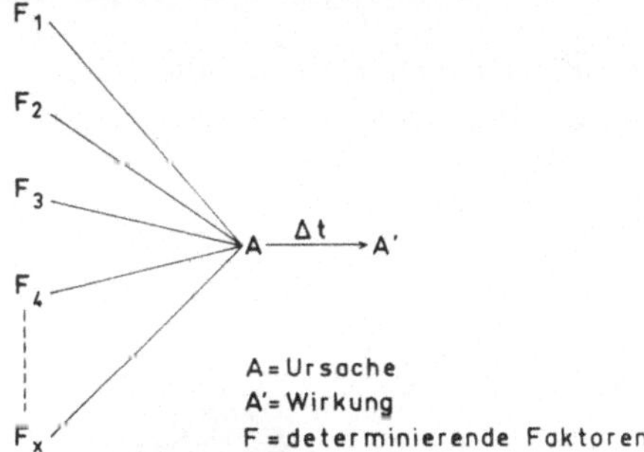

Abb. 14 Eine Formulierung für das Kausalitätsprinzip, die andeuten soll, in welcher Form dieses Prinzip bei der biologischen 'Kausalforschung' in der Regel vorausgesetzt wird. (nach Mohr, 1977)

Für die *Praxis* der Forschung ist der folgende Punkt entscheidend wichtig: Biologische Kausalforschung ist erkenntnislogisch 'Faktorenanalyse'. Wir können nicht mehr tun als einen oder wenige Faktoren im Experiment zu variieren und die resultierenden Effekte auf dem Niveau der Wirkung zu messen.

2.7.3 Einfaktorenanalyse

Wir benutzen den Faktor F_1 in der Abb. 14 als variablen Faktor (experimentelle Variable) und betrachten lediglich den einfachsten Fall, nämlich daß der Faktor F_1 entweder fehlt oder vorhanden ist. Für diese Alternativsituation gilt folgender Formalismus (unter Benutzung der Abb. 14). Ursache-Wirkungszusammenhang ohne F_1: $a \xrightarrow{\Delta t} a'$ (Merkmalsgröße ohne F_1); Ursache-Wirkungszusam menhang mit F_1: $A \xrightarrow{\Delta t} A'$ (Merkmalsgröße mit F_1); A' und a' unterscheiden sich um die Merkmalsgrößendifferenz $\Delta a'$; $A' = a' + \Delta a'$. Wenn keine Wechselwirkung zwischen F_1 und den übrigen Faktoren vorliegt, so kann A' als eine Funktion von F_1 angesehen werden, auch wenn wir die übrigen Faktoren ($F_2 \ldots F_x$) und damit den größten Teil der Ursache (für das betreffende Merkmal) nicht kennen. Dieser Zusammenhang gilt natürlich auch, wenn der Faktor F_1 quantitativ abgestuft ist: $\Delta a' = f$ (Menge von F_1); $F_2 \ldots F_x$ = const. Der einfachste Fall liegt vor, wenn für $F_1 = 0$ auch $a' = 0$ ist. Ist $a' = 0$, so nennen wir die Merkmalsgröße $\Delta a'$ die "Reaktionsgröße".

Hierzu ein Beispiel aus der klassischen Genetik (Abb. 15):

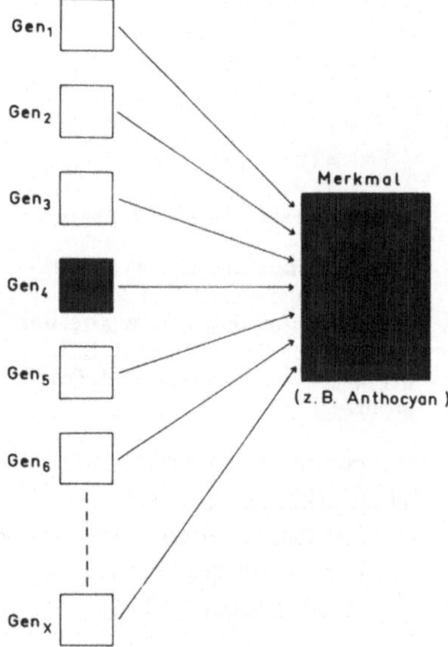

Abb. 15 Diese Darstellung dient der formalen Veranschaulichung der Gen-Merkmal-Beziehung. Der Begriff 'Merkmal' wird hier im Sinn der klassischen Genetik gebraucht, zum Beispiel ist die auf Anthocyan-synthese beruhende Rotfärbung eines Blütenblattes ein Merkmal. (nach Mohr, 1970)

x Faktoren (in diesem Fall Gene genannt) bringen das Merkmal "Anthocyan" hervor. Wenn auch nur eines dieser Gene (wir nehmen an, das Gen$_4$) defekt ist, tritt die als Merkmal Anthocyan operationalisierte Wirkung nicht auf. Das Auftreten der Wirkung hängt also von dem Gen_4 ab, obgleich natürlich alle x Gene zum Merkmal Anthocyan beitragen:

$$\Delta a' = f \text{ (Menge an } Gen_4 \text{); Gen } 1-3, \text{ Gen } 5-x = const,$$
$$\text{Umwelt const.}$$

Man kann den Zusammenhang auch formulieren als

$$\Delta a' = k \cdot \text{Menge an } Gen_4,$$

wobei das k die Beiträge aller übrigen Faktoren (Gen $1-3$, Gen $5-x$, Umweltfaktoren) berücksichtigt.

Für den quantitativen Zusammenhang zwischen Gendosis und Merkmalsgröße gibt es zwei Möglichkeiten, die als rezessivdominante bzw. intermediäre Vererbung bekannt sind (Abb. 16).

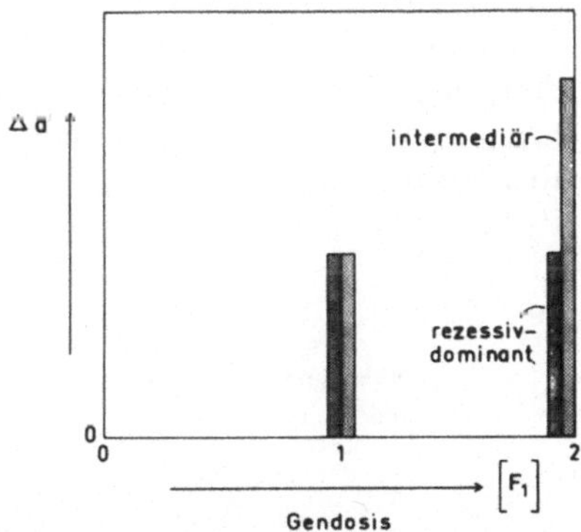

Abb. 16 Mit dieser Darstellung (Merkmalsträger diploid) sollen zwei Fälle des quantitativen Zusammenhangs zwischen Faktormenge (Gendosis) und Merkmalsgröße veranschaulicht werden. Der erste Fall: Die Reaktionsgröße $\Delta a'$ ist proportional der Faktormenge (intermediäre Vererbung). Der zweite Fall: Die Faktormenge 1 saturiert das System. Die Faktormenge 2 bringt keine Vermehrung von $\Delta a'$, da andere Faktoren das Ausmaß an $\Delta a'$ limitieren (rezessiv-dominante Vererbung). (nach Mohr, 1970)

Wir lernen aus dieser simplen Fallstudie:

Die Formulierung 'Gen_4 verursacht Anthocyansynthese' ist logisch falsch, da die Anthocyansynthese von allen x Genen 'verursacht' wird.

Hingegen ist die Formulierung 'Der Ausfall des Merkmals Anthocyan ist zurückzuführen auf den Ausfall des $Gens_4$ logisch korrekt. Dieser Formulierung sollte deshalb der Vorzug gegeben werden. (Häufig sind negative Formulierungen eindeutiger als positive Formulierungen).

Analysieren wir den Kausalnexus bei der Bildung eines bestimmten Enzyms, so stehen wir vor dem gleichen logischen Problem. Jedermann weiß, daß zahlreiche 'Faktoren', zusätzlich zum Gen, benötigt werden, damit ein Enzym entstehen kann.

2.7.4 Mehrfaktorenanalyse

Wir beschränken uns hier, wo es uns nur um das Prinzip geht, auf die Zwei-Faktorenanalyse: Zwei Faktoren der Ursache sind Variable. Auf ein (im Sinn der Abb. 14) durch x – 2 Faktoren definiertes System a wirken simultan die beiden variablen Faktoren F_1 und F_2 ein. Wie verhält sich $\Delta a'$, eine ins Auge gefaßte Reaktionsgröße, unter dem simultanen Einfluß von F_1 und F_2? (Abb. 17).

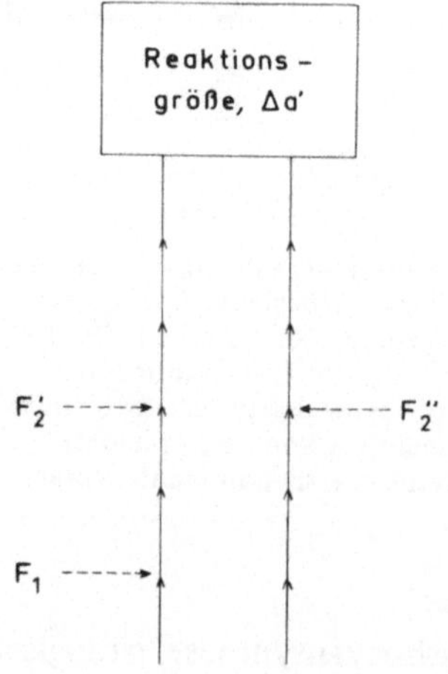

Abb. 17
Dieses Modell gibt an, wie zwei Faktoren (F_1, F_2) simultan auf ein System a → a' einwirken können. Die Veränderung des Systems (Merkmalsgrößendifferenz $\Delta a'$) kann über eine oder über zwei getrennte Reaktionssequenzen ('Kausalketten') hervorgebracht werden. (nach Schopfer, 1970)

Es gibt 3 Möglichkeiten:

1. Numerisch additive Wirkung

$$\Delta a'_{F_1, F''_2} = \Delta a'_{F_1} \pm \Delta a'_{F''_2}$$

In Worten: Die Reaktionsgröße, die F_1 und F''_2, simultan verabreicht, bewirken, setzt sich additiv aus den Reaktionsgrößen zusammen, welche die Faktoren, einzeln verabreicht, bewirken.

Die beiden Faktoren tragen völlig unabhängig voneinander zu der Wirkung bei. Additive Genwirkungen bilden die Grundlage der klassischen Genetik; sie bilden auch die Basis der phänotypischen Selektion in der Züchtung. In der Symbolik der Abb. 17: die beiden variablen Faktoren (F_1, F''_2) tragen unabhängig voneinander zur gleichen Merkmalsgröße (Reaktionsgröße) bei.

2. Multiplikative Wirkung

$$\Delta a'_{F_1, F'_2} = \Delta a'_{F_1} \cdot \Delta a'_{F'_2}.$$

In Worten: Die von beiden Faktoren gemeinsam hervorgebrachte Reaktionsgröße ist bei konstanter Konzentration des einen Faktors stets proportional der Reaktionsgröße, die der andere Faktor bewirkt.

Ein Beispiel aus der Entwicklungsphysiologie der Pflanzen:

In vielen Fällen bilden die Keimlinge höherer Pflanzen im Dunkeln kein Anthocyan, obgleich alle Gene, die für die Anthocyansynthese gebraucht werden, vorhanden sind. *Licht* muß als weiterer Faktor (im Sinn der Abb. 15) hinzutreten.

Wir wissen, daß der Lichtfaktor dadurch wirkt, daß er ein bestimmtes Effektormolekül, P_{fr}, in der Pflanze entstehen läßt ($\rightarrow$ Seite 95). Formal gliedern wir — im Sinn der Abb. 15 — den Faktor P_{fr} in die Reihe der Faktoren ein. Und nun das Beispiel: $A \xrightarrow{\Delta t} A'$ sei das Anthocyan produzierende System des Senfkeimlings. $\Delta a'$ sei die in einem bestimmten Zeitraum produzierte Menge an Anthocyan. F_1 sei das durch Licht eingestellte, physiologisch aktive Phytochrom (P_{fr}), F_2 sei das Antibioticum Chloramphenicol. Wie Abb. 18 zeigt, wird die durch P_{fr} bewirkte Anthocyansynthese (Wasserkontrolle) durch simultan verabreichtes Chloramphenicol (CAP) gesteigert (gleichsinnige Wirkung). CAP allein hat keine Wirkung. Die Kinetiken zeigen mit und ohne CAP eine konstante Steigung und einen im Prinzip gleichen Verlauf.

Damit sind die wesentlichen Voraussetzungen für die Anwendung
des Modells in Abb. 17 erfüllt. Wir gehen nun experimentell so vor,
daß wir den Lichtfaktor (und damit die Steigung der Wasserkontrolle) variieren und die Konzentration (Dosis) an CAP im freien

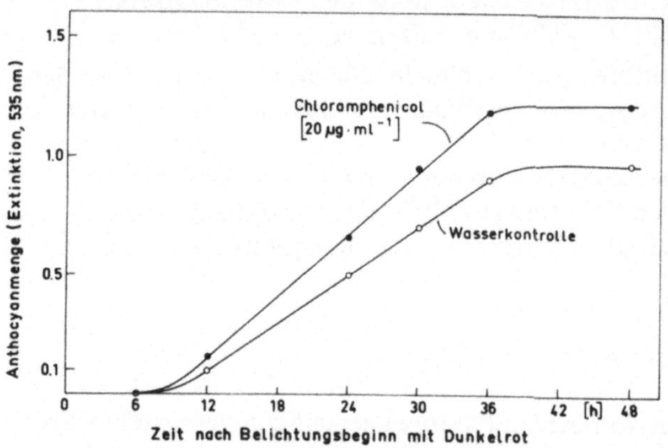

Abb. 18 Die Kinetik der Anthocyanakkumulation im Senfkeimling unter dem
Einfluß von Dauerlicht mit und ohne Chloramphenicol. Ohne Licht,
das heißt ohne P_{fr} ($\rightarrow$ Seite 96) produziert der Senfkeimling kein
Anthocyan. Die beiden Kinetiken sind lediglich in der Steigung verschieden. Zumindest im mittleren Bereich können sie als Ausdruck
eines Fließgleichgewichts aufgefaßt werden. (nach Wagner et al.,1967)

Diffusionsraum des Keimlings (also den Faktor F_2) konstant halten. Das Resultat (Tab. 4) zeigt, daß innerhalb der Fehlergrenzen
gilt:

$$[\text{Intensität der Anthocyansynthese}]_{\text{Licht, CAP}}$$

$$= 1,52 \cdot [\text{Intensität der Anthocyansynthese}]_{\text{Licht}}.$$

Bei der Interpretation beziehen wir uns wieder auf die Abb. 17
(links). Im vorliegenden Beispiel ($a' = 0$) lautet die Formel für mul-
tiplikative Verrechnung:

$$\Delta a'_{F_1, F'_2} = m \cdot \Delta a'_{F_1},$$

wobei m eine Konstante ist.

In Worten ausgedrückt: Die Reaktionsgröße ("Wirkung") mit zwei
Faktoren ist ein definiertes Vielfaches oder ein Bruchteil (m) der
Reaktionsgröße, die man mit einem Faktor erhält, unabhängig
vom Ausmaß der Reaktionsgröße $\Delta a'_{F_1}$.

Tab. 4. Die Anthocyansynthese des Senfkeimlings (*Sinapis alba*) unter dem gleichzeitigen Einfluß von Licht (P_{fr}) und Chloramphenicol (CAP, 20 $\mu g \cdot ml^{-1}$) als Beispiel für eine exakte Zwei-Faktoren-Analyse. Die Messung des Anthocyans erfolgte 15 h nach Lichtbeginn (Extinktion bei 535 nm). Es wird der Effekt ausgenützt, daß die physiologische Wirksamkeit des Lichts mit dem Photonenfluß zunimmt. (nach Lange und Bienger, 1970)

Relativer Photonenfluß	Anthocyanmenge mit CAP (CAP-Wert)	Anthocyanmenge ohne CAP (H_2O-Wert)	$\dfrac{\text{CAP-Wert}}{H_2O\text{-Wert}}$
1/1	0.293	0.198	1.48
1/10	0.228	0.149	1.53
1/100	0.125	0.081	1.54

Theoretische Erwartung:

CAP-Wert = Konstante $\cdot H_2O$-Wert.

Experimenteller Befund:

CAP-Wert = $1.52 \cdot H_2O$-Wert.

Wenn m $>$ 1, so wirken die beiden Faktoren in der gleichen Richtung, wenn m $<$ 1, so wirken die beiden Faktoren gegensinnig. Die Konstante m ist natürlich verschieden, je nachdem, welcher der beiden Faktoren als Variable bzw. als Parameter dient. Falls ein Faktor allein keine Reaktionsgröße hervorbringen kann (wie im vorliegenden Fall das CAP), sind F_1 und F_2' in der obigen Gleichung nicht austauschbar. Das empirische Resultat (Tabelle 4) wird also von dem theoretischen Modell (Abb. 17, links) damit erklärt, daß die beiden Faktoren P_{fr} und CAP unabhängig voneinander dieselbe biogenetische Sequenz beeinflussen. Für den Experten: Die molekulare Deutung geht dahin, daß P_{fr} über Enzyminduktion, CAP über eine Erhöhung des pools an Phenylalanin wirkt.

3. Wechselwirkung

Wenn die beiden Faktoren miteinander in 'Wechselwirkung' treten, sich also gegenseitig unmittelbar oder in ihrer Wirksamkeit beeinflussen, werden die Verhältnisse in der Regel unübersichtlich. Man unterscheidet synergistische und antagonistische Wechselwirkungen, aber die jeweiligen Wechselwirkungen sind systemspezifisch und nicht generalisierbar.

Der theoretische Physiologe, der auf empirische Gesetze abzielt, vermeidet deshalb Wechselwirkungen zwischen den experimentel-

len Variablen, wo immer er kann. In der Praxis, also bei der Lösung
praktischer Probleme, sind wir hingegen häufig mit Mehrfaktoren-
analysen konfrontiert, die Wechselwirkungen zwischen den Faktoren enthalten. Denken wir etwa an die synergistische Wechselwirkung zwischen Alkohol und manchen Medikamenten, oder an die
Wechselwirkungen zwischen den verschiedenen Ionen bei der Mineraldüngung, ein Problem, das die theoretische, d. h. auf Gesetze
abzielende Ertragsphysiologie vor kaum lösbare Probleme stellt.
Man behilft sich damit, daß man die empirischen Resultate eines
Zweifaktorenexperiments in Form von Ertragsoberflächen anschaulich macht (Abb. 19). Bei aller Bedeutung für die landwirtschaftliche Praxis bleiben solche Untersuchungen auf der Stufe
einer deskriptiven, systemspezifischen Faktorenanalyse ohne Ge-
setzeseinsicht.

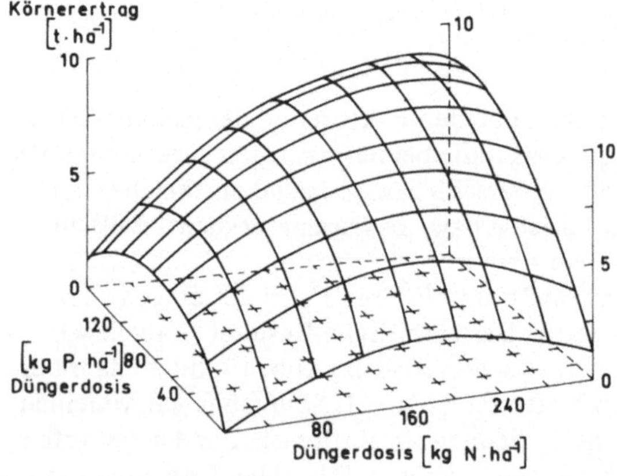

Abb. 19 Der ökonomische Ertrag (Maiskörner pro Fläche) als Funktion der
Stickstoff- und Phosphatdüngung. Für zwei Faktoren ist eine an-
schauliche Darstellung der erhaltenen Daten als gekrümmte 'Ertrags-
oberfläche' möglich. (nach Finck, 1976)
Die empirischen Ergebnisse von Mehrfaktorenexperimenten lassen
sich zwar nicht mehr bildlich wiedergeben, aber mit Hilfe von Com-
putern nach den Verfahren multifaktorieller statistischer Analyse
verhältnismäßig leicht auswerten. Man darf nicht erwarten, daß man
bei diesen Analysen auf *Gesetzmäßigkeiten* stößt, da die Wechselwirkung zwischen den Produktionsfaktoren (zumal im Freiland) für
die jeweilige Situation spezifisch ist.

2.7.5 Fallstudie: Krebsentstehung beim Menschen

Faktorenanalyse ohne Verständnis für die logische Struktur der
Kausalität hat in der Biologie viel Konfusion geschaffen. Ein Beispiel ist die Diskussion um die 'Ursachen' des Krebses beim Menschen. Die Wirkung Krebs ist in der Regel polyfaktoriell bedingt.
Betrachten wir lediglich 2 Faktoren: Rauchen und Erbgut. Manche Krebsforscher behaupten, daß das Zigarettenrauchen die Entstehung von Lungenkrebs fördert. Andere Leute, die sich das Rauchen nicht abgewöhnen wollen, weisen darauf hin, daß ihr Groß-
vater zeit seines Lebens geraucht hat, 87 Jahre alt wurde und fried-
lich ohne Anzeichen von Lungenkrebs gestorben ist. Natürlich haben beide Parteien recht. Wenn 100 Leute intensiv rauchen, bekommen garantiert eine Reihe von ihnen Lungenkrebs, den sie
nicht bekämen, wenn sie nicht rauchten. Bei anderen Rauchern
hingegen löst die Sucht keinen Lungenkrebs aus, weil andere Faktoren, die für die Krebsentstehung essentiell sind, fehlen, z. B. die
genetische Disposition. Bei einer polyfaktoriell bedingten Wirkung
ist es also logisch Unsinn und praktisch irreführend, einen bestimmten Faktor, an dem man gerade interessiert ist, zur 'Ursache' zu erheben, zumal dann, wenn zwischen den Faktoren offensichtlich
'Wechselwirkungen' bestehen.

2.7.6 Multimodale Integration

In der Sinnesphysiologie steht man vor dem Problem, daß die üb-
lichen, linearen Verschaltungsbilder der Reiz-Reaktionskette
(→ Seite 92) den Tatsachen nicht gerecht werden, da ein jedes
Lebewesen, zumindest im natürlichen Lebensraum, einem Reizeinstrom ausgesetzt ist, der sich aus mehreren Modalitäten (optisch,
chemisch, mechanisch, thermisch, u.s.w.) zusammensetzt (multi-
modaler Reizeinstrom). Ferner gibt es eine Reihe von Verhaltensweisen, die durch mehrere Modalitäten beeinflußt und gesteuert
werden.

Die Aufklärung der Wechselwirkungen erscheint enorm schwierig,
und manche Forscher neigen zu Resignation: "Es liegen Beweise
vor, daß für die multimodale Integration, wobei mehrere Sinnesorgane an einem 'output'-System beteiligt sind beziehungsweise

ein Sinnesorgan mehrere 'output'-Systeme speist, äußerst präzise, spezielle Interneurone existieren, und zwar in Hinsicht auf die Struktur wie auch auf den Verschaltungsmodus. Leider fördert dies aber nicht unser Verständnis der zuständigen neuralen Mechanismen, denn es muß ja eine erschreckende Menge von Parallelschaltungen (parallel computing) vorliegen, so daß der durch die Spezialisierung verlorene Freiheitsgrad wieder zurückgewonnen wird. Über die Neurobiologie wird man dieses Problem der multimodalen Integration nicht lösen können, denn jedes Interneuron zeigt sein eigenes individuelles Verhalten, je nachdem, wie es mit anderen Neuronen verschaltet ist; dies zu durchschauen, scheint aussichtslos." (zitiert nach Horn)

Natürlich ist dies eine voreilige Kapitulation. Es liegt kein Grund vor, weshalb es einer 'konzertierten Aktion' von Neurophysiologie *und* Verhaltensphysiologie nicht gelingen sollte, von der monomodalen Analyse ausgehend Schritt für Schritt in die 'Geheimnisse' der multimodalen Integration einzudringen.

Weiterführende Literatur

B ü n n i n g, E. (1943): Quantenmechanik und Biologie. Naturwissenschaften 31, 194

H o r n, E. (1980): Multimodale Konvergenz — ein Verarbeitungsprinzip bei Sinnesleistungen. Naturwiss. Rundschau 33, 309

K r ü g e r, L., R h e i n w a l d, R. (1980): Kausalität. In: Handbuch wissenschaftstheoretischer Begriffe, Band 2 (J. S p e c k, Hrsg), p. 318. Göttingen: Vandenhoeck und Ruprecht

M o h r, H. (1970): Biologie als quantitative Wissenschaft. Beilage zu: Naturwiss. Rdsch. 7, 779

M o h r, H.; S c h o p f e r, P. (1978): Lehrbuch der Pflanzenphysiologie, 3. Auflage, p. 8. Heidelberg: Springer

S c h e i b e, E. (1970): Ursache und Erklärung. In: Erkenntnisprobleme der Naturwissenschaften (L. Krüger, Hrsg). Köln: Kiepenheuer und Witsch

S t e g m ü l l e r, W. (1970): Das Problem der Kausalität. In: Erkenntnisprobleme der Naturwissenschaften (L. Krüger, Hrsg.). Köln: Kiepenheuer und Witsch

V o l l m e r, G. (1981): Ein neuer dogmatischer Schlummer? Kausalität trotz Hume und Kant. Akten des 5. Kant-Kongresses, pp. 1125—1138. Mainz

2.8 Gesetze in der Biologie

2.8.1 Fakten und Gesetze

Die gesicherten Aussagen der Wissenschaft erfolgen durch singuläre Sätze (faktische Aussagen, Tatsachenaussagen) oder durch generelle Sätze (Gesetzesaussagen) (→ Abb. 2). Die Aussage 'Narcissus poeticus besitzt 6 Perigonblätter' ist eine Tatsachenaussage, die eine bestimmte Art betrifft; die Aussage 'Bei den Fischen besteht das Herz aus einem Atrium und einem Ventrikel' ist eine Tatsachenaussage, die sich auf eine bestimmte Klasse von Organismen bezieht. Die Aussage $N_t = N_0 \cdot e^{k \cdot t}$ ist ebenfalls eine Tatsachenaussage, solange sie sich auf das Wachstum einer Kultur bezieht (→ Abb. 7); hingegen wird diese Aussage dann zur Gesetzesaussage, wenn sie das exponentielle Wachstum schlechthin beschreibt. *Ein 'Gesetz' ist eine gesicherte Aussage, die für eine Vielzahl von Systemen gilt.* Innerhalb der Gesetze gibt es Rangordnungen. Beispielsweise unterscheidet man zwischen Allsätzen, partikulären Allsätzen, theoretischen Gesetzen, empirischen Gesetzen (→ Abb. 2), Gesetzmäßigkeiten und Regelmäßigkeiten.

2.8.2 Gesetzesaussagen der vergleichenden Morphologie

Die höchste Stufe an Wissenschaftlichkeit ist dann erreicht, wenn theoretische Sätze, die den logischen Charakter von Allsätzen haben, formuliert werden können. Allsätze sind solche Gesetzesaussagen, die universell gelten, das heißt für alle Systeme der Wirklichkeit. Die Erhaltungssätze der Physik sind zum Beispiel solche Allsätze. Von eingeschränkten (partikulären) Allsätzen spricht man dann, wenn man anzeigen will, daß die Gesetzesaussagen lediglich für bestimmte Systeme (oder Systemklassen) Gültigkeit haben. Die Gesetzesaussagen der Vergleichenden Morphologie sind vortreffliche Beispiele für partikuläre Allsätze in der Biologie. Diese partikulären Allsätze sind unter anderem dadurch ausgezeichnet, daß bei ihnen eine mathematische Formulierung nicht angemessen wäre. Es ist zu bedauern, daß die logische Qualität und die wissenschaftstheoretische Bedeutung dieser Allsätze der vergleichenden Morphologie dem Schüler und auch dem Studenten heutzutage kaum noch zum Bewußtsein kommen. Erkenntnislogisch haben diese Allsätze durchaus die Qualität der Erhaltungssätze in der Physik. Es hat zum Beispiel die Aussage, das Amboß-Hammer-Gelenk der Säugetiere sei dem primären Kiefergelenk niederer Wirbeltiere, dem Quadratum-Articulare-Gelenk, homolog, zweifellos Gesetzescharakter. Es gibt mit großer Wahrscheinlichkeit kein Säugetier, auf welches diese Aussage nicht zutrifft. Ein anderer Satz dieser Art: Der Inhalt des sogenannten Embryosacks der Blütenpflanzen stellt eine weibliche Geschlechtspflanze, einen weiblichen Gametophyten dar. Diese Aussage hat ebenfalls Gesetzescharakter, da sie ganz allgemein für alle Blütenpflanzen gilt.

Solche Beispiele könnten beliebig vermehrt werden. Aus ihnen kann man folgendes lernen: Im biologischen Gesetz will man etwas Allgemeines ausdrücken; man will eine Aussage machen, die für eine Vielzahl von Systemen exakt verbindlich ist. Die Art, wie diese Aussage gemacht wird, ob zum Beispiel mathematisch oder nicht, ist dabei zweitrangig, falls den logischen und semantischen Ansprüchen der Wissenschaft Genüge getan ist. Die eben genannten Beispiele sind das Resultat von Beobachtung und Vergleich, sind also Resultate einer vergleichenden Forschung. Diese Gesetze der vergleichenden Biologie haben erkenntnislogisch denselben Rang wie jene Gesetze, welche die Physik oder die Physiologie formuliert. Es wird vermutlich immer so bleiben, daß jeder, der mit Aussicht auf Erfolg Physiologie an höheren Systemen betreiben will, zuerst die Gesetze der vergleichenden Morphologie kennenlernen muß. Diese Gesetze beschreiben phänomenologisch die wichtigsten spezifischen Eigenschaften der lebendigen Systeme, also jene Systemeigenschaften, durch welche sich die überaus komplexen, im Verlauf einer genetischen Evolution entstandenen lebendigen Systeme von den relativ einfachen physikalischen Systemen unterscheiden.

2.8.3 Allsätze in der Physiologie

Wir haben uns längst daran gewöhnt, daß die Allsätze der Physik, z. B. die Erhaltungssätze, auch in der Physiologie gelten. Es gibt, wie wir alle wissen, kein Argument dafür, daß irgendwelche Gesetze der Physik bei der Theorienbildung in der Physiologie nicht verwendet werden dürften. Der Umstand, daß manche Gesetze der

Physik für den Gebrauch in der Physiologie nicht optimal formuliert sind, schränkt diese prinzipielle Aussage nicht ein.

Die Eigenständigkeit der Physiologie gegenüber der Physik erweist sich auf dem Niveau der Allsätze darin, daß die Physiologie Allsätze formuliert, die in der Physik nicht benötigt werden, zum Beispiel das 'zentrale Dogma' der Molekularbiologie (DNA → RNA → Protein). Als Beispiel für einen Allsatz, der sowohl in der Physik als auch in der Physiologie eine Rolle spielt, sei der Satz $\Delta G \neq 0$ angeführt. Dies ist ein Allsatz, der für alle *offenen* Systeme gilt. Alle lebendigen Systeme sind offene Systeme; aber nur manche physikalischen Systeme sind offene Systeme. Der Satz $\Delta G \neq 0$ ist also in der Biologie ein Allsatz, in der Physik ein partikulärer Allsatz, da er hier nur für eine bestimmte Systemklasse gilt. Mit dem Satz $\Delta G \neq 0$ will man in der Physiologie zum Ausdruck bringen, daß lebendige Systeme sich grundsätzlich nicht im thermodynamischen Gleichgewicht befinden und sich diesem Gleichgewicht auch nicht etwa asymptotisch nähern. Jedes Reaktionsgeschehen in einem lebendigen System gehorcht, isoliert betrachtet, den Gesetzen der klassischen Thermodynamik; die einzelnen Reaktionen sind aber im Gesamtsystem derart miteinander verknüpft, daß es im lebendigen System zu keiner generellen Einstellung des thermodynamischen Gleichgewichts kommt. Die Ausschaltung jener Systemeigenschaften, die das $\Delta G \neq 0$ ermöglichen, führt zum "Tod". Der Tod ist also charakterisiert durch einen mehr oder minder schnellen Zerfall in das thermodynamische Gleichgewicht. Man kann den Allsatz $\Delta G \neq 0$ auch so erläutern, daß jedes lebendige System der beständigen Zufuhr freier Enthalpie bedarf, um dem Tod, d. h. dem thermodynamischen Gleichgewicht zu entgehen. Auch mit dem Entropiebegriff läßt sich der gemeinte Sachverhalt prägnant ausdrücken: Das lebendige System bedarf der beständigen Zufuhr "negativer Entropie", um der beständigen Produktion an "positiver Entropie" entgegenzuwirken. Der Zustand maximaler Entropie, das thermodynamische Gleichgewicht, ist mit den Systemeigenschaften eines lebendigen Systems nicht verträglich.

Unter dem Gesichtspunkt der Organisation läßt sich derselbe Sachverhalt folgendermaßen beschreiben: Ein lebendiges System ist durch "organisierte Komplexität" ausgezeichnet. Seine Komponenten sind also nicht zufallsmäßig zusammengefügt. Die bei der

Entwicklung des lebendigen Systems, zum Beispiel im Zuge der
Zelldifferenzierung, investierte (genetische) Information steckt in
der "organisierten Komplexität". Wird diese zerstört und erlaubt
man anschließend eine völlige Durchmischung der Komponenten,
so regeneriert sich das System nicht von selber, da die hierfür notwendige Information bei der Zerstörung der Systemeigenschaften
vernichtet wurde, auch wenn diese Zerstörung ohne jeden Verlust
an stofflichen Komponenten geschah. (→ Seite 148)

2.8.4 Empirische Gesetze

Empirische Gesetze sind das Rückgrat der Wissenschaft. Sie entstehen bei der experimentellen Überprüfung von Hypothesen
(→ Seite 70, Abb. 2).
Wir beschränken uns auf die Besprechung zweier Klassen: empirische Prozeß- und Koexistenzgesetze. Ein Prozeßgesetz erlaubt
die Prognose (oder Retrognose) zukünftiger (oder vergangener)
Zustände eines Systems, falls die Werte der relevanten Variablen
für wenigstens einen Zeitpunkt bekannt sind. Ein Koexistenzgesetz beschreibt die gleichzeitige Existenz von Eigenschaften eines
Systems. Sowohl Prozeßgesetze als auch Koexistenzgesetze werden in Physik und Biologie sehr ähnlich formuliert.

2.8.4.1 Beispiele für Prozeßgesetze

Das Gesetz des radioaktiven Zerfalls ist ein typisches Beispiel für
ein empirisches Prozeßgesetz in der Physik. Es lautet in verbaler
Sprache: Die Intensität des radioaktiven Zerfalls einer Substanz
ist proportional der Menge an Teilchen, aber unabhängig von
Temperatur, Druck oder chemischer Verbindung. In symbolischer
Sprache kann das Gesetz durch die

$$\text{Gleichung} \quad -\frac{dN}{dt} = k \cdot N$$

$$\text{oder} \quad N_t = N_0 \cdot e^{-k \cdot t} \tag{1}$$

ausgedrückt werden, wobei k die Zerfallskonstante ist, die weder
von der Temperatur, noch vom Druck, noch vom Stand der chemi-
schen Bindung abhängt.

Die Gleichung (1) ist ein Beispiel dafür, daß ursprünglich empirische Prozeßgesetze beim Vorliegen einer Theorie für den betreffenden Naturbereich durch allgemeine (theoretische) Gesetze erklärt werden. ($\rightarrow$ Abb. 2). Diese Erklärung (= Ableitung) folgt dem Hempel-Oppenheim-Modell ($\rightarrow$ Abb. 21), wobei die C_i keine Rolle spielen. Das Explanandum $N_t = N_0 \cdot e^{-k \cdot t}$ folgt deduktiv aus dem mehr allgemeinen Gesetz (Explanans), daß es zwischen den Mitgliedern einer Population radioaktiver Atome keine Kooperativität gibt oder (anders formuliert), daß der radioaktive Zerfall ein zufallsmäßiger Prozeß ist.

Ein formal entsprechendes empirisches Prozeßgesetz in der Biologie ist das exponentielle Wachstumsgesetz. Es lautet in verbaler Sprache: Die Wachstumsintensität eines biologischen Systems ist der Menge an System proportional, die bereits vorhanden ist. In symbolischer Sprache: $\dfrac{dN}{dt} = k \cdot N$. Die Differentialgleichung hat die Lösung

$$N_t = N_0 \cdot e^{k \cdot t} \tag{2}$$

wobei k als Wachstumskonstante bezeichnet wird. In diesem Fall hängt der numerische Wert von k natürlich von Umweltfaktoren, z. B. von der Temperatur, ab. Die Erklärung des exponentiellen Wachstums durch ein allgemeines (theoretisches) Gesetz ist nur in solchen Fällen möglich, wo allen Mitgliedern einer Population (beispielsweise einzellige Algen, Hefen, Bakterien, Lemna-Pflanzen, $\rightarrow$ Abb. 7) dieselbe Wahrscheinlichkeit für Wachstum und Teilung zukommt. Beim exponentiellen Wachstum organisierter, vielzeitiger Systeme, beispielsweise von Früchten, ist eine Erklärung des exponentiellen Prozeßgesetzes (2) derzeit nicht möglich.

2.8.4.2 Beispiele für Koexistenzgesetze

Das Boyle-Mariottsche Gesetz für die isotherme Zustandsänderung idealer Gase ist ein typisches Beispiel für ein (empirisches) Koexistenzgesetz in der Physik. Es lautet in verbaler Sprache: Das Volumen einer gegebenen Masse eines (idealen) Gases ändert sich umgekehrt proportional zum Druck, der (bei konstanter Temperatur) auf dem Gas lastet. In symbolischer Sprache kann das Gesetz durch die Gleichung

$$p \cdot V = const \quad \text{für } T = const, \tag{3}$$

ausgedrückt werden. Die moderne Formulierung (mit R = allgemeine Gaskonstante)

$$p \cdot V = R \cdot T \text{ (Gasgleichung für 1 mol)} \tag{4}$$

bringt ein Charakteristikum der Koexistenzgesetze besonders prägnant zum Ausdruck: Die drei Größen p, V, T beschreiben den "Zustand" eines Gases vollständig, d. h. sie hängen nicht von der Vorgeschichte des Gases ab oder von der Art und Weise, wie der momentane Druck, das momentane Volumen usw. erreicht worden sind. Größen dieser Art nennt man "Zustandgrößen". Das Gasgesetz ist auch ein eindrucksvolles Beispiel für die Korrektur (= Anpassung) eines empirischen Gesetzes unter dem Einfluß einer Theorie. Das Gasgesetz in seiner ursprünglichen Formulierung $p \cdot V = R \cdot T$ beschreibt das Verhalten der realen Gase nur in erster Näherung. Negativ gewendet: Das Gesetz wurde in seiner ursprünglichen Formulierung durch verfeinerte Messungen widerlegt. Es wurde für reale Gase durch van der Waals theoretisch "gerettet", der es zur Form

$$\left(p + \frac{\alpha}{V^2}\right)(V - \beta) = R \cdot T \tag{5}$$

ausdehnte, wobei sich der Parameter α auf die intermolekularen Anziehungskräfte und der Parameter β auf die endliche Größe der Gasmoleküle beziehen.

Als Beispiel für ein Koexistenzgesetz in der Biologie wählen wir jenes Gesetz, das den Wasserzustand einer Zelle beschreibt. Verbal ausgedrückt: Das Wasserpotential einer Zelle (ψ_z) ist bestimmt durch das osmotische Potential (π^*), dem der Wandruck p entgegenwirkt. Das Matrixpotential τ wirkt in Richtung von π^*. In symbolischer Sprache:

$$\psi_z = -(\pi^* + \tau) + p \tag{6}$$

Die Formulierung dieses Gesetzes hängt mit einer bestimmten Auffassung des Konstrukts 'Zelle' ($\rightarrow$ Abb. 20) zusammen, welche die elastische Zellwand, die selektive Permeabilität des dünnen, wandständigen Protoplasten und den osmotischen Wert des Zellsaftes (= Vakuoleninhalts) betont.

Die beiden letzten Beispiele zeigen, daß die jeweilige Formulierung der Gesetze wesentlich davon abhängt, auf welche Eigenschaften

der ins Auge gefaßten Systeme wir besonderen Wert legen. Dies
gilt gleichermaßen in Physik und Biologie.

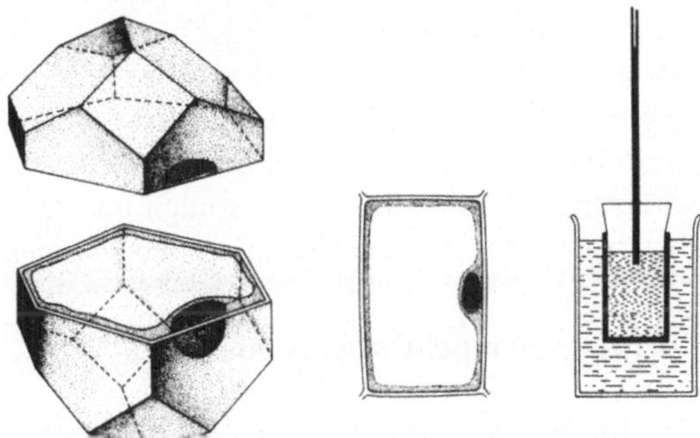

Abb. 20 Die Zelle als *osmotisches* System. Links: Räumliches Modell einer
parenchymatischen Zelle (Zellhälften getrennt). Eingetragen sind
lediglich Zellwand, wandständiger Plasmasack mit Zellkern, Vacuole
(Zellsaftraum). Mitte: Modell einer turgeszenten Zelle im optischen
Längsschnitt. Die Wände sind elastisch nach außen gewölbt.
Rechts: Osmometer ('Pfeffersche Zelle') im Längsschnitt bestehend
aus Innenmedium (Losung), porosem Gefäß mit semipermeablen
Eigenschaften, Außenmedium (Wasser) und Steigrohr. Dieses physikalische Analogie-Modell repräsentiert das System Zelle (Mitte)
hinsichtlich seiner *osmotischen* Eigenschaften erstaunlich gut. (nach
Mohr und Schopfer, 1978)

Zusammenfassend läßt sich feststellen, daß die Formulierung von
Gesetzen in Physik und Biologie in prinzipiell derselben Weise er-
folgt, sofern eine kausale Erklärung von Sachverhalten (Zuständen,
Ereignissen) beabsichtigt ist. Die Struktur der kausalen *Erklärung*
wird in beiden Wissenschaften durch das Hempel-Oppenheim-
Modell angemessen beschrieben. (→ Seite 136)

Weiterführende Literatur

H e m p e l, C. G. (1974): Philosophie der Naturwissenschaften. München:
Piper
K a n i t s c h e i d e r, B. (1980): Gesetz in Natur- und Geisteswissenschaften.
In: Handbuch wissenschaftstheoretischer Begriffe, Band 2 (J. S p e c k, Hrsg.).
Göttingen: Vandenhoeck u. Ruprecht
M o h r, H. (1975): Zur Zielsetzung der Physiologie. Naturwiss. Rdsch. 28, 154
M o h r, H. (1978): Der Begriff der Erklärung in Physik und Biologie.
Naturwissenschaften 65, 1

2.9 Erklärung in Physik und Biologie

Das Ansehen der Wissenschaft ist wesentlich darauf gegründet, daß sie Erscheinungen oder Ereignisse (Sachverhalte) zuverlässig erklären kann. Zuverlässig bedeutet, daß ich mich beim theoretischen Argument und beim praktischen Handeln auf die Erklärung verlassen kann. Wir stellen uns in diesem Abschnitt die Frage, was eine 'Erklärung' in der Wissenschaft bedeutet.

2.9.1 Das Hempel-Oppenheim-Modell

Eine für den Wissenschaftler in der Regel plausible Antwort auf die Frage nach dem Wesen der wissenschaftlichen Erklärung folgt dem von Hempel und Oppenheim explizit gemachten Schema: Einen Sachverhalt erklären, bedeutet in der Wissenschaft, ihn auf generelle Sätze ("Gesetze") und auf die systemspezifischen Randbedingungen zurückzuführen. Die wissenschaftliche Erklärung (Retrognose) und die wissenschaftliche Voraussage (Prognose) haben eine sehr ähnliche Struktur (Abb. 21). Im Hempel-Oppenheim-Modell kommen 3 Elemente vor: generelle Sätze

$$
\begin{array}{l}
L_1, L_2 \text{------} L_n \\
C_1, C_2 \text{------} C_m
\end{array} \Big\} \text{ Explanans (Prämissen)} \\
\overline{\phantom{L_1, L_2 \text{------} L_n}} \\
E(P) \qquad\qquad \Big\} \text{ Explanandum (Prognose)}
$$

$\left.\begin{array}{l} \\ \end{array}\right\}$ Erklärung (Voraussage)

Abb. 21 Die logische Struktur der wissenschaftlichen Erklärung und Voraussage nach Hempel und Oppenheim (deductive-nomologic model of explanation). Die Erklärung eines bestimmten Sachverhalts (Explanandum) bedeutet , daß wir das Explanandum auf wissenschaftliche Gesetze ($L_1 - L_n$) und auf die systemspezifischen Rand- und/oder Anfangsbedingungen ($C_1 - C_m$), zusammen als Explanans bezeichnet, zurückführen. Bei der Voraussage eines bestimmten Ereignisses benützen wir die Gesetze und die Rand- und/oder Anfangsbedingungen als Prämissen.

("Gesetze"; $L_1, L_2 \ldots L_n$), Aussagen über die systemspezifischen Umstände (Randbedingungen und/oder Anfangsbedingungen; $C_1, C_2 \ldots C_m$) und eine Aussage über den Sachverhalt, der zu erklären ist (E) oder den man voraussagt (P). Im Fall einer Erklärung bilden die generellen Sätze in Verbindung mit

den Rand- und/oder Anfangsbedingungen das Explanans. Die
Aussage über den zu erklärenden Sachverhalt ist das Explanandum. Im Fall einer Prognose bilden die generellen Sätze in Verbindung mit den Rand- und/oder Anfangsbedingungen die Prämissen. Die Aussage über das zu erwartende Ereignis nennen wir die Prognose. Die Qualität (Güte) der Gesetze bestimmt natürlich die Güte einer Erklärung oder die Präzision einer Prognose. Die vage Erklärung eines Schnupfens oder eines klinischen Todesfalls und die genaue Erklärung einer Sonnenfinsternis oder des 1 : 1-Geschlechterverhältnisses beim Menschen unterscheiden sich zumindest graduell. Biologische 'Gesetze' reichen von wenig gesicherten Generalisierungen über empirische Gesetze bis hin zu theoretischen Gesetzen, die logisch den Charakter von (partikulären) Allsätzen aufweisen (→ Seite 130).

Wir haben im vorangegangenen Abschnitt (→ Seite 132 f.) festgestellt, daß die Formulierung von Gesetzen in Physik und Biologie in prinzipiell derselben Weise erfolgt, sofern eine *kausale* Erklärung von Sachverhalten (Zuständen, Ereignissen) beabsichtigt ist. Die Struktur der kausalen Erklärung wird in beiden Wissenschaften durch das Hempel-Oppenheim-Modell angemessen beschrieben. Wir wählen als repräsentative Beispiele die Erklärung des freien Falls und die Erklärung der Plasmolyse.

2.9.2 Die Erklärung des freien Falls

Galilei entdeckte bei seinen Experimenten (1589–1591), daß schwere Körper verschiedenen Gewichts den Boden gleichzeitig erreichten, wenn er sie vom Schiefen Turm in Pisa herunterfallen ließ[1]. Er schloß daraus, daß der freie Fall aller schweren Körper

---

[1] Für unsere prinzipielle Betrachtung spielt es keine Rolle, ob Galilei diese Experimente tatsächlich während seines Aufenthalts in Pisa zwischen 1589 und 1591 ausgeführt hat. Auf jeden Fall muß Galilei als der 'Vater' des quantitativen physikalischen Experiments angesehen werden. Darüber hinaus fand er die korrekte Formulierung des Gesetzes über den freien Fall, wahrscheinlich um die Mitte des Jahres 1604: Die Geschwindigkeit eines fallenden schweren Körpers ist proportional seiner Fallzeit ($v_0 = 0$). Das (empirische) Fallgesetz können wir heute auf das Newtonsche Gravitationsgesetz zurückführen. Diese Erklärung empirischer Gesetze durch theoretische Gesetze wurde am Beispiel des radioaktiven Zerfalls bereits behandelt (→ Seite 133).

nicht von ihrer Masse abhängt und daß für alle das gleiche Gesetz gilt (Fallgesetz, $x = \frac{1}{2} gt^2$). Auf dieser Basis kann man voraussagen, daß beispielsweise eine Feder und eine Bleikugel mit der gleichen Geschwindigkeit fallen werden, wenn alle Reibungsvorgänge, Luftströmungen und Kollisionen mit anderen Partikeln völlig ausgeschlossen sind. Dies ist im Vakuum der Fall. Das Experiment bestätigt bekanntlich diese Voraussage. Galilei konnte das Experiment mit der Feder und der Bleikugel am Turm von Pisa natürlich nicht machen, da die komplexen und wechselnden Randbedingungen in der freien Luft die leichte Feder sehr viel stärker beeinflussen als die schwere Kugel. Nur mit den schweren Körpern (Körper mit hoher Dichte) konnte er gleiche Randbedingungen approximieren.

Meist geht man davon aus, daß für die Erklärung des freien Falls das Fallgesetz (z. B. in der Formulierung $x = \frac{1}{2} gt^2$) und der numerische Wert der Erdbeschleunigung ($g = 9.81 \ ms^{-2}$) als Randbedingung genügen. Dies ist insofern nicht korrekt, als das Gesetz, daß das Verhältnis von träger zu schwerer Masse für jeden Körper konstant ist, ein empirisches Gesetz und nicht etwa eine selbstverständliche Grundeinsicht darstellt. Es ist nicht trivial, daß das Verhältnis von träger zu schwerer Masse (Gravitationsladung) bei der Bleikugel und bei der Feder gleich ist. Außerdem müssen wir bei jeder logisch kompletten kausalen Erklärung explizit konstatieren,

L_1: $x = \frac{1}{2} g t^2$ L_2: $\dfrac{\text{träge Masse}}{\text{schwere Masse}} = \text{konstant}$

L_3: Kausalitätsprinzip

C_1: Vakuum C_2: $g = 9{,}81 \ m \ s^{-2}$ (nicht streng konstant, z.B. Unterschiede am Äquator und am Pol)

C_3: $v_0 = 0$ C_4: $x_0 = 0$

E(P): Innerhalb von 1/2 s fällt ein schwerer Körper an der Erdoberfläche 1,23 m

Abb. 22 Anwendung des Hempel-Oppenheim-Modells auf den Sachverhalt des freien Falls. Das Gesetz L_2 lautet in der entsprechenden verbalen Formulierung: Masse und Gravitationsladung sind einander proportional. Die Proportionalitätskonstante hat einen universellen Wert. C_1 und C_2 sind Randbedingungen. C_3 und C_4 Anfangsbedingungen.

daß wir die Gültigkeit des Kausalitätsprinzips (→ Seite 118) voraussetzen. Das komplette, auf den Sachverhalt des freien Falls angewendete Hempel-Oppenheim-Schema zeigt Abb. 22.

2.9.3 Die Erklärung der Plasmolyse

Der Sachverhalt (Abb. 23): Überträgt man eine turgeszente Pflanzenzelle in eine konzentrierte Lösung (beispielsweise Rohrzucker oder KNO_3), so beobachtet man zunächst, daß sich die elastisch

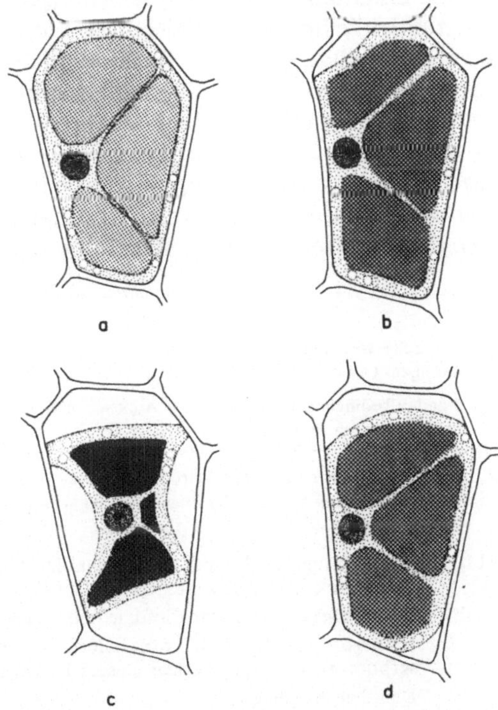

Abb. 23 Zellen aus der unteren Epidermis eines Blattes von *Rhoeo discolor*. Im Zellsaft sind Anthocyane gelöst. (a) Turgeszente Zelle in Wasser. (b) Zelle in 0.5 M KNO_3, beginnende Plasmolyse. (c) maximale Plasmolyse, Zellsaft stark konzentriert. (d) rasche Deplasmolyse nach Übertragung in reines Wasser. (nach Mohr und Schopfer, 1978)

gespannte Zellwand entspannt. Offensichtlich läßt der Turgordruck nach. Danach folgt der Plasmolyse genannte Vorgang: Der dünne, wandständige Plasmabelag hebt sich an einer oder mehreren Stellen von der Zellwand ab und folgt der sich verkleinernden Vakuole, bis es schließlich zu einem Gleichgewichtszustand·kommt. Bringt man nun die Zelle in reines Wasser zurück, so beobachtet man den umgekehrten Vorgang (Deplasmolyse): Die Vakuole dehnt sich – offenbar unter Wasseraufnahme – wieder aus, rundet sich ab und drängt schließlich den Protoplasten wieder gegen die Zellwand. Es kommt zur elastischen Spannung der Zellwand, zur Turgeszenz.

Für die Erklärung der Plasmolyse benötigen wir drei Naturgesetze – darunter die im letzten Abschnitt (→ Seite 134) besprochene Wasserzustandsgleichung der Zelle – und die Randbedingung, daß die Zelle, die Plasmolyse und Deplasmolyse ausführt, in erster Näherung wie ein Osmometer (→ Abb. 20) funktioniert. Damit ist gemeint, daß ein Osmometer als Analogiemodell die Zelle bezüglich ihrer osmotischen Eigenschaften repräsentiert. Die Erklärung der Plasmolyse (→ Abb. 23) ist nunmehr einfach (→ Abb. 24). Die turgeszente Zelle besitzt ein hohes, die konzentrierte

L_1: $\psi_z = -(\pi^* + \tau) + p$ L_2: Potentialdifferenzen L_3: Kausalitäts-
gleichen sich aus   prinzip

C_1: Die Zelle wird hinsichtlich ihrer osmotischen Eigenschaften durch ein Osmometer repräsentiert

C_2: Standardbedingungen (Temperatur, Außendruck) müssen im physiologischen Bereich liegen

---

$P(E)$: Bei Zugabe einer Lösung (π_a) strömt Wasser aus der Zelle in die Lösung (bis $\pi_a = \pi_i$). Bei Zugabe reinen Wassers strömt Wasser in die Zelle hinein (bis $\pi^* = p - \tau$)

Abb. 24 Anwendung des Hempel-Oppenheim-Modells auf den Sachverhalt der Plasmolyse. Das Wasserzustandsgesetz (L_1) wurde als Beispiel für ein Koexistenzgesetz in der Biologie behandelt. L_2 ist ein universelles Naturgesetz, das für alle Potentialdifferenzen gilt, nicht nur für Wasserpotentialdifferenzen. Das Gesetz L_1 ist nicht unabhängig von der Randbedingung C_1.

Lösung im Außenraum ein niedriges Wasserpotential (ψ_z bzw. π_a). Es fließt also so lang Wasser aus der Zelle in die Lösung, bis $\pi_a = \pi_i$, wobei $\pi_i = \pi^* + \tau$. Dies ist erst dann der Fall, wenn sich

die Vakuole durch Wasseraustritt so verkleinert hat, daß der osmotische Wert π^* des Vakuoleninhalts, zusammen mit dem Matrixpotential τ, dem osmotischen Wert der Außenlösung gleich ist.
Wird die Außenlösung durch reines Wasser (unter Standardbedingungen per definitionem $\psi = 0$) ersetzt, so fließt so lang
ein Wasserstrom in die Zelle, bis das Wasserpotential der Zelle
ebenfalls gleich Null ist. Dies ist offensichtlich der Fall, wenn
aufgrund der Wasserzustandsgleichung der Zelle $\pi^* = p - \tau$ ist.
Unter diesen Umständen gleicht die Erniedrigung des Wasserpotentials durch π^* und τ die Erhöhung des Wasserpotentials
durch p gerade aus ($\psi_z = 0$). Die Zelle ist voll turgeszent.

Die beiden Beispiele sollten die Auffassung untermauern, daß
sich hinsichtlich der Struktur der kausalen Erklarung eines Sach-
verhaltes Physik und Biologie nicht unterscheiden. In beiden Wissenschaften wird diese Struktur durch das Hempel-Oppenheim-
Modell in der Regel angemessen beschrieben. Sowohl Abb. 22
als auch Abb. 24 zeigen, daß die wissenschaftliche Erklärung mit
der Definition vereinfachender Randbedingungen verbunden ist
(Vakuum; Osmometeranalogie). Auch in dieser Hinsicht unterscheiden sich Physik und Biologie nicht prinzipiell. Allerdings
setzt die Komplexität biologischer Systeme der Vereinfachung
der Randbedingungen oftmals enge Grenzen. Dies führt zu einem
Verlust an Präzision bei der Erklärung. Wir haben bereits darauf
hingewiesen, daß die biologische Wissenschaft das 1 : 1-Ge-
schlechterverhältnis beim Menschen sehr präzis, einen Schnupfen
hingegen in der Regel nur sehr vage erklären kann.

2.9.4 Kausale Erklärung seltener Ereignisse

Es gibt eine Reihe von Einwänden gegen das Hempel-Oppenheim-
Modell, die sich insbesondere gegen eine Überbetonung der struk-
turellen Symmetrie von Erklärung (Retrognose) und Prognose
richten. Man sollte in der Tat an der "Symmetriethese" zumindest
in solchen Fällen nicht dogmatisch festhalten, in denen es um die
Erklärung bzw. Voraussage seltener Ereignisse geht. Ein Beispiel
sind die strahleninduzierten Punktmutationen. Solche Mutationen
müssen wir als Quantenereignisse innerhalb einzelner Moleküle auffassen. Sie fallen deshalb in jenen Bereich der Mikrophysik, in dem

die Unschärferelation ins Spiel kommt. Die *präzise* Voraussage
eines *individuellen* Ereignisses ist damit ausgeschlossen; hingegen
ist die präzise *Erklärung* einer Punktmutation — nachdem sie eingetreten ist — nicht beeinträchtigt.

2.9.5 Kausale Erklärung und Prognose in der Theorie der Evolution

Die Gesetze, die für eine kausale Erklärung und/oder Prognose evolutionärer Ereignisse zur Verfügung stehen, sind hauptsächlich die
statistischen Gesetze der Populationsgenetik, die sich auf Mutation,
Rekombination und (adaptive) Selektion beziehen. Es ist offensichtlich, daß der historische Ablauf der Evolution nicht nur durch
diese Wahrscheinlichkeitsgesetze, sondern entscheidend durch die
jeweiligen, *historisch* bedingten 'Umstände' bestimmt wurde; in
der Terminologie des Hempel-Oppenheim-Modells durch die jeweiligen 'systemspezifischen Umstände'. Die überragende Bedeutung
der historischen 'Randbedingungen' schließt in aller Regel eine
präzise Erklärung einzelner evolutionärer Ereignisse aus, da in der
Regel weder für die Vergangenheit noch für die Zukunft die Randbedingungen hinreichend genau bekannt sind.

Die Rekonstruktion der Stammesentwicklung ist deshalb vorrangig
eine Angelegenheit *historischer* Forschung. Natürlich muß jede
Aussage zur Phylogenie mit den Gesetzen der Populationsgenetik
verträglich sein; das 'Material' für die Rekonstruktion der Geschichte
des Lebens auf unserem Planeten sind und bleiben jedoch die Fos-
silien und die Tatsachen und Gesetze der vergleichenden Biologie.

2.9.6 Funktionale Erklärung

Die kausale Erklärung ist *die* Erklärungsform in der Physik. In der
Biologie kommen zwei weitere Erklärungsformen hinzu, mit denen
in der Regel der Physiker und der an der Physik als paradigmatischer
Naturwissenschaft orientierte Wissenschaftstheoretiker nicht vertraut sind: die funktionale Erklärung und die teleologische Erklärung von Sachverhalten. Sie spielen in der Biologie neben der kausalen Erklärung eine wesentliche, unentbehrliche Rolle (→ Seite
193).

Funktionale Erklärungen sind Aussagen über die Rolle, die ein Teil in einem Ganzen spielt. Sie erklären den 'Sinn' eines Teils in einem funktionierenden Ganzen. 'Teil' kann hierbei eine Struktur, ein Molekül, eine Eigenschaft, ein Prozeß, eine Verhaltensweise sein. Das 'Ganze' kann ein Organismus oder eine Gruppe von Organismen sein.

Zwei Beispiele für funktionale Erklärungen: Chlorophyll wird von der Pflanze deshalb synthetisiert, weil dieses Pigment die Photonenabsorption bei der Photosynthese besorgt. Anders formuliert: Chlorophyll dient der Photonenabsorption bei der Photosynthese. Pheromone werden von manchen Schmetterlingen deshalb gebildet, weil sich die Geschlechtspartner über weite Entfernungen hinweg finden müssen. Anders formuliert: Peromone dienen dem Zueinanderfinden der Geschlechtspartner bei manchen Schmetterlingen. Höhere Tiere besitzen Nieren, weil diese Organe die Endprodukte des Proteinstoffwechsels ausscheiden müssen. Oder, Nieren haben den Sinn, stickstoffhaltige Stoffwechselendprodukte auszuscheiden.

Die funktionale Erklärung basiert auf der Überzeugung, daß biologische Systeme optimierte, zweckmäßige Systeme sind. Dies bedeutet, daß sie keine nutzlosen Teile enthalten. Finden wir offensichtlich nutzlose oder schlecht funktionierende Teile, so erklären wir sie *kausal* als rudimentäre Teile. Wir führen im Sinn der Abb. 21 die schlechte Funktion eines Teils oder die Existenz überflüssiger Teile auf die Besonderheiten der phylogenetischen Herkunft des Ganzen zurück. Dies ist natürlich nur deshalb möglich, weil wir die Evolutionstheorie als nahezu selbstverständliches Paradigma akzeptiert haben. Man muß sich aber stets vor Augen halten, daß funktionale Erklärungen nicht notwendigerweise den Glauben an eine darwinistische Evolution voraussetzen. Die Welt als Schöpfung eines allwissenden und allmächtigen Schöpfers ist ein ebenso brauchbarer Ausgangspunkt für funktionale Erklärungen in der Biologie. Allerdings bereitet die überzeugende Erklärung der in jedem biologischen System vorkommenden Defekte und rudimentären Teile unter diesen Umständen nahezu unüberwindliche Schwierigkeiten. Es fällt dem Naturforscher schwer, offensichtliche Defekte und Fehlkonstruktionen als Teil eines göttlichen 'Heilsplans' anzuerkennen. Die Evolutionstheorie hingegen kann die angepaßte Zweckmäßigkeit eines Organismus ebenso überzeu-

gend und elegant erklären wie seine Unzulänglichkeiten. Dies ist
mit ein Grund dafür, daß die heutigen Biologen die Evolutionstheorie als ein unerschütterliches Paradigma ansehen.

2.9.7 Teleologische Erklärung

Die zweckmäßige Funktion eines Teils in einem Ganzen erfordert
in der Regel ein voll entwickeltes, funktionell reifes System. Der
Entwicklungsprozeß, der zu dem tatsächlich funktionierenden Teil
führt, ist meist der funktionalen Erklärung nicht zugänglich. An
dieser Stelle spielt die teleologische Erklärung ihre unentbehrliche
Rolle. Die teleologische Erklärung eines Teils bedeutet, daß seine
Existenz vom funktionalen Endzustand her verstanden werden
kann. Ein Beispiel: Proplastiden existieren in der embryonalen
Pflanzenzelle deshalb, weil aus ihnen später Chloroplasten entstehen. Natürlich wird mit einer teleologischen Erklärung keine
"causa finalis" im metaphysischen Sinn eingeführt (der Endzustand
ist kausal und zeitlich posterior!); die einzige Voraussetzung, die
wir machen, besteht in dem Glauben daran, daß nicht nur die
funktionalen Endzustände, sondern auch die Entwicklungsprozes-
se, die dahin führen, genetisch optimierte Prozesse sind, wobei
'optimiert' im Sinn der Evolutionstheorie zu verstehen ist
("interne Teleologie"). Teleologische Prozesse einer anderen
Kategorie kommen dann ins Spiel, wenn der Endzustand, das
Ziel, bewußt antizipiert und zielstrebig (zwecktätig) realisiert
wird. Dieses teleologische Denken und Handeln, ein Charakteristikum menschlichen Tuns, spielt in der philosophischen Tradition eine besondere und bedeutsame Rolle. Man sollte diese
"externe Teleologie" stets streng von der "internen Teleologie"
biologischer Systeme unterscheiden. Interne Teleologie ist die
Lehre von der Zweckmäßigkeit der Organismen. Sie erklärt die
Teleonomie (die programmgesteuerte, arterhaltende Zweckmäßigkeit der Organismen) als Ergebnis der genetischen Evolution.

Die meisten materiellen Produkte extern-teleologischer Prozesse
(Geräte) sind einer funktionalen Erklärung der Teile ebenso zugänglich wie die biologischen Systeme. Für die funktionale Erklärung eines Teils spielt es keine Rolle, ob ein Ganzes durch
intern- oder extern-teleologische Vorgänge zustande gekommen

ist. Entscheidend ist, daß man von der Überzeugung ausgehen kann, daß jeder Teil des Ganzen einem bestimmten definierten Zweck dient.

2.9.8 Biologische und technische Systeme

Die Tatsache, daß genau der gleiche Typ funktionaler Erklärung sowohl auf biologische als auch auf technische Systeme angewandt werden kann, darf nicht zu dem (Trug-) Schluß verführen, biologische Systeme müßten ebenfalls das direkte Resultat einer extern-teleologischen Ursache ("Schöpfer", "Entelechie", "Lebenskraft", "élan vital" usw.) sein. Technische Systeme sind in der Tat das Resultat teleologischen Denkens und Handelns; biologische Systeme hingegen sind das Produkt der Evolution (unabhängig davon, wie wir uns den *Anfang* der Welt vorstellen). Die kausale Erklärung der Zweckmäßigkeit der Produkte der Evolution erfordert kein externes teleologisches Agens. Die scheinbare Zielgerichtetheit phylogenetischer Prozesse ist nur *kausal* erklärbar. Weder externe noch interne, die Ontogenie übergreifende teleologische Kräfte kommen hier ins Spiel (→ Seite 194).

Damit stellt sich die Kardinalfrage, ob funktionale und teleologische Erklärungen in der modernen Biologie überhaupt noch vernünftig und sinnvoll sind. Um einer Fehleinschätzung sogleich entgegenzutreten: Der Biologe nimmt nicht dann seine Zuflucht zur funktionalen oder teleologischen Erklärung, wenn die kausale Erklärung eines Sachverhalts nicht erreichbar ist. Die meisten heutigen Biologen sind selbstverständlich davon überzeugt, daß es für alle Lebensprozesse im Prinzip kausale Erklärungen gibt. Die funktionale und die teleologische Erklärung eines biologischen Sachverhalts wird vielmehr durch die Natur der biologischen Systeme und durch die Art und Weise, wie wir lebendige Systeme verstehen möchten, herausgefordert.

2.9.9 Erklärung in der vergleichenden Morphologie

Die funktionale (und teleologische) Erklärung entspricht der Betrachtensweise der vergleichenden Morphologie. Die Gesetze der vergleichenden Morphologie gehören in die Klasse der Ko-

existenzgesetze. Es sind partikuläre Allsätze, d. h. strenge Gesetze
mit einem eingeschränkten Gültigkeitsbereich. Ein Beispiel: Bei
den Spermatophyten ist der Inhalt des Embryosacks einem weiblichen Gametophyten homolog. Sobald ich ein System als zu den
Spermatophyten gehörig identifiziere, weiß ich, daß die weiblichen
Gametophyten des Organismus im reifen Embryosack zu finden
sind. Das hier als Beispiel verwendete Gesetz ("Hauptsatz der
Spermatophyten") ist nicht unabhängig von der Gültigkeit anderer Prinzipien; es setzt zumindest die Gültigkeit des Homologie-
prinzips voraus. Andererseits ist der Hauptsatz der Spermatophyten invariant gegenüber dem Konzept der Phylogenie oder
gegenüber irgendeiner Theorie über den Mechanismus der Evolution. In der Tat sind die Gesetze der vergleichenden Morphologie unempfindlich gegenüber Änderungen in der Theorie der
Evolution, solange sie als Koexistenzgesetze formuliert sind und
die Gültigkeit des Homologiekonzepts vorausgesetzt wird. Eine
(vermutlich nicht nur oberflächliche) Analogie zur klassischen
Thermodynamik und ihrer Unempfindlichkeit gegenüber Materie-
modellen ist unverkennbar.

Die Gesetze der vergleichenden Morphologie sind, soweit sie das
Homologieprinzip voraussetzen, beschränkte (partikuläre) Allsätze
mit einem klar begrenzten Gültigkeitsbereich. Sie sind stets nur
für bestimmte Taxa von Organismen gültig, beispielsweise Spermatophyten, Tracheophyten, Vertebraten, die in Übereinstimmung
mit dem Homologieprinzip vergleichend behandelt werden können. Innerhalb ihrer Grenzen gehören die Koexistenzgesetze der
vergleichenden Biologie zu den prägnantesten Gesetzesformulie-
rungen, die die Wissenschaft hervorgebracht hat. Lassen diese Gesetze "Erklärungen" zu und stehen gegebenenfalls diese Erklärungen der vergleichenden Biologie im Einklang mit dem Hempel-
Oppenheim-Modell? Die Abb. 25 und 26 zeigen zwei repräsentative Anwendungen des Hempel-Oppenheim-Modells auf Sachverhalte
der vergleichenden Biologie. An die Stelle des Kausalitätsprinzips
tritt jeweils das Homologieprinzip. Die Erklärung (E) hat den Charakter einer funktionalen Erklärung: Es handelt sich um eine Aussage über die Rolle, die ein Teil in einem Ganzen spielt. Das "Ganze"
wird nach dem Homologieprinzip als "Bauplan" oder als "onto-
genetischer Entwicklungsplan" aufgefaßt. Die Zuverlässigkeit von
Erklärung und/oder Prognose ist extrem hoch: Es ist beispielsweise

ganz unwahrscheinlich, daß aus einem reifen Pollenkorn etwas anderes entsteht als ein Gametophyt.

L_1: Ein Pollenkorn ist einer Mikromeiospore homolog

L_2: Homologieprinzip

C_1: Tracheophyten

P(E): Aus einem reifen Pollenkorn entsteht stets ein ♂ Gametophyt

Abb. 25 Die Anwendung des Hempel-Oppenheim-Modells auf den Sachverhalt, daß aus einem reifen Pollenkorn stets ein ♂ Gametophyt entsteht. L_1 wird als ein Koexistenzgesetz aufgefaßt. L_2 als ein sehr allgemeines Prinzip. C_1 bedeutet, daß der Gültigkeitsbereich von L_1 auf die Tracheophyten beschränkt ist.

Erläuterung:
Unter Homologie versteht man eine 'Ähnlichkeit aufgrund gleicher Herkunft' (heute sowohl ontogenetisch als auch phylogenetisch aufgefaßt). Anders gesagt: Teile an einem Organismus (einschließlich Verhaltensweisen) sind dann homolog, wenn sie aus denselben Anlagen entstehen. Man kann deshalb nur solche Organismen nach dem Homologieprinzip vergleichen, die denselben 'Bauplan' besitzen. Beispielsweise sind Laubblätter und Staubblätter homolog, obgleich sie ganz verschieden aussehen und ihrer Funktion nach total verschieden sind. Die Placoidschuppen der Selachier und die Mundzähne der Wirbeltiere sind homologe Gebilde, obgleich sie funktionell nichts gemein haben ("Die Mundzähne der Wirbeltiere leiten sich von den Placoidschuppen ab").

L_1: Die Koleoptile ist einem Keimblatt (teil) homolog

L_2: Homologieprinzip

C_1: Gramineen

P(E): Die äußerlich sproßartige Gramineenkoleoptile reagiert auf Licht wie ein Blatt

Abb. 26 Die Anwendung des Hempel-Oppenheim-Modells auf den (unerwarteten) Sachverhalt, daß die (äußerlich gesehen) sproßartige Gramineenkoleoptile auf Licht wie ein Blatt reagiert. Ein physiologischer Sachverhalt wird in diesem Beispiel funktional erklärt. 'Funktional' bezieht sich hier auf die Rolle der Struktur im Bauplan.

Weiterführende Literatur

A c h i n s t e i n , P. (1971): Law and Explanation. London: Oxford University Press

H e m p e l , C. G.; O p p e n h e i m , P. (1948): Studies in the logic of explanation. Phil. Sci. **15**, 135

H e m p e l , C. G. (1970): Erklärung in Naturwissenschaft und Geschichte. In: Erkenntnisprobleme der Naturwissenschaften (L. K r ü g e r , Hrsg.), p. 215. Köln: Kiepenheuer und Witsch

H u l l , D. (1974): Philosophy of Biological Science. Englewood Cliffs: Prentice-Hall

L e n k , H. (1972): Erklärung – Prognose – Planung: Freiburg, Rombach

M o h r , H. (1978): Der Begriff der Erklärung in Physik und Biologie. Naturwissenschaften **65**, 1

2.10 Ist das Ganze mehr als die Summe der Teile?

2.10.1 Am Anfang steht ein Experiment

Wir pressen eine Apfelsine aus, wobei wir peinlich genau darauf achten, daß alle Bestandteile der ursprünglichen Apfelsine entweder im Preßsaft oder im Rückstand erhalten bleiben. Im zweiten Teil des Experiments vereinigen wir Saft und Rückstand wieder. Die Frage ist, ob die Apfelsine, also jene Frucht, die jeder von uns aufgrund ihrer spezifischen Struktur von einem Apfel, einer Birne oder einer Pampelmuse unterscheiden kann, sich wieder rekonstituiert. Jedermann kennt die Antwort auf die Frage im voraus: wie geschickt wir auch beim Preßvorgang und bei der Wiedervereinigung von Saft und Rückstand verfahren, wie weit wir auch Temperatur und Druck variieren – es kommt natürlich zu keiner spontanen Rekonstitution der Frucht.

Warum nicht? Ist das 'Ganze', von dem wir ausgingen (die Apfelsine) mehr als die 'Summe der Teile'? Haben wir beim Auspressen etwas Immaterielles verloren? Gibt es ein Strukturprinzip, das irreversibel verloren geht, wenn wir die Struktur zerstören, auch dann, wenn alle materiellen Bestandteile des Systems erhalten bleiben?

2.10.2 Selbstorganisation

Der Befund mit der Apfelsine läßt sich nicht verallgemeinern. Es
gibt tatsächlich biologische Strukturen, die sich spontan durch
Gleichgewichtsassoziation bilden, wenn die einzelnen Bausteine
zusammengemischt werden (Selbstorganisation aus Bausteinen;
self assembly). Beispielsweise aggregieren Proteinmoleküle zu
oligomeren Funktionseinheiten, zu Multienzymkomplexen oder
Fasern, z. B. Kollagenfasern. In diesen Fällen ist das 'Ganze' tatsächlich nicht mehr als die 'Summe der Teile', auch wenn neue
funktionelle Eigenschaften zum Vorschein kommen. Alle künftigen Wechselwirkungen und Verknüpfungen sind in den 'Teilen'
vorgegeben. Auch Viren, z. B. das Tabakmosaikvirus (TMV), sind
Repräsentanten für self assembly. Jedes TMV-Partikel besteht
aus einer helikalen Anordnung identischer Proteinuntereinheiten
(UE), in die ein helikaler RNA-Einzelstrang (Träger der genetischen Information) eingebettet ist (Abb. 27). Die für unser
Thema entscheidende Entdeckung (durch G. Schramm, 1954)
war, daß man bei einem geeigneten pH (um den Neutralpunkt)
normale, infektionsfähige TMV-Partikel aus den Bausteinen (UE
und RNA) in vitro rekonstituieren kann.

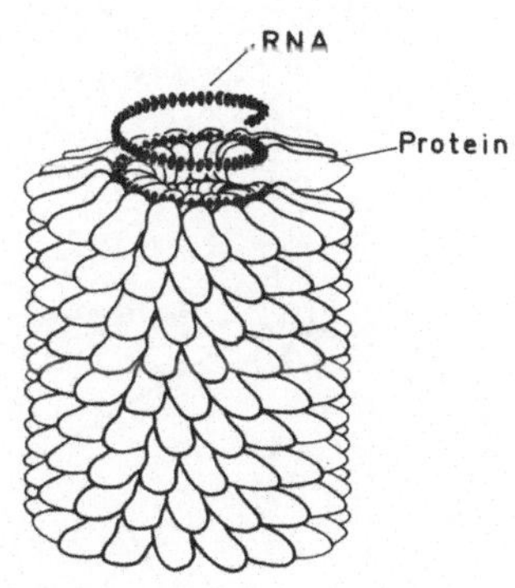

Abb. 27
Ein Modell, das einen Teil des TMV-Partikels repräsentiert. Man sieht, daß die
länglichen Untereinheiten, die aus jeweils
einem Proteinmolekül bestehen, entlang
der RNA schraubig ('helikal') angeordnet
sind. Das vollständige TMV-Teilchen enthält 2140 Untereinheiten. Der RNA-
Strang (6400 Nucleotide) repräsentiert
wahrscheinlich sechs Gene. Die Länge des
TMV-Partikels wird durch die Länge der
RNA bestimmt.

Die Teile besitzen also die gesamte Information, die für die Struk-
turbildung notwendig ist, ähnlich wie jene Teilchen, die sich
spontan zu einem Kristall zusammenfügen. In der Zelle und in
vitro vollzieht sich die Selbstorganisation derart, daß sich die
UE zunächst zu Scheibchen zusammenlegen. Diese Scheibchen

– und *nicht* die individuellen UE – treten dann in Wechselwirkung mit der RNA, wobei die helikale Anordnung entsteht. Die einzelnen Stufen des self assembly lassen sich mit dem Elektronenmikroskop verfolgen. Besonders bemerkenswert ist, daß die RNA in die Höhlung der wachsenden Röhre, die von den UE gebildet wird, hineingezogen wird. Das self assembly des TMV gilt zur Zeit als ein nahezu idealer Modellfall für das Studium der Wechselwirkung von Protein und Nucleinsäure (RNA). Vermutlich erkennen sich Proteine und Nucleinsäuren nicht über Sequenzen, sondern über 'Strukturen', ähnlich dem Erkennungsvorgang bei der Bildung eines Enzym-Substrat-Komplexes (→ Abb. 37).

Die 'Montage' von Viren aus Untereinheiten ist seit der Schrammschen Entdeckung zum wichtigsten Beispiel für biologische Selbstorganisation geworden. Ein viel studiertes Modellbeispiel ist die 'Montage' des Bacteriophagen T4 (Abb. 28). Hier sind es die Pro-

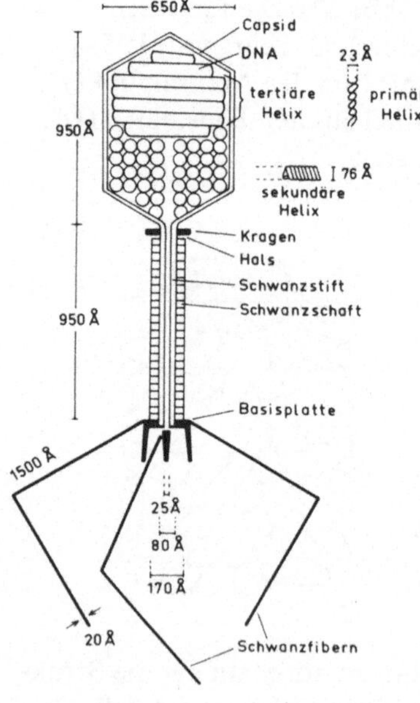

Abb. 28
Der Bakteriophage T 4 ist ein Virus, das *Escherichia coli* befällt. Obgleich der T 4-Phage auf der Stufenleiter biologischer Komplexität nicht weit vom TMV entfernt ist, besitzt er doch eine wesentlich kompliziertere molekulare Architektur. Der rundliche Kopf, der die Gestalt eines verlängerten Ikosaeders besitzt, besteht aus einer geordneten Proteinmembran (Capsid), die mit DNA gefüllt ist. Das Molekulargewicht der DNA beträgt etwa $130 \cdot 10^6$. Die DNA liegt in kompakter und hochgradig geordneter Form vor. Sie repräsentiert mehr als 100 Gene. Durch Kragen und Hals ist der Kopf mit dem Schwanz verbunden, der mit der Basisplatte endet. Diese ist mit Zacken versehen und trägt 6 Schwanzfasern. (nach Mohr und Sitte, 1971)

$100 \text{ Å} = 10 \text{ nm}$ ($1 \text{ Å} = 10^{-10} \text{ m}$). Å ist eine früher häufig benutzte Einheit, die aber jetzt als veraltet gilt und nach den Vorschriften des SI (Système International d'Unités) nicht mehr verwendet werden darf.

dukte von drei 'Fließbändern', die sich zum fertigen Phagen vereinigen (Abb. 29).

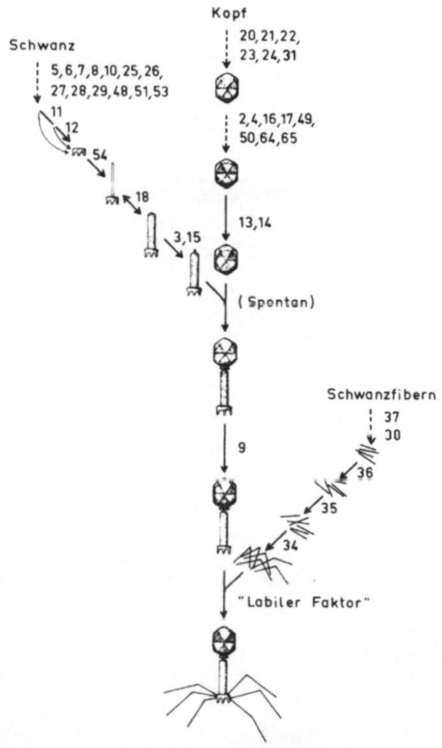

Abb. 29 Die spezifische Morphogenese des T 4-Phagen resultiert aus dem Zusammenfluß von drei unabhängigen morphogenetischen Bahnen, die Kopf, Schwanz und Schwanzfasern hervorbringen. Diese Teile fügen sich dann durch self assembly zum kompletten Phagen zusammen. Die Nummern bezeichnen die verschiedenen Gene, deren Produkte an den verschiedenen Schritten beteiligt sind. Die ausgezogenen Pfeile markieren jene Einzelschritte, die sich im Komplementationsexperiment mit zellfreien Extrakten haben durchführen lassen. (nach Wood und Edgar, 1967)

Neuerdings interessieren sich die Molekularbiologen besonders für die Selbstorganisation der Ribosomen. Ribosomen sind jene Partikel in der Zelle, an denen sich die Proteinsynthese vollzieht. Ihrem Aufbau nach sind die Ribosomen bereits sehr komplizierte,

asymmetrische Gebilde, die aus mehreren RNA- und vielen Protein-
bausteinen bestehen (Abb. 30). Trotz ihrer hohen Komplexität las-

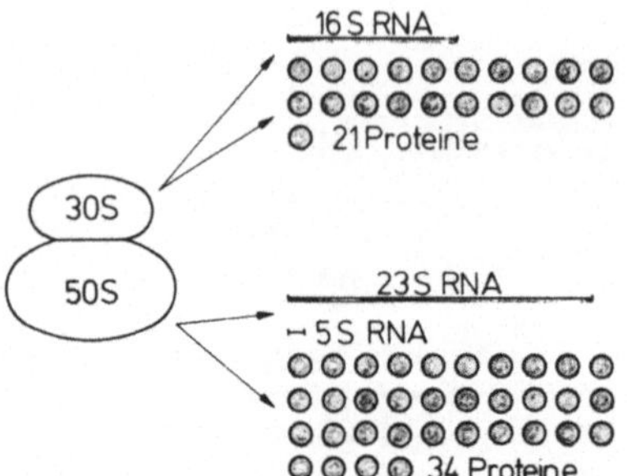

Abb. 30 Die Komponenten der 70 S Ribosomen des Bakteriums *Escherichia
coli*. (nach Wittmann, 1979)

sen sich die Ribosomen aus den Bausteinen nach dem Prinzip der
Selbstorganisation rekonstituieren (Abb. 31).

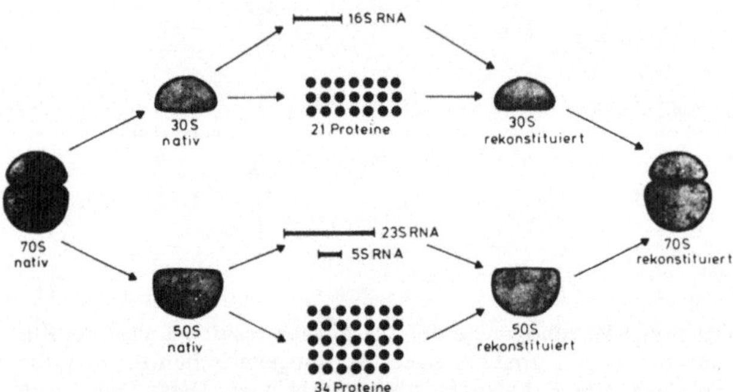

Abb. 31 Zerlegung des 70 S Risosoms von *E. coli* in seine Komponenten sowie
deren anschließende Rekonstitution zu intakten und funktionsfähi-
gen Untereinheiten. (nach Wittmann, 1979)

Die Frage ist zur Zeit noch offen, ob höher organisierte Organellen,
z. B. Mitochondrien und Chloroplasten, oder Zellmembranen sich
nach dem Prinzip der Selbstorganisation bilden. Bei Zellmembranen
funktioniert in vitro das self assembly der Bausteine offenbar nicht
richtig. Eine Biomembran besteht aus einer Lipid-Doppelschicht
und aus Membranproteinen (dazu etwas Kohlenhydrat) (Abb. 32).

Alle intrinsischen Proteine sind streng asymmetrisch in die Lipid-
matrix eingefügt; derart, daß alle Proteinmoleküle einer bestimmten
Sorte genau dieselbe Orientierung besitzen.

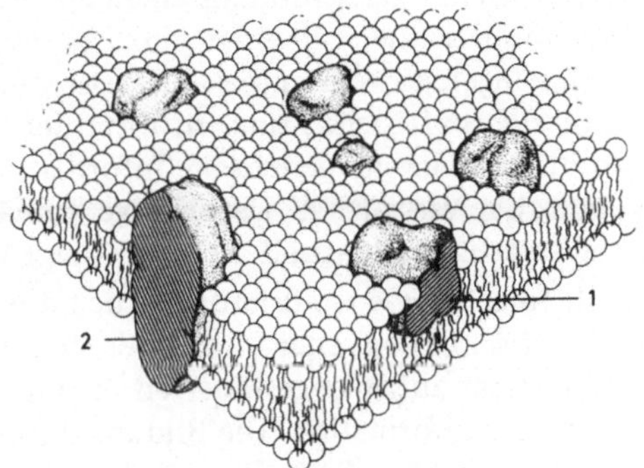

Abb. 32 Ein dreidimensionales Modell einer Zellmembran, die aus einer Phos-
pholipid-Doppelschicht und globulären Proteinen besteht. Die Proteine treten in zwei Typen auf. Einige liegen an oder nahe einer
Membranoberfläche (1), andere durchdringen die Membran völlig
(intrinsische Proteine, 2). Die Verschiedenheit der Biomembranen
beruht in erster Linie auf der Verschiedenheit der Membranproteine.
(nach Singer und Nicolson, 1972)

Löst man die Membran mit einem Mizellen bildenden Detergenz
völlig auf und studiert nach Entfernung des Detergenz die Rekonstitution der Membran, so findet man, daß sich die intrinsischen
Proteine *zufallsmäßig* einfügen. Im Gegensatz zur strikten Asym-
metrie der Originalmembran ist die Rekonstitutionsmembran
symmetrisch gebaut. Die einfache self assembly-Hypothese reicht
somit für eine Erklärung der Membranbildung in der Zelle nicht
aus. Es muß bei der Bildung der Biomembranen noch ein Mechanismus wirksam sein, der dafür sorgt, daß die Proteine streng
orientiert in die Lipid-Doppelschicht eingefügt werden, z. B. stets
von einer Seite her eingeschleust werden. Es scheint, daß bereits
bei der Bildung der Biomembranen die Grenzen des self assembly
sichtbar werden.

2.10.3 Gesteuerte Organisation

Das Gegenteil von 'Selbstorganisation' (self assembly) ist 'gesteuerte
Organisation' (directed assembly). Als Beispiel wählen wir wieder

das TMV (Abb. 27), und zwar die Bildung der Proteinuntereinheiten (UE) des Hüllproteins. Jede der 2140 identischen UE besteht aus 158 Aminosäuren, die sich nicht zufallsmäßig im Rahmen einer Gleichgewichtsaggregation miteinander verbinden, sondern in einer bestimmten Sequenz zu einer ganz bestimmten Polypeptidkette zusammengefügt werden (gesteuerte Bildung der Primärstruktur). Die für die spezifische Primärstruktur der UE benötigte zusätzliche Information liegt als genetische Information in der Nucleotidsequenz der Virus-RNA. Die richtige Primärstruktur der UE ist die Voraussetzung für das self assembly der TMV-Partikel.

Es gilt folgende Generalisierung: Auch dort, wo es zu einer Selbstorganisation biologischer Strukturen kommt, beruht die Bildung der Bausteine auf einer gesteuerten Organisation unter der Direktive genetischer Information. Die Bildung der Bausteine ist in der Tat ein viel anspruchsvollerer Prozeß als das self assembly der Bausteine. Diese Einsicht gilt auch für die Assoziation von Zellen zu Organismen und für die Assoziation höherer Lebewesen zu Sozietäten. Wir illustrieren diesen wichtigen Sachverhalt an zwei Beispielen.

2.10.4 Dictyostelium discoideum (Abb. 33)

Die Art *Dictyostelium discoideum* gehört zu den 'kollektiven Amoeben' (Acrasina). Der Entwicklungsgang läßt sich in zwei Phasen gliedern: die Vermehrungsphase und die morphogenetische Phase. Die Vermehrungsphase beginnt mit der Sporenkeimung, wobei aus einer Spore jeweils eine Amoebe frei wird. Die Amoeben phagocytieren in erster Linie Bakterien und vermehren sich durch Zweiteilung (Vermehrungsphase). Eine Verknappung der Nahrung führt zu einer 'Umstimmung' der Zellen: die morphogenetische Phase setzt ein. Dies äußert sich in erster Linie darin, daß die Amoeben die Fähigkeit erwerben, sich miteinander zu verbinden und in strangförmigen Verbänden zu Sammelzentren zu wandern (Aggregation). Dort bildet sich aus dem Zellhaufen ein heteropolar gebauter Körper, der Conus. Er kann sich direkt in einen Sporenträger ("Fruchtkörper") umwandeln. Die übliche Alternative ist, daß sich der Conus zunächst dem Substrat auflegt und mit der Spitze voran wandert. Während dieser Migrationsphase reagiert

er positiv phototaktisch und thermotaktisch, eine Fähigkeit, die
den Einzelamoeben völlig abgeht. Entwicklungsphysiologische
Arbeiten haben gezeigt, daß während der Migrationsphase die
präsumptiven Stielzellen in der Spitzenregion des Conus, die
präsumptiven Sporen im Basalabschnitt und die präsumptiven
Fußscheibenzellen in der äußersten Basalregion bereits labil deter-

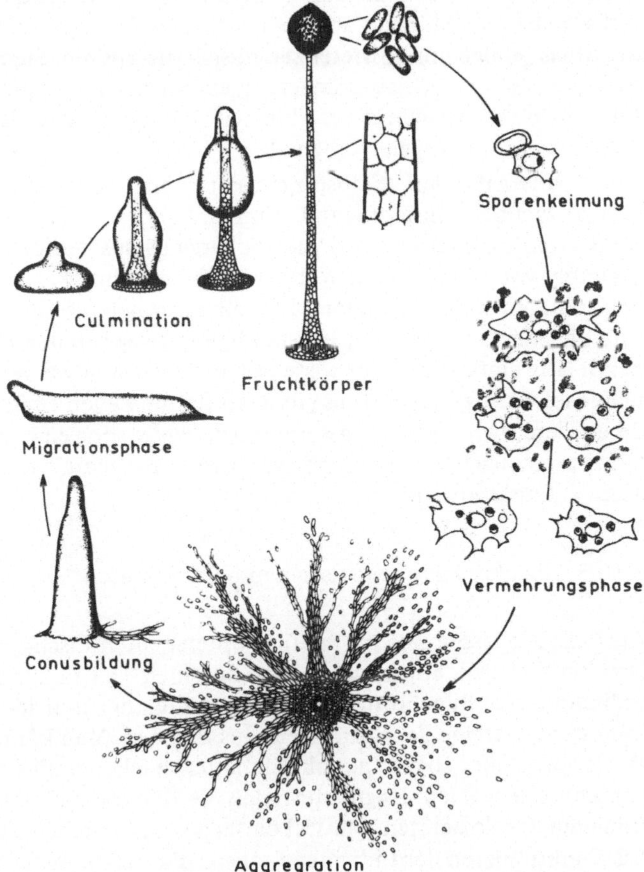

Abb. 33 Stadien aus dem Entwicklungszyklus (= Ontogenie) von *Dictyostelium
discoideum*. Im rechten Bildteil ist die Vergrößerung wesentlich
stärker gewählt als links und in der Mitte. Zum Vergleich: Der Fruchtkörper ist einige mm, die Sporen sind etwa 50 μm lang. (nach Gerisch,
1964)

miniert sind. Die Ausformung des Sporenträgers (Culmination) beginnt mit einer starken Verkürzung des Conus. Darauf folgt die Bildung des Stiels, eines zentralen, von der Spitze des Conus bis zum Substrat reichenden Stranges. Der Stiel wird nach außen von der aus Cellulose bestehenden Stielscheide abgegrenzt. Während er an seiner Spitze durch den Einbau weiterer Zellen fortlaufend verlängert wird, hebt sich die äußere Zellmasse mit Ausnahme der Fußscheibe vom Substrat ab. Noch während der Verlängerung des Stiels (einige mm) differenzieren sich die Sporen. Sie bilden nach Abschluß der Stielverlängerung ein terminales Köpfchen. Im Prinzip vermag jede Spore eine neue Ontogenie einzuleiten, die Stielzellen hingegen sterben ab.

Die für unser Problem (Selbstorganisation oder gesteuerte Organisation) wichtige Einsicht lautet: Im Fall von *Dictyostelium* entsteht offensichtlich so etwas wie ein 'Organismus' aus dem self assembly von Einzelzellen! Während die Bausteine, die ursprünglich solitären Amöben, äußerst komplizierte Gebilde darstellen, sind die 'Mechanismen' der Verständigung zwischen den Bausteinen relativ einfach und der wissenschaftlichen Analyse verhältnismäßig leicht zugänglich. Dies gilt auch für die Zellen einiger niederer Tiere, z. B. des Süßwasserpolypen Hydra, obgleich diese Organismen nach anderen Kriterien bereits als 'echte' vielzellige Tiere aufzufassen sind.

2.10.5 Gleichgewichtsassoziationen bei Sozietäten

Als Beispiele lassen sich die vielfach untersuchten Fisch- oder Delphin-'Schulen' anführen, die sich durch eine auffällige Koordination und Synchronisation im Verhalten der Individuen (also der Bausteine der Sozietäten) auszeichnen. Man könnte als Beispiele aber ebenso gut ein Elefantenrudel oder eine Schimpansenhorde wählen. Es gilt stets, daß die Bildung und das Funktionieren der Sozietäten sehr viel einfacher zu verstehen ist als das Funktionieren der Individuen, die als Bausteine in die Sozietät eingehen.

Dies hängt damit zusammen, daß beim Aufbau des vielzelligen Systems (*Dictyostelium*) bzw. bei der Bildung der Sozietät (Schimpansenhorde) keine erhebliche Information in die Lagebeziehung

der Bausteine investiert wird. Die Lagebeziehung bleibt deshalb
relativ labil und reversibel.

2.10.6 Höhere, vielzellige Organismen

Beim Aufbau der höheren vielzelligen Organismen, bei der Entstehung von Pflanzen, Tieren und Menschen, ist die Situation eine
völlig andere: Bei der Ontogenie der vielzelligen Organismen ist
die Lageinformation der Elemente von vornherein so wichtig, daß
von einem self assembly der Bausteine keine Rede mehr sein kann.
Von der ersten Zellteilung der Zygote an wird Lageinformation
investiert, die für den weiteren Differenzierungsweg und damit für
die spezifische Funktion der Zellen maßgebend bleibt (Abb. 34).

Die Lageinformation in biologischen Systemen wird bei der Bildung des Systems investiert. Dies ist das entscheidende Charakteristikum der 'Entwicklung'. Bereits beim Einbau der intrinsischen

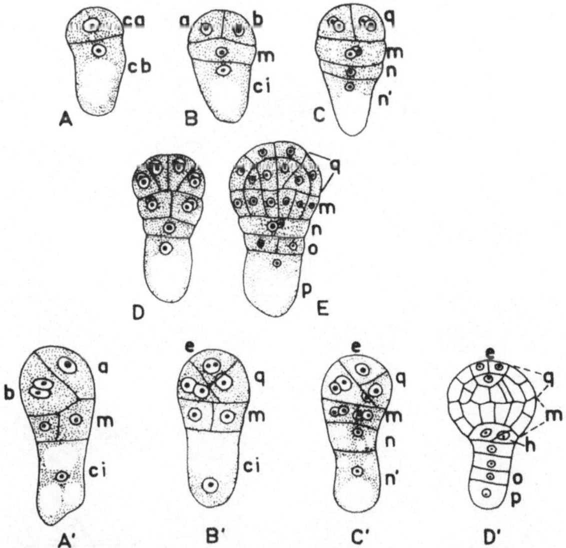

Abb. 34 Erste Stadien der Embryonalentwicklung bei Angiospermen. A–E,
Lactuca sativa; A′ – D′, *Geum urbanum*. Das Bild soll den Sachverhalt illustrieren, daß bereits die Embryonalentwicklung in jeder
Phase hochgeordnet und für die verschiedenen Arten spezifisch ab-
läuft. (nach Rutishauser, 1969)

Proteine in die Biomembranen wird Lageinformation investiert (s. oben). Eine Zelle oder ein vielzelliger Organismus ist erst recht nicht die Summe der sie aufbauenden Teile; sie sind vielmehr aufzufassen als die Summe plus die Lageinformation der Teile. Wird eine Zelle (oder eine Apfelsine oder ein Frosch) ohne Substanzverlust homogenisiert, so rekonstituiert keine Zelle (keine Apfelsine, kein Frosch), weil bei der Homogenisierung die Lageinformation vernichtet wurde. Die Bedeutung des self assembly bei der Bildung biologischer Strukturen ist also sehr begrenzt. In der Regel entstehen biologische Strukturen nicht durch das self assembly vorgeformter Bausteine, sondern durch 'Entwicklung', die gekennzeichnet ist durch eine genetisch gesteuerte, spezifische (d. h. nicht-zufallsmäßige) Anordnung von Bausteinen.

Die Zellen einer Pflanze können mit Hilfe geeigneter Enzympräparate, die die Zellwände auflösen, ohne Schaden auseinandergenom-

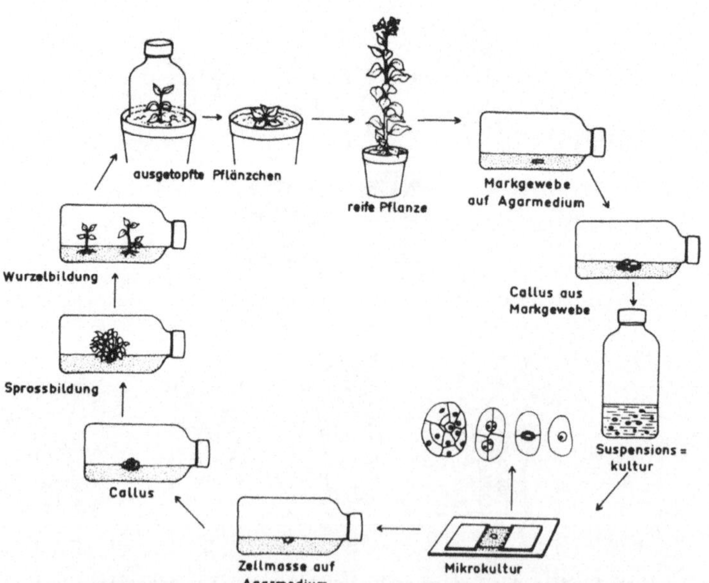

Abb. 35 Die Entwicklung einer normalen Tabakpflanze (Hybride aus *Nicotiana glutinosa* x *N. tabacum*) aus einer isolierten Einzelzelle. Als Ausgangsmaterial dient frisch entnommenes Markgewebe der Sproßachse (oben rechts). (nach Vasil und Hildebrandt, 1967)

men werden. Entfernt man die Enzyme, so regenerieren die Zellen wieder ihre Zellwände, aber es kommt (natürlich!) zu keiner Rekonstitution der Pflanze. Warum eigentlich nicht? – Beim Auseinandernehmen der Zellen wurde ihre Lageinformation vernichtet, und diese Lageinformation ist in der Zellsuspension nicht wieder zurückzugewinnen. Gelingt es hingegen, eine somatische Einzelzelle zur Regeneration zu bringen, so wird das gesamte, in der genetischen Information deponierte Entwicklungsprogramm wieder zugänglich (Abb. 35).

2.10.7 Technische Produkte

Technische Produkte lassen sich analog beschreiben. Das Freiburger Münster ist natürlich mehr als die Summe seiner Teile. Es unterscheidet sich von einem Haufen behauener Steine durch die Lageinformation seiner Bausteine. Diese für das Bauwerk bezeichnende Lageinformation der Teile ginge bei der Zerstörung des Münsters verloren, selbst wenn alle Bausteine erhalten blieben. Man könnte das Münster nur dann wieder aufbauen, wenn der Bauplan erhalten und noch zugänglich wäre.

Die Einsicht, auf die es ankommt, kann man natürlich auch an einfachen technischen Gebilden gewinnen, z. B. an einem System aus zwei Widerständen (R_1, R_2 in Abb. 36). Je nachdem, ob die Widerstände parallel oder hintereinander geschaltet sind, ergeben sich völlig andere Systemeigenschaften ('Gesetze'). Löst man die Schaltung der beiden Widerstände auf, so gehen die spezifischen Systemeigenschaften total verloren.

2.10.8 Konsequenzen

Im Fall des self assembly ('Gleichgewichtsassoziation der Bausteine.') ist das 'Ganze' nicht mehr als die 'Summe der Teile'. Es gibt in der Tat biologische Strukturen, die auf das self assembly vorgeformter Bausteine zurückgehen, z. B. die Selbstorganisation des 'Fruchtkörpers' von Dictyostelium. Bei den höheren vielzelligen Organismen spielt ein self assembly der Bausteine (Zellen) aller Wahrscheinlichkeit nach keine wesentliche Rolle. Ihre Entwicklung ist dadurch gekennzeichnet, daß die Bausteine bereits bei ihrer Entstehung

spezifisch, d. h. nicht-zufallsmäßig, relativ zueinander angeordnet werden. Die hierfür notwendige Information ist genetische
Information, die während der Entwicklung abrufbar ist. Ausgedrückt

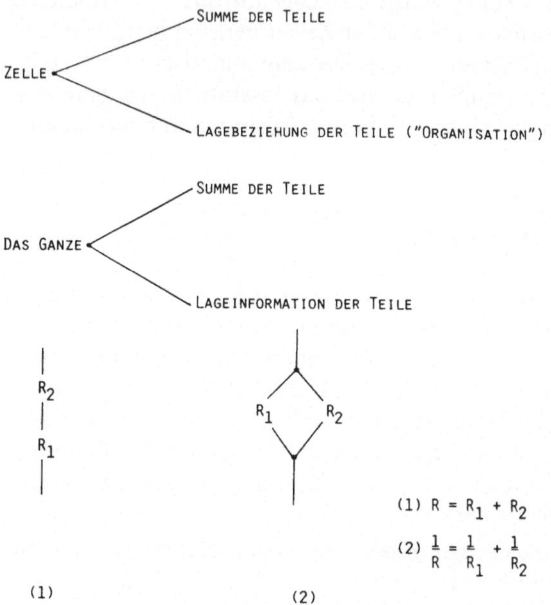

Abb. 36 Eine Zusammenfassung der wichtigsten Ergebnisse, die wir im zweiten Teil unserer Überlegungen gewonnen haben. Im Fall der *gesteuerten* Organisation ist das fertige 'Ganze' mehr als die 'Summe der
Teile', da die Information, die während der Entwicklung des 'Ganzen'
investiert wurde, als 'Lageinformation' hinzukommt. Bei biologischen
Systemen ist die 'Lageinformation' auf die genetische Information
zurückzuführen, bei technischen Systemen entstammt die 'Lageinformation' dem schöpferischen menschlichen Geist.

in der Computer-Sprache: die 'hardware' des Organismus sind die
Zellen; die 'software' ist das genetische Programm, das während
der Ontogenie befolgt wird und die spezifische Anordnung und
(damit einhergehend) die spezifische Differenzierung der Zellen
bestimmt.

Die alte (philosophische) Frage, ob das 'Ganze' mehr sei als die
'Summe der Teile' läßt also keine eindeutige Antwort zu. Es gibt
im Bereich des Lebendigen sowohl Selbstorganisation, wobei das

'Ganze' nicht mehr ist als die 'Summe der Teile'; es gibt aber auch
die gesteuerte Organisation, bei der die Teile unter der Direktive
genetischer Information in einer spezifischen, nicht-zufallsmäßigen
Weise angeordnet werden. Genetische Information ist kein spiritu-
elles Prinzip, sondern präsent als Nucleotidsequenz.

Weiterführende Literatur

B u t l e r, P. J. G.; K l u g, A. (1978): The assembly of a virus. Scientific
American, November 1978, p. 52

H o l m e s, K. G. (1976): Selbstorganisation biologischer Strukturen.
In: Verhandlungen der Gesellschaft Deutscher Naturforscher und Ärzte
1974, p. 31. Berlin–Heidelberg: Springer

K u h n, H. (1972): Selbstorganisation molekularer Systeme und die Evolution des genetischen Apparats. Angew. Chem. 84, 838

W i t t m a n n, H.-G. (1979): Ribosomen und Proteinsynthese. Opladen:
Westdeutscher Verlag

2.11 Modelle in der Biologie

In der Biologie kann man zumindest vier Sorten von Modellen
unterscheiden.

2.11.1 Anschauliche Modelle

Ähnlich wie in der Chemie dient auch in der Biologie die Modellbildung dem Ziel, sich Hypothesen und Theorien anschaulich zu
machen. Alle Monographien und Lehrbücher sind voll von solchen
Modellen (Abb. 4, 37). Jeder Biologiestudent kennt zum Beispiel
das Watson-Crick-Modell, das geeignet ist, die (äußerst komplizierte) Strukturtheorie der genetischen DNA zu veranschaulichen. Wie
Abb. 38 illustriert, wird ein und derselbe Sachverhalt von erheblich verschiedenen Modellen repräsentiert, je nachdem, welche
Absicht man mit der Modellbildung verfolgt. Den 3 Modellen der
genetischen DNA ist lediglich die Doppelhelix gemeinsam: Zwei
Ketten komplementärer Nucleotide winden sich um eine gemeinsame, gerade Achse. Dieser Aspekt des Modells, die gerade Achse,

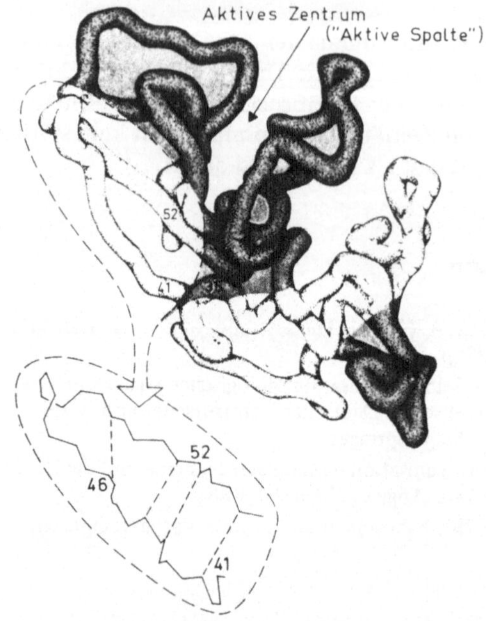

Abb. 37 Ein Strukturmodell des Lysozyms. Dieses globuläre Enzymprotein
katalysiert den Abbau von Polysaccharidkomponenten der Bakterien-
zellwand. Man findet es in vielen Körperflüssigkeiten, einschließlich
der Tränen. Lysozym ist somit eine körpereigene bakterizide Substanz. (a) Das Faltungsmuster der Polypeptidkette. Den ankommen-
den Substratmolekülen bietet das Enzym eine präzis definierte Ober-
flächenstruktur (dunkel gehaltene Bereiche). Die Bindung der Sub-
stratmoleküle erfolgt in der Region 'Aktives Zentrum'. (b) Ein Sektor
des Moleküls als Detailmodell, das die stabilisierenden, nicht-kovalen-
ten ('schwachen') Bindungen herausstellt.
Die Zahlen bezeichnen die Lage von Aminosäuren in der Primärstruktur (Aminosäuresequenz der Polypeptidkette). (nach Furth,
1980)

ist insofern irreführend, als man neuerdings gelernt hat, daß die
Achse der Doppelhelix oft nicht gerade, sondern gebogen ist. Die
Doppelhelix bildet im Raum eine Helix höherer Ordnung ('super-
coiling').

2.11.2 Materielle Analogiemodelle

Manche Biologen verwenden materielle Analogiemodelle, mit denen
man experimentieren kann. Sie repräsentieren gewisse Aspekte der

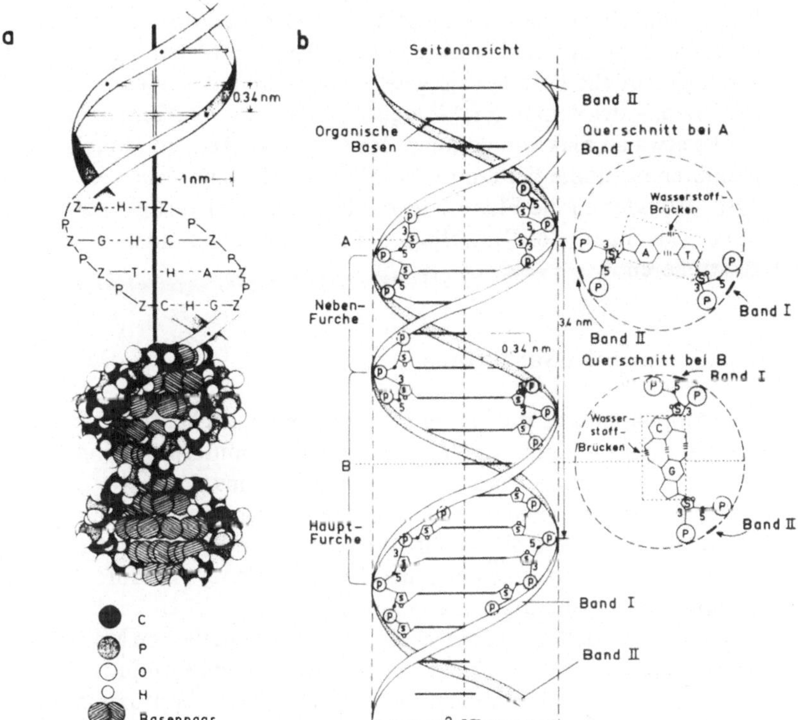

Abb. 38a und b

Die DNA als Repräsentant der aperiodischen, biologisch bedeutsamen Makro-
moleküle. Das Molekulargewicht der nativen DNA liegt in der Größenordnung
von 10^9 dalton. (a) Drei verschiedene Möglichkeiten, die Doppelhelix-Struk-
tur der DNA im Modell wiederzugeben. Oben: Die Bänder repräsentieren
die Phosphat-Zucker-Sequenz. Die Querbalken repräsentieren die Basenpaarung zwischen A und T bzw. G und C. Mitte: Die Bausteine werden durch
Buchstaben symbolisiert: P, Phosphat; Z, Desoxyribose; A, Adenin; T, Thymin; G, Guanin; C, Cytosin; H, Wasserstoff. Unten: Raumfüllendes Atom-
kalottenmodell (nach Swanson, 1960). (b) Eine präzise Wiedergabe des
Watson-Crick-Konzepts der DNA (hydratisierte "B"-Form des Moleküls).
Links: Das Molekül ist in Seitenansicht gezeichnet, als wäre es in einen durchsichtigen Zylinder mit einer zentralen Achse eingeschlossen (gestrichelte
Linien). Die Basenpaare (stark ausgezogene Linien) sind flache Moleküle,
die den zentralen Bereich des Zylinders einnehmen. Rechts: Querschnitte
durch das DNA-Molekül. Die Basenpaare sind durch Thymin (T) und Adenin
(A) (Querschnitt A) und durch Cytosin (C) und Guanin (G) (Querschnitt B)
repräsentiert. Die für die Basenpaarung essentiellen Wasserstoffbrücken sind
in dieser Aufsicht erkennbar. (nach Erkin, 1973)

biologischen Systeme, für die sich der betreffende Forscher interessiert. Die experimentellen Daten, die solche nicht-lebendigen Analogiemodelle liefern, sind gelegentlich für eine Verbesserung der Theorie des gemeinten biologischen Systems nützlich; man denke etwa an makromolekulare Modellsubstanzen, an Modellmembranen, an die berühmt gewordene Pfeffersche Zelle (→ Abb. 20) oder an die Flugmodelle, die Erich von Holst gebaut hat, um die Mechanik des Ruderflugs der langsam schlagenden Vögel zu studieren.

2.11.3 Computer-Simulierung

Eine Modellbildung, die erst in neuester Zeit an Bedeutung gewonnen hat, beruht darauf, daß man in einem Computerprogramm gewisse Eigenschaften eines biologischen Systems simuliert. 'Simulation' ist ein allgemeiner Begriff für den Vorgang, daß man Experimente an einem Modell ausführt statt am realen System. In der Biologie interessiert in erster Linie die Simulierung mit Hilfe des Computers. Die entsprechenden Modelle sind zwischen konkreten, materiellen Modellen und den abstrakten mathematischen Modellen angesiedelt. In praxi geht man so vor, daß in einem Computer Bedingungen eingestellt werden, die mit vernünftiger Approximation die relevanten Eigenschaften des biologischen Systems, das wir im Auge haben, beschreiben. Jetzt verwenden wir den Computer als black box (→ Seite 92): der Computer verarbeitet die input-Daten, die wir eingeben, in output-Information. Auf diese Weise gewinnen wir Information über das gemeinte biologische System — falls die Approximation einigermaßen zutreffend war. Als ein positives Beispiel kann die Computer-Simulierung jener Vorgänge angeführt werden, die bei der Glykolyse ablaufen. In diesem Fall ist die Simulierung bereits weit fortgeschritten.

Eine besondere Bedeutung dürfte der Computer-Simulierung in der Verhaltensforschung und in der Psychologie zukommen. Als Biologe geht man selbstverständlich davon aus, daß das Nervensystem die materielle Basis des Verhaltens und der psychisch-geistigen Leistungen darstellt. Es müßte also möglich sein, Verhaltensphysiologie und Psychologie auf Neurophysiologie zu 'reduzieren'. Dies bedeutet eine ungeheure, nahezu unlösbare Aufgabe, da viele

Begriffe der Psychologie (und Psychoanalyse) neu zu definieren
wären, und zwar in der Terminologie der Neurophysiologie. In
dieser Situation gewinnt die Computer-Simulierung einiger wesent-
licher Funktionen der Nervensysteme (das menschliche Gehirn eingeschlossen) an Bedeutung.

Man muß aber auch auf die Grenzen der Simulierung hinweisen!
Wie leicht kann jemand irregeführt werden, wenn man sagt, das
Gehirn arbeite nach dem Prinzip einer elektronischen Rechenmaschine. Eine solche Aussage verführt leicht zu der irrigen Meinung,
man hätte den Mechanismus eines Vorgangs verstanden, wenn man
den betreffenden Vorgang quantitativ simulieren kann. Natürlich
weiß jeder Biologe, daß die zelluläre, molekulare und submoleku-
lare Basis der Gehirnfunktion völlig anders aufzufassen ist als die
entsprechenden mechanischen und elektronischen Details der
Rechenmaschine. Es handelt sich also bei dem Computerprogramm
um ein Analogmodell, dessen Aussagekraft begrenzt ist. Die Simulierung bezieht sich nur auf die Verschaltung der Elemente, nicht
auf ihre materielle Natur oder gar auf ihre Genese.

2.11.4 Mathematische Modelle

Mathematische Modelle gelten mit Recht auch in der Biologie als
die 'schönsten' Modelle. Die für uns wichtige Frage lautet, wie man
im Prinzip zu mathematischen Modellen gelangt und wie zuverlässig sie sind.
Wir gehen aus von einem biologischen Problem, z. B. aus der Be-
völkerungsdynamik oder der Epidemiologie (Lehre von den Krank-
heitswellen). Wir stünden beispielsweise vor der Aufgabe, Aussagen
über die voraussichtliche Wirkung einer Impfaktion zu machen.
Natürlich kommt eine experimentelle Lösung des Problems (Abb.
39, linke Seite) nicht in Frage, da man eine Impfaktion an Menschen
mit all ihren Risiken nicht einfach einmal probeweise durchführen
kann.
Es gibt auch viele Probleme, bei denen eine experimentelle Lösung
zwar möglich, aber viel zu aufwendig und teuer wäre (z. B. kann
man nicht Tausende von Erdsatelliten probeweise ins All schießen,
um aus ihrem Versagen zu lernen, oder einfach abwarten, wie sich
ein Geburtenrückgang auf die Rentenzahlung auswirken wird). In

solchen Fällen ist man gezwungen, den Umweg über den Mathema-
tikbereich zu wählen: durch eine Modellbildung führen wir (im
Sinn der Abb. 39) das praktische Problem auf ein mathematisches

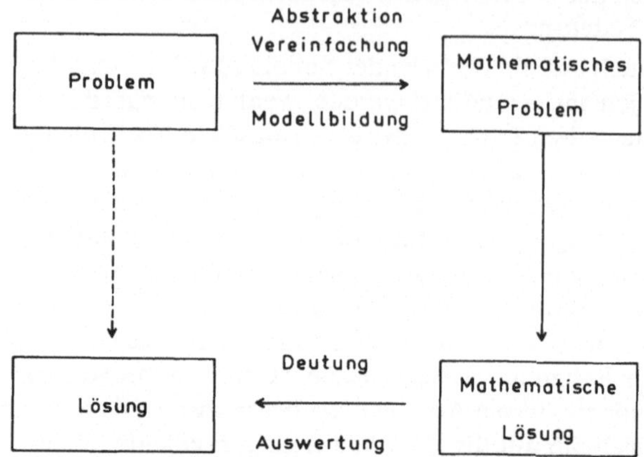

Abb. 39 Der 'Anwendungsbogen' bei der Problemlösung mit Hilfe mathematischer Modelle. Auf der linken Seite des Schemas befinden wir uns
in einem Anwendungsgebiet, auf der rechten Seite ist der Mathematik-
bereich dargestellt. Der Ausgangspunkt des 'Anwendungsbogens'
ist ein *Problem* aus dem Anwendungsgebiet. (nach einem Vortrag
von K. Nickel)

Problem zurück. Bei dieser Modellbildung sind Abstraktionen und
Vereinfachungen unvermeidlich, so daß das mathematische Problem
nur noch bedingt mit dem ursprünglichen Problem etwas zu tun
hat. Die 'Kunst der Modellbildung' besteht darin, möglichst alle
wichtigen Aspekte des ursprünglichen Problems in das mathematische Problem überzuführen! Insofern ist die 'richtige' Modellbildung der eigentlich kreative und verantwortungsvolle Schritt. Ist
dieser Schritt getan, befinden wir uns im gesicherten Bereich der
Mathematik. Mit Hilfe einer (hoffentlich) gut ausgebauten und
entwickelten Theorie führen wir das mathematische Problem einer
Lösung zu. Diese Lösung besteht in Formeln, Funktionen, Algorithmen, Abbildungen ---. Die richtige Deutung und Auswertung dieser Formeln u.s.w. stellt nun wieder höchste Anforderungen an
den biologischen Sachverstand. Gelingt die Auswertung, dann können wir Aussagen darüber machen, wie die Lösung des ursprünglichen
Problems aussieht.

Die Vorteile der mathematischen Modellbildung, dieses Umwegs
über die Mathematik, sind offensichtlich: der Umweg ist häufig
sehr viel billiger; er vermeidet die Gefahren riskanter Experimente
am Menschen oder in Ökosystemen; er ist häufig der einzig gang-
bare Weg, zum Beispiel in der Populationsgenetik (→ Seite 59);
er gestattet, auch andere Daten (die zunächst gar nicht zum
'Problem' gehören) durchzudiskutieren und damit die Aussagekraft
der 'Lösung' zu erhöhen.

Weiterführende Literatur

B a u e r, W. R.; C r i c k, F.H.C.; W h i t e, J.H. (1980): Supercoild DNA.
Scientific American, July 1980, p. 100

H a l b a c h, U. (1974): Modelle in der Biologie. Naturwiss. Rdsch. 27, 3

M o t h e s, K. (Hrsg.) (1968): Biologische Modelle. Nova Acta Leopoldina,
Nummer 184, Band 33. Halle: Deutsche Akademie der Naturforscher Leopoldina (1972)

N a c h t i g a l l, W. (1978): Einführung in biologisches Denken und Arbeiten.
Heidelberg: Quelle und Meyer

N ö b a u e r, W.; T i m i s c h l, W. (1979): Mathematische Modelle in der
Biologie. Braunschweig: Vieweg

S c h a e f e r, G.; T r o m m e r, G.; W e n k, K. (Hrsg.) (1977) Denken in
Modellen. Braunschweig: Westermann

3 Reichweite biologischer Erkenntnis

3.1 Vom Bildungswert der Biologie

Es ist umstritten — auch unter Biologen —, ob wissenschaftliche Erkenntnis über die belebte Natur die ästhetische Natursicht fördert oder beeinträchtigt. Gelegentlich überwiegen die skeptischen Stimmen.

Verkümmert beim Wissenschaftler tatsächlich das Vermögen, die Natur als Quelle künstlerischer Inspiration zu genießen? Verfehlt der Phylogenetiker das Ästhetische in der Evolution der Pflanzen? Versperrt sich der Molekularbiologe den Zugang zu der Schönheit der Form?

Mein eigenes Naturerleben und viele Gespräche mit Kollegen haben mich davon überzeugt, daß diese Ängste unbegründet sind. Wem ein Grundverständnis für die ästhetischen Werte der belebten Natur eigen ist, der kann vielmehr damit rechnen, daß sich bei seiner wissenschaftlichen Arbeit aus diesem Grundverständnis heraus ein ästhetisches Bedürfnis entwickeln wird! Dies gilt nicht nur für die Strukturwissenschaften, deren ästhetische Dimension unmittelbar einsichtig ist; auch die Funktionsmodelle und Theorien der Physiologie besitzen für den Kenner einen hohen ästhetischen Eigenwert.

Auch die Behauptung, beim wissenschaftlichen Tun verliere der analytische Geist das Vermögen, sich naiv zu wundern und sich unreflektiert zu freuen, ist nach meinen Erfahrungen unwahr. Es gibt auch gar keinen *objektiven* Grund, weshalb wir von einer solchen Degeneration bedroht sein sollten. Warum sollte sich meine Liebe zu den Pflanzen verlieren, wenn sich meine Einsichten in die molekularen Grundlagen ihrer Entwicklung vermehren? Warum sollte mich die Überzeugung, daß die Lebewesen im Zuge einer biologischen ('darwinistischen') Evolution entstanden sind, daran hindern, mich immer neu an den 'Wundern des Lebens' zu erfreuen?

Ich habe vielfach mein Bedauern darüber geäußert, daß bislang der Beitrag der Biologie zur ästhetischen Erziehung ebensowenig dem allgemeinen Bewußtsein nahegebracht werden konnte wie der Beitrag, den die Biologie zum wissenschaftlichen Welt- und

Menschenbild leistet. Wir stehen in unserer Bildungslandschaft vor einem weiten, verkrusteten Feld von Vorurteilen, das sich derzeit wohl kaum aufbrechen und neu bestellen läßt. Der Bildungswert der Biologie wird von unseren Medien und von den allgemeinbildenden Institutionen weit unterschätzt. Wir können dies nur beklagen, aber derzeit schwerlich ändern. Meine Resignation rührt daher, daß bereits viele, auch gescheite Versuche, auf eine Änderung hinzuwirken, fehlgeschlagen sind.

Weiterführende Literatur

L i t t, Th. (1952): Naturwissenschaft und Menschenbildung. Heidelberg: Quelle und Meyer

M o h r, H. (1965): Naturwissenschaft und Bildung. Freiburger Universitätsblätter, Heft 8, Mai 1965.

M o h r, H. (1973): Über die Bedeutung der Naturwissenschaften für die Kultur unserer Zeit: Nova Acta Leopoldina, Neue Folge, Nr. 209, Band 37/2, 3. Aufl.

S n o w, C. P. (1964): The Two Cultures and A Second Look. London: Cambridge University Press.

3.2 Erkenntnis und Problemlösung

Was erwarten unsere Mitmenschen von der Wissenschaft?

Das Ziel der Wissenschaft ist 'Erkenntnis', zuverlässiges, gesichertes Wissen; Wissen, das präzise Erklärung und zuverlässige Prognose erlaubt. Wissen, auf das man sich beim Umgang mit der Welt, bei der Lösung von Problemen, verlassen kann. Läßt sich Erkenntnis als Zielsetzung und läßt sich Erkenntnisgewinnung als Inhalt der Forschung rechtfertigen? Ohne Zweifel!

Erkenntnis ist in der Welt, in der wir leben, die Grundlage für erfolgreiche Problemlösung. Zwar gibt es zwei Kategorien von Problemen in der Wissenschaft: Einmal endogene, von der Theorie gestellte Probleme – mit ihnen befaßt sich die Grundlagenforschung –, und zum anderen exogene, von der Praxis gestellte Probleme – sie werden im Rahmen von Projektforschung bearbeitet. Der modus procedendi der Forschung ist jedoch unabhängig von der Natur des Problems. Ein Problem ist dann *wissenschaftlich* gelöst, wenn wir es 'kausal beherrschen'. Damit meint man, daß das Problem sich in kausal erklärende Sätze aufgelöst hat.

Damit ist an die Stelle des Problems 'Erkenntnis' getreten. Und damit ist der Weg für eine rationale 'praktische Problemlösung' offen. Und darauf kommt es — mit Recht — den meisten Menschen an.

Um es zu wiederholen (→ Seite 18):

Was die Menschen von der Wissenschaft wollen und erwarten, ist nicht primär Erkenntnis, sondern die Lösung existentieller Probleme, konkret: Wohlstand und Freiheit — ein bequemes Dasein, Sicherheit, einen hohen Lebensstandard, Freiheit von Hunger, Befreiung von harter Arbeit, Befreiung von Krankheit, von Not, von ständiger Angst und Bedrohung. Sie teilen die Meinung von Bertolt Brecht, der seinem Galilei die Worte in den Mund legte: "Ich halte dafür, daß das einzige Ziel der Wissenschaft darin besteht, die Mühseligkeit der menschlichen Existenz zu erleichtern".

3.2.1 Kompetenz

Das Vertrauen der Menschen in die Wissenschaft gründet sich auf den überlegenen Sachverstand der Wissenschaftler auf dem Fachgebiet, für das sie jeweils zuständig sind. Diesen besonderen Sachverstand nennt man 'wissenschaftliche Kompetenz'. Seitdem es Wissenschaft im modernen Sinn gibt, tritt uns wissenschaftliche Kompetenz in zwei Formen entgegen, nämlich als primäre und als sekundäre Kompetenz. Manche nennen es auch 'Kompetenz aus erster Hand' und 'Kompetenz aus zweiter Hand'. 'Primär kompetent' sind Wissenschaftler auf jenen in der Regel eng begrenzten Gebieten, auf denen sie Messungen ausführen, Primärdaten (singuläre Sätze, 'Tatsachen') erarbeiten und diese hypothetisch interpretieren. 'Sekundär kompetent' nennt man hingegen jene Wissenschaftler, die 'Tatsachen' und Hypothesen (nach sorgfältiger Prüfung ihrer Genese) weiter verwenden, sei es für die Formulierung größerer Zusammenhänge, sei es bei der Lösung theoretischer oder praktischer Probleme. Natürlich darf man diese Unterscheidung nicht allzu ernst nehmen: die Übergänge sind fließend, und manche Wissenschaftler vereinigen in einer Person eine solide primäre mit einer umfassenden sekundären Kompetenz.

Die derzeitige Organisation der Wissenschaft begünstigt die primäre
Kompetenz, z. B. bei der Verteilung von Prestige und Anerkennung.
Es ist aber leicht einzusehen, daß eine gesunde Wissenschaftsstruk-
tur auf ein ausgewogenes Gleichgewicht von primärer und sekundärer Kompetenz angewiesen ist. Würde man in der Wissenschaft
nur die primäre Kompetenz ernst nehmen und entsprechend fördern, so bildeten die scientific communities eine additive An-
sammlung von Leuten, die sich jeweils nur auf einem schmalen
Sektor als kompetent erweisen und ängstlich darauf bedacht sind,
das Risiko einer Querverbindung zu anderen Sektoren oder gar zu
praktischen Problemen zu vermeiden. In der rüden Sprache der
60er Jahre wurde für diese Karikatur eines Wissenschaftlers das
Wort 'Fachidiot' verwendet. Bestünde die Wissenschaft, bestünden
die scientific communities aus Fachidioten, so gäbe es keine Integration, keine umfassenden Konzepte, keine Lehrbücher, keine
Vorlesungen. Die wissenschaftliche 'Lehre' bestünde aus For-
schungsvorträgen von Spezialisten für Spezialisten derselben Inte-
ressenlage und Primärkompetenz.

Mit Recht wurde in den 60er Jahren auch von studentischer Seite
gefordert, daß Professoren der Sekundärkompetenz ein stärkeres
Gewicht geben müßten, und sei es auf Kosten der Primärkompetenz. Das Schlagwort: 'Weg mit den Fachidioten, her mit den Generalisten' war seinerzeit in aller Munde, weil man — wiederum mit
Recht, wie ich glaube — davon ausging, daß die Lösung der anste-
henden, nicht länger abweisbaren praktischen Probleme unserer
Zeit ein hohes Maß an sekundärer Kompetenz, also den 'kompetenten Generalisten', voraussetzt.

So wichtig und vordringlich uns die Steigerung von Sekundärkompetenz auch erscheinen mag, die scientific communities bestehen
(m. E. mit guten Gründen) darauf, daß sekundäre Kompetenz in
aller Regel nur jemandem zugestanden wird, der auf einem an-
spruchsvollen Gebiet der Forschung seine primäre Kompetenz
überzeugend bewiesen hat. Bis vor wenigen Jahren wurde man beispielsweise in Deutschland nur dann Professor, wenn einem die
Fachwelt ein hohes Maß an Primärkompetenz bestätigte. Sekundärkompetenz, z. B. als Lehrbuchautor, war zwar erwünscht, wurde
aber grundsätzlich nicht als hinreichender Grund für die Verleihung
eines Ordinariats angesehen. Hatte jemand den Status eines ordent-

lichen Professors erreicht, dann wurde ebenso selbstverständlich
ein hohes Maß an Sekundärkompetenz erwartet, zum Beispiel
sollte der Professor in der Lage sein, ein ganzes Fachgebiet "in der
Lehre kompetent zu vertreten".

Der Erwerb und der beständige Ausbau von Sekundärkompetenz
ist schwierig und ungemein anstrengend, weil der Wissenschaftler
bemüht sein muß, gleichzeitig seinen Status als primär kompeten-
ter Fachmann aufrecht zu erhalten. Wirkliches Gewicht hat sekundäre Kompetenz nur solange, wie der Wissenschaftler immer wieder
unter Beweis stellt, daß er auf seinem eigentlichen Fachgebiet noch
mithalten kann und entsprechend respektiert wird.

3.2.2 Problemlösung

Neben die Primär- und Sekundärforschung tritt die 'Problemlösung'
als dritte Aufgabe des Wissenschaftlers. Problemlösung erfordert
dreierlei:

1. Zuverlässige singuläre oder generelle Sätze, also 'Erkenntnis'.
   Erkenntnisgewinnung ist die Aufgabe der primär und sekundär
   kompetenten Experten.
2. Aufarbeitung der relevanten 'Erkenntnis' zu solchen Aussagen,
   die für die Problemlösung tatsächlich brauchbar sind. Dies ist
   die Aufgabe von Leuten, die mit der relativen 'Erkenntnis'
   und mit dem zur Diskussion stehenden Problem voll vertraut
   sind. Für die Problemlösung in praxi brauchbare Sätze haben
   in der Regel die Struktur von 'Wenn-dann-Sätzen', z. B.: Wenn
   man das Ziel x erreichen will, muß man die Maßnahmen y treffen. Ob es wünschenswert oder gerecht ist, das Ziel x anzuvi-
   sieren, ist in den 'Wenn-dann-Sätzen' nicht impliziert. Dies ist
   Sache der nächsten Stufe, der Entscheidungsfindung. Solange
   wir in einer pluralistischen Gemeinschaft leben, werden die
   Ziele im Streite liegen. Deshalb werden Entscheidungen in der
   Regel Kompromisse darstellen.
3. Entscheidungen: Wer die Entscheidungen trifft, ist durch Verfassung, Recht und Gesetz geregelt. Auf der 3. Stufe hat in
   einer Demokratie der Wissenschaftler keine anderen Rechte
   und Pflichten als jeder andere mündige Staatsbürger. Unsere
   Verfassung sieht glücklicherweise weder eine Expertokratie

noch eine Technokratie vor. Die Funktion des Wissenschaftlers, auch die beratende Funktion bei der Arbeit von Entscheidungsgremien, beschränkt sich auf die Stufen 1 und 2.

Die derzeit wild ausufernde Debatte über die Bedeutung des Wissenschaftlers bei Problemlösungen sollte sich streng auf die Stufe 2 beschränken. Auf dieser Stufe sind für den Wissenschaftler drei moralische Prinzipien maßgebend. Sie müssen unbedingt befolgt werden, weil sonst eine rationale Problemlösung nicht möglich ist und der Gemeinschaft unermeßlicher Schaden entstehen kann.

a. Kein Informationsabweis!

b. Symmetrisch argumentieren!

c. Den rationalen Dialog unbeirrt befolgen!

Kein Informationsabweis bedeutet, daß ich sachlich richtige Information der Stufe 1 zu akzeptieren habe, unabhängig davon, ob sie in mein vorgeprägtes, z. B. politisch-ideologisch vorgeprägtes Überzeugungsmuster paßt oder nicht. ("nichts unter den Teppich kehren, alles auf den Tisch")

Symmetrisches Argumentieren bedeutet, daß ich die Alternative zu der von mir für richtig gehaltenen Konjektur mit demselben Ernst und mit derselben Sorgfalt auf ihre mögliche Bedeutung und Richtigkeit hin prüfe. Angewendet auf das Problem der Mineraldüngung: Die Frage lautet nicht nur 'Welche unerwünschten Regreßerscheinungen können möglicherweise auftreten, wenn wir Mineraldünger einsetzen', sondern ebenso 'Was wird mit unserer (oder der 3. Welt) Nahrungsversorgung voraussichtlich passieren, wenn wir (oder die ganze westliche Welt) aus Überzeugung oder aus Energiemangel auf den Einsatz von Mineraldünger verzichteten?' Es kommt also in der Wissenschaft, ebenso wie im täglichen Leben, auf die Gesamtbilanz an, und deshalb müssen wir auch die Alternativen prüfen.

Rationaler Dialog bedeutet, daß keine Frage 'ausgeklammert' oder vernebelt werden darf, weil man von ihr Schwierigkeiten befürchtet. Das Bekenntnis zum rationalen Dialog bedeutet den Verzicht auf bewußte Manipulation, auf absichtlich demagogische Formulierungen, auf Zwecklügen und auf Irrationalität. Mit 'Irrationalität' meine ich in unserem Zusammenhang das Insistieren auf der Behauptung, man könne mehrere Dinge gleichzeitig haben, die man — wie der rationale Dialog zeigt — eben nicht zusammen ha-

ben kann, z. B. eine ausreichende Versorgung mit Nahrung beim
Verzicht auf Mineraldünger.

3.2.3 'Experten' ohne Kompetenz

Ein besonders schwieriges Problem hat sich neuerdings insofern
entwickelt, als sich Personen und Institutionen ohne hinreichende
Primär- oder Sekundärkompetenz selbst zu Experten ernennen.
Dies gilt besonders für den Energiesektor, aber neuerdings auch
für den Umweltschutz oder beim alternativen Landbau. Die Öffentlichkeit und auch die Politiker sehen sich mit einem allmählich unentwirrbaren Wildwuchs an Meinungsäußerungen konfrontiert; die Propagierung des jeweiligen Vorurteils überspielt allmählich die wissenschaftliche Kompetenz. Dies gefährdet die
rationale Formulierung und Lösung von Problemen und erhöht
das Ausmaß an Irrationalität auch bei wichtigen Entscheidungen.
Bei der Debatte um die Kernenergie sind die Mißstände besonders
offensichtlich, im Grunde aber sind alle wichtigen Entscheidungen,
die unsere Zeit verlangt, durch ein Übermaß an Irrationalität und
durch ein Zuwenig an Kompetenz und Expertise gekennzeichnet.

3.2.4 Das Risiko des Generalisten

Der Wissenschaftler geht, wenn er sich 'sekundär kompetent'
äußert, stets das Risiko ein, daß ihn der jeweils primär kompe-
tente Fachmann eines Besseren belehrt, unter Umständen coram
publico. Dies ist ein gutes, unerläßliches Regulativ, zumal dann,
wenn die Korrektur nicht polemisch und herabwürdigend, sondern im Geist der Wissenschaft und im Interesse des fraglichen
Sachverhalts geschieht.

Die Autoren umfassender Lehrbücher pflegen das ihnen natürlich
bekannte Risiko im Vorwort ihrer Bücher etwa in folgender Weise zum Ausdruck zu bringen: "Vermutlich ist das vorliegende
Buch nicht frei von Fehlern. Es ist heutzutage nicht leicht für
einen einzelnen, das Gesamtgebiet der Pflanzenphysiologie zu
überblicken. Deshalb ist zu erwarten, daß die jeweils primär kompetenten Fachleute mit den einzelnen Kapiteln unzufrieden sein
werden. Die Vorteile, die eine Darstellung des Gesamtgebiets

aus einer Hand mit sich bringt, überwiegen jedoch – so scheint
es dem Autor – die kaum vermeidbaren Defekte".

3.2.5 Grundlagenforschung und Problemlösung

Ein Blick zurück auf die 20er Jahre: Die Zahl der deutschen Forscher war damals viel kleiner, nach Maier-Leibnitz vielleicht zehn-
mal kleiner als heute. Aber die Forschung war damals nicht schwach,
sondern erstaunlich effektiv: es gab relativ mehr Erfolge, es gab
mehr überragende Leistungen als heute.

1. *Frage*: Warum kam die Forschung damals mit weniger Menschen
aus und mit einem Bruchteil der Mittel?

Es gibt keine einfache Antwort auf diese Frage. Klar ist auf den
ersten Blick lediglich, daß die Zahl der Forscher und der Aufwand
für Forschung nicht die einzigen und nicht einmal die wesentlichen
Kriterien für den Erfolg sind, für Erkenntnisprogreß. Die entscheidenden Faktoren sind von anderer Art. Der eine entscheidende
Faktor ist die Besessenheit des Wissenschaftlers von seinem Gegenstand. Der andere entscheidende Faktor ist die Freiheit und Autonomie der überragenden Forscherpersönlichkeit. Forschung ist und
bleibt elitär. Der Impetus der Besten bestimmt Richtung und Ziel
erfolgreicher Forschung. Die Geschäftigkeit und Geschwätzigkeit
von Gremien ist kein Ersatz für die gescheite Idee, für die schöpferi-
sche Leistung des Forschers (→ Seite 82).

Freilich schafft die unabdingbare Team-Arbeit, die Gruppenfor-
schung, Probleme besonderer Art. Die überzeugende – und damit
erfolgreiche – Lösung dieser Probleme verlangt Führungskraft. Ungebrochene Schöpferkraft und Führungskraft sind die Voraussetzungen erfolgreicher Forschung, auch in der heutigen Zeit. Fehlen
diese Komponenten, so ist die Forschung ihr Geld nicht wert.
Natürlich sind dies keine neuen Einsichten.

In einem bemerkenswerten Buch ('Scientific Productivity'), das
Frank Andrews kürzlich herausgegeben hat und das Untersuchungen
in 6 europäischen Ländern vergleichend analysiert, sind diese
Erfahrungen eindrucksvoll dokumentiert: 'Quality of leadership'
und 'group climate' spielen demnach allenthalben eine entscheidende Rolle in der Forschung.

Zum Glück betont das Andrews'sche Buch auch die Grenzen, die selbst der hervorragenden Persönlichkeit in der Forschung gesetzt sind. Die Wissenschaftssoziologen, die zu dem Buch beigetragen haben, fanden heraus — was jeder erfolgreiche Teamleiter ohnehin weiß —, daß jenseits einer gewissen Größe die Gruppendynamik sich als kontra-produktiv erweist. Die neuen Untersuchungen bestätigen die alte Faustregel, daß die Effektivität einer Forschergruppe bis zur Größe von etwa 5 Wissenschaftlern ansteigt und dann abfällt. 'Big Science' in der Grundlagenforschung hat auch dann einen hohen Preis, wenn man Teamarbeit nicht dahin mißversteht, daß der Vorletzte das Tempo bestimmt.

2. *Frage*: Läßt sich Grundlagenforschung vernünftig von außen steuern?

Der Arbeitskreis 'Alternativen in der Wissenschaft' des Starnberger Max-Planck-Instituts hat diese Frage neuerdings wieder aktualisiert. Allen Ernstes wurde vorgeschlagen, daß eine Außensteuerung der Grundlagenforschung angemessen sei, sobald eine Disziplin in das theoretische Reifestadium eingetreten sei. Die inhaltliche Steuerung der Forschung, die Ausrichtung nach externen gesellschaftlichen Zwecken, sei nun legitim. — Viele von uns, die in der Forschung tätig sind, haben hier eine andere Meinung.

Die Evidenz der Wissenschaftsgeschichte weist darauf hin, daß erfolgreiche Grundlagenforschung in einer breiten, tief gestaffelten Front nach endogenen Prioritäten voranrücken muß. Erfolge, Fortschritte an einem Punkt führen zu Konsequenzen an weit entfernten Stellen, und die Natur der jeweiligen Wechselwirkung läßt sich nicht voraussagen. Natürlich sollen beim Setzen von Prioritäten in der Grundlagenforschung die öffentlichen Anliegen — die akuten, von der Praxis gestellten Probleme, die gemeistert werden müssen — im Auge behalten werden; die Geschichte der Wissenschaft beweist uns aber mit aller Deutlichkeit, daß die wissenschaftsimmanenten Spielregeln für die Setzung von Prioritäten und für die Kontrolle von Leistung in der Grundlagenforschung viel erfolgreicher waren als Prioritätensetzungen und Leistungskontrollen, die der Wissenschaft von außen aufgezwungen wurden. Von außen gesteuerte Forschungspolitik war bisher in der Grundlagenforschung noch immer kontra-produktiv.

Was die auf Erkenntnis gerichtete Wissenschaft in Wirklichkeit braucht, ist Autonomie. Es gehört nicht zu unseren Aufgaben, die Partialinteressen von Gewerkschaften, von Unternehmern, von Parteien und Bürgerinitiativen zum Wegweiser unserer Arbeit zu machen. Autonomie bedeutet nicht die Universität (oder die Max-Planck-Gesellschaft) als 'Gegenwelt' (natürlich gelten Verfassung, Recht und Gesetz für alle); es bedeutet aber, daß man uns einen durch das wissenschaftliche Ethos regulierten, von uns selbst moralisch verantworteten Freiraum gewährt, der nicht jede parteipolitische Oszillation und jede ideologische Mode mitmacht. Die größte Gefahr für die Grundlagenforschung ist die Politisierung, unter welchem Vorzeichen auch immer.

Grundlagenforschung ist wahrhaft international orientiert. Sie verbindet die Menschen, die Völker; sie setzt sich über politische, ideologische und kulturelle Barrieren hinweg. Die 'Internationale der Wissenschaftler' ist keine Phrase, sondern eine beglückende, humane Erfahrung. Aber wir müssen auch die Schatten sehen, die über die Idylle fallen. Sechs Länder — USA, England, Frankreich, Japan, die UdSSR und die Bundesrepublik — bringen derzeit mehr als 85 Prozent der Mittel und Talente auf, die in die Grundlagenforschung einfließen. Die Länder der 3. und 4. Welt, mit etwa 70 % der Weltbevölkerung, tragen allenfalls 3 Prozent zur wissenschaftlichen Forschung bei — die Opec-Länder eingeschlossen —, und diese 3 Prozent sind nicht selten von zweifelhaftem Wert. Viele Wissenschaftler stellen sich die Frage, wie lange die klassischen Industrienationen es sich leisten können und leisten wollen, die Forschung der ganzen Welt zu finanzieren und aus ihren intellektuellen Ressourcen zu bestreiten. Niemand kann voraussagen, was geschehen wird, wenn die Prosperität der Industrienationen wirklich schwindet. Eines aber hat die United Nations Conference on Science and Technology for Development, die 1979 in Wien stattfand, überdeutlich gezeigt: Weder die Opec-Länder noch die übrigen Staaten der 3. Welt werden willens und in der Lage sein, das wissenschaftliche Erbe der westlichen Industrienationen anzutreten.

3. *Frage*: Läßt sich der Erkenntnisprogreß von außen, etwa politisch, evaluieren?

Es gibt in der Wissenssoziologie die Doktrin, wissenschaftliche Theorien seien nichts anderes als der Ausdruck sozialer Interessen. Auf die Naturforschung trifft diese Doktrin nicht zu (→ Seite 19).

Ebenso unhaltbar ist die These, der Wert von Erkenntnis lasse sich anhand der politischen Folgen ermitteln. In diesem Fall lieferte man den Erkenntnisprogreß dem jeweiligen, sich rasch wandelnden politischen Vorurteil aus. "Weg mit der objektiven Wissenschaft, her mit der deutschen Wissenschaft, die dem Volke dient", so forderte der Nationalsozialistische Deutsche Studentenbund Ende der 20er Jahre. Kürzlich, damit ich eine Gegenposition zitiere, schlug der Wissenschaftstheoretiker R. Young allen Ernstes vor, für die Bewertung von Erkenntnis ausschließlich das Kriterium heranzuziehen: ob die Forschungsresultate dazu beigetragen haben, eine Gesellschaftsordnung zu verwirklichen, die sozialistisch und egalitär ist.

Für den Wissenschaftler sind derlei Vorschläge nicht akzeptabel (und im Grund undiskutabel). Theorienbewertung, Bewertung der Grundlagenforschung durch politische Doktrin, ist ebenso wenig mit dem Ethos der Wissenschaft zu vereinbaren wie ein Rückfall in die Theorienbewertung durch metaphysische Doktrin. Die Mündigkeit der auf Erkenntnis gerichteten Wissenschaft darf nicht in Frage gestellt werden. Erkenntnis ist für uns alle zu wichtig geworden als daß man sie den rabiaten Wechselbädern der politischen oder weltanschaulichen Vorurteile aussetzen dürfte.

4. *Frage*: Inwieweit ist Grundlagenforschung eine Voraussetzung für die erfolgreiche Lösung praktischer Probleme?

Dies ist die zentrale Frage dieses Abschnitts. Meine Antwort lautet: Aktuelle, von der Praxis geforderte Problemlösungen benützen stets einen breiten Fundus an bereits vorhandenen wissenschaftlichen Sätzen. Eine breit gefächerte, nach endogenen Prioritäten vorrückende Grundlagenforschung ist somit die unentbehrliche Grundlage für die zuverlässige und vor allem rasche Lösung eines praktischen Problems. In den meisten Fällen, in denen etwa die Marktforschung, ein gesellschaftlicher Druck, eine Notlage oder ein unabweisbarer Bedarf eine technologische Entwicklung initiiert, also 'Forschung und Entwicklung' in Gang setzt, wird die relevante Grundlagenforschung überhaupt nicht tangiert. Verwendet werden in 'Forschung und Entwicklung' die bereits vorhandene wissenschaftliche Information, die bereits vorliegenden Datensätze, Gesetze und Paradigmen. Sie sind die solide, zuverlässige Basis, die zu erfolgreicher Problemlösung, zu rascher und zweckmäßiger Innovation, führt. Damit im Zusammenhang steht die Beobachtung, daß in aller Regel die technische Innovation aus einer Bedarfssituation entsteht (need pull) und nicht die unmittelbare Folge einer bestimmten wissenschaftlichen Entdeckung ist. Der sogenannte 'discovery push' ist in der Regel eine Erfindung der Science Fiction-Autoren. Er spielt in Wirklichkeit bei der technologischen Entwicklung eine untergeordnete Rolle. In den meisten Fällen von 'need pull' ist eine Änderung in der Strategie der relevanten Grundlagenforschung weder erforderlich noch wünschenswert.

3.2.6 Über die Anwendung der Kosten-Nutzen-Analyse auf die Grundlagenforschung

Die Kosten der Grundlagenforschung in den Industrienationen sind zwar erheblich; sie sind aber bescheiden, gemessen am praktischen Erfolg. Allein die Entwicklung der Poliovaccine spare — so las ich kürzlich in 'Science' — den U.S.A. pro Jahr mehr Geld, als das gesamte Budget der medizinisch orientierten Forschung ausmacht. Die Anwendung des Auxinanalogons 2,4-D in der landwirtschaftlichen Praxis bringe — so heißt es — weltweit mehr Geld ein, als für pflanzenphysiologische Grundlagenforschung überhaupt ausgegeben wird. Natürlich hätte seinerzeit, als das 2,4-D entdeckt wurde, kein Auxinforscher eine solche Voraussage machen können, ebenso wenig wie in der Pionierzeit der Immunbiologie der praktische Erfolg der Poliovaccine vorauszuberechnen war. — Zusammengefaßt in einem Satz: Eine vernünftige Kosten-Nutzen-Analyse in der Grundlagenforschung kann sich nicht am vermuteten praktischen Erfolg orientieren, sondern an dem zu erwartenden theoretischen Erfolg, am zu erwartenden Beitrag zum Erkenntnisprogreß.

Hinzu kommt, daß ein hoher Standard in der Grundlagenforschung und in 'Forschung und Entwicklung' natürlich kein Garant für die Befriedigung der Bedürfnisse eines Landes oder gar für nationale Prosperität ist. Das 'Beispiel England' belegt dies eindrucksvoll. England, seiner Tradition folgend, ist auch nach dem 2. Weltkrieg wissenschaftlich hervorragend geblieben, sowohl in der Grundlagenforschung als auch in 'Forschung und Entwicklung'. Der Zustand der britischen Industrie, insbesondere die niedrige Produktivität und die Haltung der Gewerkschaften, haben indessen eine erfolgreiche

Umsetzung des gegebenen Potentials in nationale Prosperität verhindert.

3.2.7 Projektforschung und nationale Interessen

Projektforschung ist ebenso wie 'Forschung und Entwicklung' auch heute noch vorrangig an nationalen Problemen orientiert und somit ein wichtiger, manchmal entscheidender Faktor internationaler Konkurrenz. Dies führt häufig zur 'klassifizierten Forschung', deren Resultate nicht publiziert werden und die somit nicht Gemeingut der scientific community darstellen. Es scheint, daß sich in den Ostblockstaaten die 'Klassifikation' immer mehr auch der Grundlagenforschung bemächtigt. Andererseits hat sich jener Sektor der Forschung, in dem Publikationen gewissen Auflagen unterliegen, in den westlichen Ländern stetig verkleinert. In den meisten Bereichen der Grundlagenforschung ist die wissenschaftliche Kommunikation innerhalb der westlichen Welt weder durch Verbote noch durch störende Auflagen behindert.

Weiterführende Literatur

A n d r e w s, F. (ed.): Scientific Productivity. Cambridge: Cambridge University Press

E l l w e i n, Th.; M o h r, H. (1978): Das Selbstverständnis des Hochschullehrers. Forum des Hochschulverbandes, Heft 15. Bonn: Verlag Hochschulverband

M o h r, H. (1980): Problemlösung und Grundlagenforschung. Gießener Universitätsblätter, Heft 1, p. 7

R a d n i t z k y, G. (1979): Das Problem der Theorienbewertung. Zeitschrift für Allg. Wissenschaftstheorie 10, 67

S p e e r, J. (1973): Setzung von Prioritäten in der Forschung. Naturwissenschaften 60, 322

3.3 Wissenschaft und Doktrin

Der Konflikt zwischen Wissenschaft und politischer oder weltanschaulicher Doktrin ist offenbar, wie die Geschichte der Wissenschaft zeigt, unvermeidlich.
Warum?

An den Anfang stellen wir den Fall Galilei. Er enthält alle Elemente,
die man braucht, um den prinzipiellen Konflikt zwischen Wissenschaft und Doktrin zu verstehen.

3.3.1 Wissenschaft und kirchliche Doktrin: Der Fall Galilei

Galilei hat das Experiment, die geplante und kontrollierte Beobachtung, in die Wissenschaft eingeführt. Seitdem gilt in den Naturwissenschaften als maßgebend für die Zuverlässigkeit einer Theorie die
Übereinstimmung der Theorie mit den relevanten experimentellen
Beobachtungen. In der auf das Experiment begründeten 'wissenschaftlichen Methode' haben die Naturwissenschaften ein Denk-
system aufgebaut, innerhalb dessen relativ leicht entschieden werden kann, ob ein Satz zuverlässig ('richtig', 'wahr') ist oder nicht.
Galilei geriet mit seiner neuen Denkweise in Konflikt mit der damals herrschenden Kirche, die aus Dogmen und Aussagen von
Autoritäten (Aristoteles spielte eine herausragende Rolle) ein spe-
kulatives Weltbild von imponierender Geschlossenheit konstruiert
hatte. Dieses Weltbild bezog sich natürlich auch auf jene Bereiche,
in denen Galilei experimentell begründete Aussagen machte. Was
die Repräsentanten der Kirche, schließlich auch Papst Urban VIII.,
gegen Galilei aufbrachte, war vermutlich nicht in erster Linie das
von Galilei propagierte Kopernikanische Weltbild, sondern die Ab-
kehr vom Aristotelismus, der Umstand, daß Galilei mehr an die
'Macht des Experiments' glaubte als an Autoritäten.

Mit allen Mitteln repressiver Macht erklärte die damalige Kirche,
daß dem Naturforscher, der sich der experimentellen Methode
bediene, eine kritische Prüfung des Weltbildes verwehrt sein müsse.
Das traditionelle Weltbild dürfe, um der sittlichen Ordnung willen,
nicht auf den Prüfstein präziser Empirie.

Galilei hat sich vor der Inquisition gebeugt. Man hält es für
wahrscheinlich, daß der damals 69-jährige Mann den Widerruf
seiner Lehre, die Erde drehe sich um die Sonne, aus Angst vor
dem Martyrium vollzog. Es ist aber auch möglich, daß Galilei
allmählich zu der Überzeugung kam, er sei es den Menschen
schuldig, die Ordnungskraft der Kirche, den Glauben der Menschen
und die Sittlichkeit seiner Zeit nicht zu gefährden. Natürlich wußte
Galilei, daß sich die Erde doch bewegt, aber er war möglicherweise

bereit, 'Erkenntnis' außerwissenschaftlichen Interessen, in diesem
Fall den wohlverstandenen Interessen der Kirche, unterzuordnen.
Was auch immer Galilei bei seiner Entscheidung dachte und fühlte,
wir sind heute davon überzeugt, daß der Widerruf nicht nur moralisch, sondern auch taktisch falsch war, und wir werfen Galilei
Feigheit und Verrat an den übergeordneten Werten vor. "Willkom-
men in der Gosse, Bruder in der Wissenschaft und Vetter im Verrat", so heißt es bei Bertolt Brecht im "Leben des Galilei". Taktisch falsch war die Verurteilung des Galilei im Retrospekt auf
jeden Fall: das Urteil konnte den Aufstieg der Naturwissenschaften und den Niedergang der alten Ordnung nicht verhindern. Und
was schlimmer war: Es hat Wissenschaft und Kirche einander ent-
fremdet und die ethische und geistige Kapazität der Naturwissenschaften davon abgehalten, sich am Bau der sittlichen Fundamente
eines neuen Weltbildes und einer neuen tragfähigen Weltordnung
angemessen zu beteiligen. Auch wenn die Kirche es heute zugibt,
daß damals nicht Galilei sich irrte, sondern sie selbst — am gespannten Verhältnis zwischen Naturwissenschaft und Kirche dürfte dies
wenig ändern.

3.3.2 Wissenschaft und polit-ökonomische Doktrin: Der Fall Vavilov

In diesem Abschnitt soll kurz dargelegt werden, wie in den 30er
Jahren dialektischer Materialismus und Biologie in Konflikt gekommen sind, in einen blutigen Konflikt, der bis heute nachwirkt.
Warum nahm dieser Konflikt härteste, ja barbarische Formen an?
Dies lag nicht nur an dem unbeugsamen Charakter der Hauptperso-
nen: Vavilov und Lyssenko; es lag vor allem an dem Anspruch des
dialektischen Materialismus, im strengen Sinn Wissenschaft, unfehl-
bare Wissenschaft zu sein und somit entscheidend und autoritativ
in Sachfragen der Naturforschung eingreifen zu können.
Ein Blick zurück: Der dialektische Materialismus ("Diamat"), die
von Marx, Engels und letztlich von Lenin und Stalin geformte
philosophisch-weltanschauliche Grundlage des Kommunismus,
ist die Staatsphilosophie und zugleich die verbindliche methodolo-
gische Grundlage der Wissenschaften im Einflußgebiet der Sowjetunion. Dialektik war ursprünglich (in der Platonischen Philosophie)

die Kunst der Beweisführung oder das Verfahren zur Erkenntnis der Ideen. Bereits für Hegel war jedoch die Dialektik die wissenschaftliche Anwendung der in der Natur des Denkens liegenden Gesetzmäßigkeit und zugleich diese Gesetzmäßigkeit selbst. Auch für den Diamat ist die Dialektik nicht nur eine Methode des Denkens und Argumentierens, sondern vor allem die innere Gesetzmäßigkeit des Weltgeschehens, die sich zum Beispiel in der ökonomischen Entwicklung manifestiert.

Ein Studium der Klassiker führt allerdings zu einem differenzierteren Bild. Marx wollte allem Anschein nach, obgleich er sich zu diesen Fragen nur selten konkret geäußert hat, den Naturwissenschaften eine viel größere Unabhängigkeit von der ökonomischen Basis zugebilligt sehen als irgend einem anderen Bereich des Geisteslebens. 1868 schrieb er in einem bemerkenswerten Brief an Kugelmann: "Naturgesetze können nicht aufgehoben werden. Was sich in historisch verschiedenen Zuständen ändern kann, ist nur die Form, worin jene Gesetze sich durchsetzen".

Erst bei Engels wird die Dialektik zu einer Eigenschaft der Materie als solcher, zur "objektiven Dialektik der Natur".

Im Gegensatz zu Marx beging Engels den Fehler, daß er naturwissenschaftlich gewonnene Erkenntnisse seiner Zeit, zum Beispiel die Bedeutung der Proteine für die lebende Zelle, zu Grundwahrheiten des Diamat machte, beispielsweise in seiner Definition des Lebens als 'Daseinsweise der Eiweißkörper'. Empirische Erkenntnisse einer bestimmten Epoche werden durch die Hereinnahme in eine pseudoreligiöse Doktrin dem Erkenntnisprogreß entzogen. Sie dürfen zum Beispiel nicht mehr falsifiziert werden, weil dies eine Revision des gesamten Systems notwendig machen würde. Entsprechend wurde Engels' Definition des Lebens als Daseinsweise der Eiweißkörper lange Zeit als eine Grundwahrheit des Diamat verteidigt.

Die Vermischung philosophischer Konzepte und naturwissenschaftlicher Erkenntnisse durch Engels ist der Hauptgrund für die Schwierigkeiten, die der Diamat in der Folge mit den Naturwissenschaften gehabt hat.

Um diesen entscheidend wichtigen Punkt nochmals mit anderen Worten zu betonen: In seinem Bestreben, die Erkenntnisse der Naturwissenschaften seiner Zeit in seine dialektisch-materialistische

Weltanschauung einfließen zu lassen, hat Engels viele empirische Resultate der Naturforschung und die darauf beruhenden, zeitgebundenen Theorien unversehens zu konstitutiven Elementen des Diamat gemacht. Damit bedeutete ein wissenschaftlicher Angriff auf diese Daten oder Theorien einen Angriff auf das Gesamtgebäude des Diamat. Dies hatte beispielsweise zur Folge, daß in der Sowjetunion in der Diskussion um das Wesen der Vererbung fast 30 Jahre lang einem einschlägigen Engels-Zitat mehr Gewicht beigemessen wurde als den Forschungsergebnissen der ganzen Genetik zusammen. Bis in die jüngste Zeit war es bei philosophischen Diskussionen selbst in der DDR möglich, auch widersinnige Konzepte mit einem Hinweis auf die dialektischen Grundgesetze Engels' zu rechtfertigen. Lenin hat sich, was die Naturwissenschaften anbelangt, hauptsächlich mit Problemen der Physik und der damit verbundenen erkenntnistheoretischen Fragen beschäftigt. Sein Werk 'Materialismus und Empiriokritizismus' hat deshalb keinen unmittelbaren Bezug zu unserem Thema.

Mit der Art seines Argumentierens hat jedoch Lenin den Stil der künftigen Auseinandersetzungen in der Sowjetunion um die Grundfragen der modernen Biologie wesentlich bestimmt. Lenin benützte zum Beispiel in der Auseinandersetzung mit Mach die Methode, die Gegenposition als 'idealistisch' hinzustellen. Dadurch wurde häufig von einer Diskussion der sachlichen Probleme abgelenkt, und die Argumente der Gegenseite wurden als, weil idealistisch, prinzipiell mit dem Diamat unvereinbar dargestellt. Obgleich also Lenin in der Diskussion zwischen Lamarkismus und Darwinismus nicht Stellung bezogen hat (und sich vermutlich mit dieser Problematik überhaupt nicht beschäftigt hat), war seine Art, naturphilosophische Probleme zu behandeln, 'stilbildend' für die spätere Diskussion. Nur wenn man diesen Hintergrund kennt, versteht man, warum Lyssenko später den Genbegriff und schließlich die Genetik insgesamt einfach dadurch ablehnen konnte, daß er sie als "idealistisch" hinstellte.

Die über Engels weit hinausgehende ontologische Konzeption des Diamat, wie sie vor allem bei Stalin zu finden ist, machte dann die Schwierigkeiten, neue, unerwartete Erkenntnisse der Naturwissenschaften zu bewältigen, fast unüberwindlich. Für die ontologische Auffassung bedeutet eine neue, unerwartete Erkenntnis ja nicht

einfach eine gewisse Revision des status quo, sondern eine Veränderung der Aussagen über die Gesetze und Strukturen der Materie
an sich. Es ist deshalb konsequent, wenn im ontologischen Stadium
des Diamat neue, unerwartete (und erst recht 'revolutionäre')
Erkenntnisse als Zwang zur Revision des Diamat aufgefaßt und
deshalb energisch bekämpft werden. Die Ergebnisse der modernen
Genetik, sowohl der Kreuzungsgenetik als auch der Entwicklungsund Populationsgenetik, gehörten zu dieser für den Diamat gefährlichen Kategorie von Erkenntnis.

Bis etwa Mitte der dreißiger Jahre waren manche Naturforscher,
unter ihnen auch bedeutende, vom Diamat durchaus eingenommen.
Sie gingen davon aus, daß es sich dabei um eine seriöse Naturphilosophie handle, die ihrem prinzipiellen Anliegen nach die Naturforschung begünstige. Für eine Reihe 'wissenschaftlicher Sozialisten'
— wie sie sich nannten — galt es als Gewißheit, daß die kommunistische Gesellschaftsform auch für die auf Erkenntnis gerichtete
Grundlagenforschung den günstigsten Nährboden bilden würde.
Der englische Kristallograph Bernal hat diese Auffassungen in
einem seinerzeit weithin bekannten, brillanten Traktat: The Social
Function of Science, propagiert. Überhaupt konzentrierte sich im
Cambridge der 30er Jahre eine Gruppe hervorragender Naturwissenschaftler, die überzeugte Kommunisten waren und von der
Sowjetunion das Heil für die Welt erwarteten. Neben Bernal waren
der Genetiker Haldane und der Mathematiker Levy die führenden
Köpfe. Die Vorstellung, daß es jemals zu einer ernsthaften Konfrontation zwischen einer wissenschaftlichen Entdeckung und den
Aussagen des Diamat kommen könnte, wurde seinerzeit auch von
hervorragenden Wissenschaftlern, sofern sie aus politischer Überzeugung dem Sowjetkommunismus nahestanden, verdrängt. Man
ging davon aus, daß ein echter Gegensatz zwischen Diamat und
Forschung zumindest unwahrscheinlich sei, da der Diamat selber
die Qualität einer Wissenschaft besitze und die Einzelwissenschaften lediglich die Detailinformation innerhalb des wissenschaftlich
wahren philosophischen Rahmens erarbeiten könnten. Es sei, so
wurde argumentiert, a priori ausgeschlossen, daß die Interpretation
wissenschaftlicher Information nicht stets in Übereinstimmung
mit dem philosophischen Rahmenwerk geschehen könne. Die Ernüchterung setzte dann Anfang der dreißiger Jahre ein.

Vavilow war der angesehenste unter den sowjet-russischen Gene-
tikern und Züchtungsforschern. Außerdem war er der erste Präsident der Lenin-Akademie der Landwirtschaftswissenschaften.
Vavilow war allen Berichten nach ein genialer Wissenschaftler
und ein nobler Mensch. Er besaß ein geradezu legendäres wissenschaftliches Ansehen, auch im westlichen Ausland. Die bereits
früher (→ Seite 89) zitierten Sätze aus einer improvisierten Antwortrede Vavilows an Lyssenko zeigen seine unbeugsame wissenschaftliche Haltung und sein menschliches Format: "Wir werden
auf den Scheiterhaufen gehen, wir werden verbrennen, aber wir
werden nicht von unserer Überzeugung lassen . . . Ich glaube das
nicht nur, denn in der Wissenschaft ist der Glaube unsinnig, sondern ich berufe mich auf ein Wissen, das auf umfangreicher wissenschaftlicher Erfahrung beruht. Das sind die Tatsachen, und sie
nur deshalb zu verleugnen, weil das irgendeiner, der einen hohen
Posten innehat, verlangt, ist unmöglich."

Im Gegensatz zu Vavilow berief sich sein Gegner Lyssenko auf
die Autorität und Infallibilität der Partei und auf den vom ZK
interpretierten Diamat: "Genossen! Ehe ich zum Schlußwort
übergehe, halte ich es für meine Pflicht, folgendes zu erklären:
In einer der schriftlichen Anfragen werde ich gefragt, welche
Stellung das Zentralkomitee der Partei zu meinem Vortrag ein-
nimmt. Ich antworte: Das Zentralkomitee der Partei hat meinen
Vortrag geprüft und hat ihn gebilligt." (Im Protokoll liest man:
Stürmischer Beifall, der in eine Ovation übergeht. Alle erheben
sich). Gegen diese Taktik hatte Vavilow keine Chance. Er wurde,
wie viele seiner Kollegen, verhaftet und kam im Gefängnis um.

Bei den Auseinandersetzungen zwischen Vavilow und Lyssenko
ging es um zwei Grundfragen der Biologie: 1. Was ist und wie geschieht Vererbung. 2. Welches sind die Ursachen für Variation
und Evolution, d. h. für die Verschiedenheit und den Wandel der
Lebewesen. Vor 1935 hielten sich auch die sowjetischen Biologen
an die bereits klassischen Vorstellungen: Genbegriff, Mendelgenetik, Chromosomentheorie der Vererbung, Theorie der Mutation,
Rekombination und Selektion als Grundlage der Populationsgenetik, Neodarwinismus als Erklärung der Evolution. Es stellte
sich aber allmählich heraus, besonders mit dem raschen Erkenntnisfortschritt in der Humangenetik, daß die Vorstellungen der

klassischen ("westlichen") Genetik nicht ohne weiteres mit den
Grundthesen des Diamat über die belebte Natur, insbesondere
über die Natur des Menschen zu vereinbaren waren. Die gespannte
Situation in Moskau läßt sich vielleicht am besten damit illustrieren,
daß das Medizinisch-Genetische Institut aufgelöst wurde. Levit,
der Direktor, wurde verhaftet, nachdem er und seine Mitarbeiter
in umfangreichen Zwillingsforschungen die überragende Bedeutung
des Erbguts beim Menschen aufgezeigt hatten.

3.3.3 Der Lyssenkoismus

Erst in dieser Krisensituation konnte Lyssenko voll in Erscheinung
treten. Er leugnete die Existenz von Genen und erklärte kurzerhand
die bereits klassischen Theorien der Genetik und der Evolution für
"idealistisch", "bürgerlich" und "metaphysisch". Lyssenkos Aufstieg zum Diktator der sowjetischen Biologie ist nicht nur seinem
guten Einvernehmen mit Stalin und seinem Opportunismus zu verdanken; seine Karriere muß vielmehr auch vor dem Hintergrund
der chronischen Versorgungskrise in der damaligen UdSSR gesehen
werden. Die sowjetische Regierung mußte Mitte der 30er Jahre alles
daransetzen, eine Verbesserung der landwirtschaftlichen Erträge
zu erreichen, und die Genetiker und Züchter konnten die Defekte
der stalinistischen Agrarpolitik nicht kompensieren. Lyssenko hingegen brachte es fertig, sich mit dem Image des erfolgreichen Prak-
tikers — Erfinder der ertragsteigernden Jarowisation — zu versehen
und dieses Image zu bewahren, trotz verheerender praktischer Miß-
erfolge. Lyssenko war zeit seines Lebens ein Scharlatan, aber er
war ein ungemein geschickter Propagandist in eigener Sache.
Lyssenko stammte nicht aus dem wissenschaftlichen Establishment,
sondern war, wie sein Vorläufer Mitschurin, ein Autodidakt. Er
hatte eine Abneigung gegen reguläre Wissenschaft und gegen wissenschaftliche Methoden. Die westlich orientierten Genetiker und
Züchtungsforscher in Rußland waren ihm verhaßt. Bei der Unter-
drückung und Vernichtung seiner Gegner hatte er keine erkennba-
ren Skrupel.

Nach seinen Bemühungen um die Landwirtschaft begann Lyssenko
etwa 1934, seinen theoretischen Ansatz, die sog. Stadienlehre der
pflanzlichen Entwicklung, zu einer neuen Vererbungstheorie aus-
zubauen. Gleichzeitig suchte er eine Verbindung zur Theorie des

Diamat und er bemühte sich, seine Vererbungslehre als die einzige mit dem Diamat zu vereinbarende hinzustellen.

Lyssenkos Alternativen waren zumindest anfangs recht vage, so daß man sie kaum wiedergeben kann. Im Prinzip stellten sich Lyssenko und seine Anhänger auf den Standpunkt, daß sich unter dem Einfluß der Umwelt die genetische Substanz ständig ändere und zwar derart, daß die Umweltfaktoren die Richtung der Änderung direkt bestimmten. Derlei Vorstellungen ("unvermittelte Vererbung", "Vererbung erworbener Eigenschaften") waren zwar wissenschaftlich längst geprüft und widerlegt; sie kamen aber den Theoretikern des Diamat entgegen. Gestützt auf Stalin und das ZK gelang es Lyssenko allmählich, die wissenschaftliche, westlich orientierte Genetik in der Sowjetunion auszuschalten. Im August 1948 wurde der Lyssenkoismus schließlich zur einzigen auf der Grundlage des Diamat beruhenden Biologie erklärt. Im Protokoll der betreffenden Sitzung heißt es:

"Wir Vertreter der sowjetischen Biologie behaupten, daß die Vererbung von Eigenschaften, die Pflanzen und Tiere in ihrem Entwicklungsprozeß erwerben, möglich und notwendig ist. Damit steht jedem Biologen der Weg offen, die Natur der pflanzlichen und tierischen Organismen zu lenken, sie durch die Lenkung der Lebensbedingungen, also auf rein physiologischem Wege, in der für die Praxis erforderlichen Richtung zu verändern."

Eine Spezialität von Lyssenko und seinen Anhängern war der 'Nachweis' der Umwandlung von Kulturpflanzen in andere Kulturpflanzen, also der Nachweis einer Transmutatio frumentorum. Es handelt sich hier um ein uraltes Problem der spekulativen Naturphilosophie, das mit dem Aufkommen der Genetik und des auf Genetik gestützten Neo-Darwinismus definitiv erledigt schien. Die Lyssenko-Schule nahm das Problem wieder auf und behauptete allen Ernstes, die Umwandlung von Weizen oder Hafer in Roggen, von Weizen in Gerste, aber auch die Umwandlung von Leguminosen, von Cruciferen, von Unkräutern und von Baumarten sei nicht nur möglich, sondern wissenschaftlich bewiesen.

Der Lyssenko-Kult erreichte in den Jahren nach 1948 unglaubliche Ausmaße. Er wurde schlicht 'der Große' genannt. Sein Bild hing in allen wissenschaftlichen Instituten. Vereint mit Stalin schmückte

es viele Plätze und Parks. Überall in der Sowjetunion wurden Büsten
von Lyssenko verkauft.

Die Irrlehren Lyssenkos waren, zum Schaden des russischen Volkes,
keine akademische Angelegenheit. Im Jahre 1936, als Lyssenko
voll in Aktion trat, war die Genetik bereits von erheblicher Relevanz
für Agrikultur und Medizin. Die Genetik diente seinerzeit bereits
in allen wissenschaftlich und technisch entwickelten Staaten als
Grundlage der Pflanzen- und Tierzucht und war dadurch eng mit
der landwirtschaftlichen Praxis und Produktivität verbunden. Die
Lehre von den Erbkrankheiten des Menschen war auch 1936 bereits
eine wichtige Grundlage für die klinische Diagnose und Therapie,
außerdem die Basis für die genetische Familienberatung. Lyssenko
hat nicht nur die russische Genetik und Züchtungsforschung zugrunde gerichtet, sondern auch die russische Landwirtschaft und
z. T. die Medizin in unübersehbare Schwierigkeiten gebracht. Nur
ein Beispiel: Lyssenko verhinderte entgegen den Plänen von Vavilow
den Anbau von Hybridmais, da ihm die zugrundeliegende genetische
Technik (Heterosiseffekt) zuwider war. Man schätzt, daß diese An-
weisung Lyssenkos für die UdSSR bis 1954 einen Verlust von 30—
50 Milliarden kg Mais zur Folge hatte.

Natürlich haben viele russische Naturforscher die Scharlatanerie und
den Fanatismus Lyssenkos durchschaut. Aber nur wenige waren
verwegen genug, ihn anzugreifen. Es war einfach zu gefährlich. Bis
Anfang der 60er Jahre war Lyssenkos Auffassung in Übereinstimmung mit dem Diamat. Erst im Juli 1964, als die führenden russischen Physiker eingriffen und Lyssenko trotz der massiven Unter-
stützung durch Chruschtschow eine wichtige Wahl in der Akademie
der Wissenschaften der UdSSR verlor, bahnte sich das Ende des
Lyssenkoismus an. Erst seit 1964 gehören also Mendelgenetik,
Molekularbiologie, Kybernetik und andere Attribute der „westlichen" Biologie zum Repertoire sowjetischer Biologie.
Nach 1964 wurde der Lyssenkoismus verdammt.
Nach heutiger Lesart war die Lyssenko-Affäre eine bizarre, tragische
Verirrung, eine Begleiterscheinung des stalinistischen Personenkults,
die keine Relevanz für das Hauptthema besitze. Dieses lautet aber
nach wie vor: Unterordnung der Einzelwissenschaften unter das
erkenntnistheoretische Diktat des Diamat. Ein Zitat aus Löthers
Buch: Biologie und Weltanschauung, Leipzig 1972: "Vertreter der

Konzeption der unvermittelten Vererbung und damit der Vererbung
erworbener Eigenschaften finden sich auch heute noch in allen
Ländern. (Dieser Satz ist inhaltlich falsch, H. M.). In der Sowjetunion gelang es einer Gruppe von ihnen mit T. D. Lyssenko an der
Spitze, unter den Bedingungen des Personenkults um J. W. Stalin,
diese Auffassung zur herrschenden zu machen. Dabei mißbrauchten
und entstellten sie auch den dialektischen Materialismus zur Rechtfertigung ihrer Ansichten (Lyssenko hatte stets die Rückendeckung
Stalins und des ZK, H. M.). Durch ihre Monopolstellung hemmten
sie die Entwicklung der Biologie in der Sowjetunion und verschaff-
ten sich auch in anderen sozialistischen Ländern negativen Einfluß.
Diese Gruppe lehnte einige sehr wichtige Zweige der Biologie ab
und bürgerte die eigenen Standpunkte ein, obwohl sie häufig dem
modernen Stand der Wissenschaft und den experimentellen Daten
nicht entsprachen. Das zeigte sich besonders auf der Tagung der
Lenin-Akademie für Agrarwissenschaften der Sowjetunion vom
August 1948, auf der vor allem sehr wichtige Errungenschaften der
Genetik negiert und der Wissenschaft eine unbegründete Konzeption
über die Art und die Artbildung sowie andere, unbewiesene Thesen
aufgezwungen wurden.''
Was mich seinerzeit am Lyssenkoismus fasziniert hat und mich
motiviert hat, viel Zeit in das Studium dieses Phänomens hineinzu-
stecken, war die Frage, welche Faktoren den Aufstieg und die Herr-
schaft Lyssenkos möglich gemacht haben. Ein politisches System,
angeblich auf der unfehlbaren Wahrheit des Diamat begründet und
dem Wohl der Arbeiter und Bauern verpflichtet, überläßt es von
1937 bis 1964 einem wissenschaftlich ungebildeten Scharlatan, in
der biologischen Forschung, in der Landwirtschaft und selbst in
der medizinischen Genetik der ''sozialistischen Länder'' die entscheidende Rolle zu spielen. Die Biologen der westlichen Welt haben
sich immer wieder gefragt, wie es Lyssenko gelingen konnte, an die
Macht zu kommen und sich mehr als zwanzig Jahre trotz aller Miß-
erfolge in der Praxis im Sattel zu halten. Es gibt keine einfache
Antwort auf die Frage, welche Faktoren die absurde Auseinandersetzung zwischen Vavilow und Lyssenko und den Sieg des letzteren
möglich gemacht haben. Die andere Frage, ob sich eine derartige
Konfrontation wiederholen könnte, läßt ebenfalls keine eindeutige
Antwort zu.

3.3.4 Dialektischer Materialismus und Wissenschaft heute

Es gibt gute Gründe für die Annahme, daß den Dogmatikern des
Diamat die Kontrolle über die Einzelwissenschaften allmählich ent-
gleitet. Die Einsicht läßt sich nicht mehr unterdrücken, daß sich die
Dialektik als Realkategorie in der Naturforschung *nicht* bewährt
hat. Der Begriff "Dialektik der Natur" spielt deshalb in der wissenschaftlichen Naturbeschreibung auch im Einflußgebiet des Diamat
kaum noch eine Rolle. Eine Ausnahme bilden 'Vorworte' wissenschaftlicher Lehrbücher, in denen die Autoren ihre Verbeugung vor
dem Diamat absolvieren, ohne sich im nachfolgenden Text daran
gebunden zu fühlen.

Dialektisches Denken hingegen — These, Antithese, Synthese; Modell, Gegenmodell, Modell der nächsten Stufe; Negation der Negation; Analyse, Synthese; System und Element — ist seit jeher ein
Bestandteil der Naturforschung gewesen, völlig unabhängig von
Hegel und vom Diamat.

Entscheidend ist jedoch, daß der 'dialektische Prozeß' nur eine von
vielen Metaphern darstellt, die in der Naturforschung mit Erfolg
verwendet werden können. Seit der Zeit von Engels haben die Naturforscher gelernt, viele andere, fruchtbare und tiefergehende
Konzepte auf die Natur anzuwenden wie z. B. Entropie, Quantelung,
Relativität, Komplementarität, Invarianz oder (in der Biologie)
Offenes System, steady state, feedback, Information, Homöostasis,
Entwicklungshomöostasis, Kooperativität. Die überragende Lei-
stungsfähigkeit der neuen Konzepte ist von den Wissenschaftlern
in der östlichen Welt natürlich längst erkannt worden. Es wird deshalb immer wieder versucht, die neuen Konzepte durch die Sperr-
mauer des Diamat mit dem Nachweis durchzuschleusen, daß diese
Kategorien aus der Dialektik der Natur notwendig folgten. Solche
Versuche stoßen immer noch auf den Widerstand der Parteiideolo-
gen. Die offizielle Staatsphilosophie sieht (mit Recht) ihre Macht-
position gefährdet, wenn sich das ideologische Korsett des Diamat
unter dem Einfluß der Fachwissenschaften lockert. Dies ist das
eigentliche Dilemma und der wesentliche Grund für die konstitu-
tionelle Schwäche der Biologie in den Ostblockstaaten.

Weiterführende Literatur

F l e u n e r, E. G. H. (1979): Marxismus und biologischer Finalismus. Frankfurt: Haag und Herchen

K o e s t l e r, A. (1963): Die Nachtwandler — Die Entstehungsgeschichte unserer Welterkenntnis. Stuttgart: Scherz

L y s s e n k o, T. D. (1948): Die Situation in den biologischen Wissenschaften. Berlin: Verlag Kultur und Fortschritt

M e d w e d j e w, S. A. (1971): Der Fall Lyssenko. Hamburg: Hoffmann und Campe

M e d w e d j e w, S. A. (1978): Soviet Science. New York: Norton

P a p s t J o h a n n e s P a u l II. (1980): Kirche und Wissenschaft brauchen einander. Ansprache im Kölner Dom am 15.11.1980, abgedruckt in der Frankfurter Allgemeinen Zeitung vom 20.11.1980, Nr. 270, Seite 11

W e r s k e y, G. (1979): The visible College. The Collective Biography of British Scientific Socialists of the 1930s. New York: Holt, Rinehart and Winston

3.4 Die Frage nach dem Sinn im Prozeß der Naturforschung

3.4.1 Gehören Sinnfragen in die Wissenschaft?

Sinnfragen begleiten den Naturforscher auf Schritt und Tritt. Es sind konstitutive Fragen; sie gehören zur Naturforschung dazu; sie lassen sich nicht ausklammern.

Es gibt zwei Kategorien von Sinnfragen in der Naturforschung. Einmal solche, die mit dem Prozeß der Forschung unmittelbar und unabweisbar verknüpft sind, und zweitens solche, die zwar ihrer Natur nach als philosophische oder religiöse Fragen aufzufassen sind, denen sich aber dennoch viele Naturforscher stellen.

Die Sinnfragen werden meist in der Form geäußert: Ist etwas sinnvoll? Beispielsweise: Ist ein Begriff sinnvoll? (Kann er Erkenntnis vermitteln?)

Ist eine Aussage, ein Satz, sinnvoll? (Kann er mit den Mitteln der Wissenschaft begründet werden?)

Ist ein Ding oder ein Prozeß sinnvoll? (Erfüllen sie ihren Zweck? Erfüllen sie ihre Funktion als Teil eines Ganzen?)

Ist Naturforschung sinnvoll? (Ist das gesetzte Ziel — Erkenntnis —

sinnvoll und sind die auf Zielerfüllung hin ausgewählten Mittel und Wege sinnvoll, d. h. zweckdienlich?)

Sind umfassende Naturprozesse sinnvoll? (Hier geht es nicht mehr um die Frage, ob ein Ding sinnvoll ist als Teil eines Ganzen, sondern um die Frage, ob das Ganze sinnvoll ist, z. B. die Evolution des Kosmos oder die Evolution des Lebens oder die Entwicklung von Kulturen.)

3.4.2 Das Sinnkriterium bei wissenschaftlichen Aussagen

Eine Aussage hat nur dann 'Sinn', wenn sie mit den Mitteln der Wissenschaft begründet werden kann. Aussagen, die nach diesem Kriterium nicht zu 'verifizieren' sind, werden als sinnlos abgelehnt. Es gilt in der Naturforschung als unethisch, sinnlose Sätze zu formulieren oder gar zur Diskussion zu stellen. Allerdings ist 'Verifikation' heutzutage nicht mehr im Sinn des frühen Neopositivismus zu verstehen — als Nachweis, daß alle inhaltlichen Aussagen auf sinnlich Gegebenes bezogen sind —; vielmehr bedeutet 'Verifikation' für uns die prinzipielle Einlösbarkeit des Geltungsanspruchs eines Satzes mit den derzeit der Wissenschaft verfügbaren Mitteln. Die Wissenschaft akzeptiert deshalb nur einen Bruchteil der möglichen Aussagen, eben nur jene, die logisch korrekt und inhaltlich 'verifizierbar' sind. Dies macht die Austerität, die strenge Selbstbeschränkung der Wissenschaft aus, aber auch ihre ungeheure Stärke.

3.4.3 Ist ein Ding (oder ein Teilprozeß) sinnvoll?

Diese Sinnfrage spielt in Biologie und Technologie eine zentrale Rolle. Am Beispiel der 'funktionalen Erklärung' (→ Seite 142) haben wir uns mit dieser Sinnfrage bereits vertraut gemacht.

Ich wiederhole die Essenz des Arguments:

Die kausale Erklärung — die Erklärung eines Sachverhalts nach Ursache und Wirkung — ist *die* Erklärungsform in der Physik. In der Biologie kommen zwei weitere Erklärungsformen hinzu, mit denen in der Regel der Physiker und der an der Physik als paradigmatischer Naturwissenschaft orientierte Wissenschaftstheoretiker nicht vertraut sind: die funktionale Erklärung und die teleologische Erklärung von Sachverhalten. Sie spielen in der Biologie neben der kausalen Erklärung eine wesentliche, unentbehrliche Rolle, weil sie den Sinn eines Teils, die Funktion eines Teils im Ganzen herausstellen.

Funktionale Erklärungen erklären den Sinn eines Teils aus der Rolle, die ein Teil in einem funktionierenden Ganzen spielt. ("Chlorophyll hat den Sinn, Lichtquanten für die Photosynthese zu absorbieren".) Teleologische Erklärungen erklären den Sinn eines Teils vom funktionalen Endzustand her. ("Die Nachtigall zieht im Herbst in wärmere Länder, weil sie dort auch im Winter ihr Futter und ein geeignetes Klima findet".) Die funktionale Erklärung basiert auf der Überzeugung, daß biologische (und technische) Systeme optimierte, zweckmäßige Systeme sind, die keine nutzlosen Teile enthalten. Diese Überzeugung hängt damit zusammen, daß die Naturforscher unbeirrbar an die Evolution oder Phylogenie glauben, also an jenen Prozeß, der nicht nur die Vielfalt der Organismen, sondern auch deren angepaßte Zweckmäßigkeit, deren jeweils sinnvolle Konstruktion und Verhaltensweise, hervorgebracht hat.

Die teleologische (teleonomische) Erklärung basiert auf der Überzeugung, daß die Entwicklung eines Organismus als ein zielgerichteter, programmgesteuerter Ablauf aufzufassen ist. Der zielgerichtete Prozeß beruht auf dem Wirken eines materiellen vorgegebenen Programms, nicht auf dem Wirken eines spirituellen Prinzips. Die heutigen Naturforscher fassen die programmgesteuerte, arterhaltende Zweckmäßigkeit, die Teleonomie der Organismen, als Ergebnis eines natürlichen, evolutiven Prozesses auf – und nicht mehr als das Werk eines planenden, Sinn und Zweck setzenden Wesens oder als Ausdruck eines spirituellen Konzepts.

Gerade weil wir dies tun, können wir uns funktionale und teleologische Fragestellungen und Erklärungen in der Biologie ohne das Risiko eines ontologischen Mißverständnisses leisten.

Jeder Naturforscher weiß, daß kein Regreß zum Vitalismus beabsichtigt ist, wenn man sagt: "Die Schildkröte kam an den Strand, um Eier zu legen." Nach dem gängigen Konsens beruht der zielgerichtete Ablauf vielmehr auf dem Wirken eines materiellen, vorgegebenen Programms. Dieses Programm, die dem Organismus innewohnende, seine Entwicklung und sein Verhalten steuernde Information, ist im Rahmen der natürlichen, genetischen Evolution der Arten entstanden. Daran zu zweifeln, besteht kein Anlaß.

3.4.4 Ist Naturforschung sinnvoll?

Mit dieser Sinnfrage ("Hat Naturforschung einen Sinn?") verlassen
wir die Ebene der Wissenschaft. Die Frage nach der Rechtfertigung
von Wissenschaft ist keine wissenschaftliche Frage mehr.

Im traditionellen Selbstverständnis des Wissenschaftlers (→ Seite
15) ist die Legitimation für Wissenschaft unproblematisch. Das
Ziel der Wissenschaft — so heißt es — sei Erkenntnis; und Erkenntnis — zuverlässiges, gesichertes Wissen über die Welt — sei ein
supremer, ein überragender Wert. Die Wissenschaft habe — so heißt
es weiter — strenge ideelle und materielle Verfahren entwickelt —
die sogenannte 'wissenschaftliche Methode' —, die es gewährleisten,
daß Erkenntnis entsteht.

Ist Erkenntnis wirklich unter allen Umständen sinnvoll und deshalb
wünschenswert? Ist es nicht manchmal besser, nichts zu wissen? Ist
Erkenntnis unter allen Umständen besser als Ignoranz?

Es gibt in der Tat massive Einwände gegen die These, Naturforschung, die auf Erkenntnis zielt, sei unter allen Umständen ein
sinnvolles Unternehmen.

Welchen Sinn hat beispielsweise die Erforschung der Natur, wenn
Erkenntnis und Glaube in Gegensatz geraten? Kann in einer solchen
Situation dem Gläubigen 'Forschung' noch zugemutet werden?
Kann ihm zugemutet werden, daß er Forschung unterstützt, z. B.
durch sein Steueraufkommen?

Betrachten wir nochmals (→ Seite 181) den 'klassischen' Fall Galilei. Auch das 2. Vatikanische Konzil belehrt uns dahin, daß der
Konflikt auf einem Mißverständnis beruhe. In Gaudium et Spes
heißt es: "Die methodische Forschung, auf allen Gebieten des Wissens, wenn sie wirklich wissenschaftlich durchgeführt wird und
wenn sie den Normen der Moral folgt, wird dem Glauben niemals
wirklich entgegengesetzt sein: die weltlichen Realitäten und die
des Glaubens finden ihren Ursprung in demselben Gott". Mit anderen Worten: Wenn es zu einem Konflikt zwischen den Ergebnissen der Forschung und dem Glauben kommt, kann dies nur daran
liegen, daß nicht richtig geforscht wurde. Galilei selbst war — allen
Zeugnissen nach — ein gläubiger Mensch. Zum Beispiel schrieb er
am Anfang des Sidereus Nuncius: "All dies wurde in den letzten
Tagen entdeckt und beobachtet dank dem Teleskop, das ich erfun-

den habe, nachdem ich durch die göttliche Gnade erleuchtet worden bin".

Die Art und Weise, wie Galilei eine Lösung des Konflikts anstrebte, kommt vielleicht in einem Brief an Christine de Lorraine, Witwe des Großherzogs der Toskana, zum Ausdruck: "Die heilige Schrift kann nie lügen, vorausgesetzt allerdings, daß ihr wirklicher Sinn durchdrungen wird, der — ich glaube nicht, daß man das leugnen kann — oftmals verborgen ist und sich wesentlich von dem unterscheidet, den die einfache Wortdeutung anzuzeigen scheint".

Wie wir alle wissen, ist diese Auffassung seinerzeit von der Kirche nicht akzeptiert worden; vermutlich deshalb nicht, weil Galilei damit auf dem Primat der Erkenntnis beharrte und die kritische Interpretation der heiligen Schrift, also die kritische Reflexion über die Offenbarung im Lichte wissenschaftlicher Erkenntnis, als einzigen Ausweg aus dem Konflikt gelten ließ.

Der Fall Galilei hat keine Lösung gefunden, weil es beim besten Willen keine Lösung gibt. Ein echter Konflikt zwischen Glaubenswahrheiten und wissenschaftlicher Erkenntnis ist unlösbar. Man kann die Dissonanzen mildern, aber man kann den Konflikt nicht aufheben. Wir lernen aus dem 'Fall Galilei': Für den Gläubigen ist im Konfliktfall wissenschaftliche Erkenntnis kein supremer Wert, sondern ein Ärgernis. Naturforschung war für Galileis Gegner 'Unsinn', gefährlicher 'Unsinn', weil gegen die (wohlverstandenen) Interessen der Kirche und der von ihr geprägten Kultur gerichtet.

Akuter vielleicht als der Konflikt zwischen Glaubenswahrheiten und Erkenntnis ist für viele Menschen unserer Zeit der nicht selten blutige und tödliche Konflikt zwischen Erkenntnis und politischer Ideologie, zwischen autonomer Wissenschaft und bornierter weltlicher Macht. Hitler hat seinerzeit den Anspruch politischer Ideologie mit brutaler Deutlichkeit zum Ausdruck gebracht: "Der Gedanke einer freien, voraussetzungslosen Wissenschaft konnte nur im Zeitalter des Liberalismus auftauchen. Er ist absurd. Die Wissenschaft ist ein soziales Phänomen und wie jedes solches begrenzt durch den Nutzen oder Schaden, den es für die Allgemeinheit stiftet. Mit dem Schlagwort von der objektiven Wissenschaft hat sich die Professorenschaft nur von der sehr nötigen Beaufsichtigung durch die staatliche Macht befreien wollen". Sicherlich war Hitler ein Wissenschaftsverächter besonderer Art. Aber der

Konflikt, den er anspricht, der Konflikt zwischen Erkenntnis und politischer Ideologie, ist konstitutiv, unvermeidlich und unentrinnbar, also unabhängig von den jeweiligen Akteuren.

Politische Ideologie verzichtet absichtlich und gezielt auf Objektivität. Die grundlegenden Gebote wissenschaftlicher Ethik: kein Informationsabweis, symmetrisches Argument, rationaler Dialog, sind für den, der politische Ideologie durchsetzen will oder auch nur schlicht an sie glaubt, blanker Unsinn! Ein standfester Ideologe akzeptiert Information nur dann, wenn sie in sein vorgeprägtes Überzeugungsmuster paßt.

Für den ideologischen Fanatiker ist Erkenntnis, die nicht in sein vorgeprägtes Überzeugungsmuster paßt, gefährlicher Unsinn. Auf Erkenntnis zielende Forschung, die ihn nicht in seinem Vorurteil bestätigt, ist für ihn undiskutabel. Sie wird unterdrückt und im Extremfall durch die physische Vernichtung der Forscher beendet. Die Geschichte der Genetik in der Sowjetunion liefert hierfür eine erschütternde Fallstudie (→ Seite 182).

Natürlich ist dieser Standpunkt unwahrhaftig: Man kann als moralisch integrer Mensch nicht Erkenntnis dann akzeptieren, wenn sie mit dem Vorurteil übereinstimmt, und Erkenntnis dann abweisen, wenn sie nicht dem Vorurteil entspricht. Erkenntnis ist unteilbar! Akzeptanz von Erkenntnis ist unteilbar!

Die chronische Lebenslüge des modernen Menschen, die abgrundtiefe Unmoral unserer Zeit, findet ihren Ausdruck in der Beliebigkeit und Willkür, mit der Erkenntnis akzeptiert oder abgewiesen wird. In Wirklichkeit leben wir alle von ungeteilter wissenschaftlicher Erkenntnis. Unsere Kultur baut total und irreversibel auf Erkenntnis auf. In Praxis umgesetzte Erkenntnis ist die Grundlage unserer wissenschaftlich-technischen Welt und damit die Grundlage unseres Lebens. Und so wird es bleiben müssen. Es gibt keine akzeptable Alternative. Wir haben uns und die künftige Welt längst an die Wissenschaft ausgeliefert. Es gibt keinen Weg zurück.

In der Sprache des Moralisten Jaques Monod:
"Die moderne Gesellschaft ist von der Wissenschaft durchwoben; sie lebt von deren Produkten und ist davon so abhängig geworden wie ein Süchtiger von der Droge."

Ein 3. Motiv, weshalb Naturforschung zum 'Unsinn' erklärt wird, nährt sich von dem derzeit populären Vorwurf, die Wissenschaft habe versagt, weil sie es versäumt habe, verbindliche, humane Normen für die Anwendung von Erkenntnis in der menschlichen Praxis aufzustellen und durchzusetzen. "Unsere Wissenschaft ist schrecklich geworden, unsere Forschung gefährlich, unsere Erkenntnis tödlich --- Wir müssen unser Wissen zurücknehmen". Dies sagt Johann Wilhelm Möbius, Physiker und Patient eines Irrenhauses, in Friedrich Dürrenmatts bekanntem Schauspiel. Er hat sich mit der ständigen Behauptung, König Salomo zu sein, ins Irrenhaus gebracht, um sich und seine Erkenntnis der Menschheit zu entziehen. Aber Erkenntnis ist nicht zurücknehmbar. Dies mußte schließlich — was selten zitiert wird — auch Möbius einsehen: "Was einmal gedacht wurde, kann nicht mehr zurückgenommen werden".

Ich will damit der Frage nach der Verantwortung der Wissenschaft für den Gang der Welt nicht ausweichen. Die Beteuerung, die auf Erkenntnis gerichtete Forschung sei 'ihrem Wesen nach' sinnvoll, bleibt unglaubwürdig, solange die Naturforscher der Frage ausweichen, ob sich Wissenschaft auch angesichts ihrer praktischen Folgen moralisch legitimieren läßt. Wir sind dieser brennenden Frage nicht ausgewichen (→ Seite 178).

Ich werde schließlich — mit guten Gründen, wie ich glaube — für die Distinktion zwischen Erkennen und Handeln plädieren, für die klare Arbeitsteilung zwischen Forschen und Entscheiden.

In der Beschränkung auf das Ethos der Forschung, in der asketischen Konzentration auf Erkenntnis als überragenden Wert, setzt sich der Homo investigans freilich selbst eine Grenze, die sein Menschsein gefährdet. In den Worten von Max Planck: ". . . der (forschende) Mensch . . . kann sich mit dieser Grenze nicht begnügen. Er will und muß über sie hinausdringen, da auch er eine Antwort braucht auf die wichtige, unaufhörlich wiederkehrende Frage seines Lebens: Wie soll ich handeln? Und eine volle Antwort auf diese Frage findet er nicht . . . bei der reinen Wissenschaft, sondern er findet sie nur bei seiner sittlichen Gesinnung, bei seinem Charakter, bei seiner Weltanschauung." "Die Wissenschaft", so fährt Planck an anderer Stelle fort, "brauchen wir zum Erkennen, den Glauben zum Handeln".

Wir haben diesen Worten auch heute nichts entgegenzusetzen. Was jeweils gut oder böse ist in unserem Haus, in unserem Land oder in der Welt, kann auch der heutige Naturforscher nur seiner sittlichen Wertvorstellung, nicht seiner wissenschaftlichen Kompetenz entnehmen. Wir sollten daran keinen Zweifel lassen. Erkenntnis ist zwar eine Voraussetzung, aber kein hinreichender Grund für die richtige, die sinnvolle Führung unseres Lebens.

3.4.5 Sind die umfassenden Naturprozesse sinnvoll?

Ist die Evolution des Kosmos sinnvoll, die Evolution des Lebens, in die wir alle eingebettet sind mit Zeugung, Ontogenie und Tod? Befriedigt die Einsicht in die Naturprozesse unsere Suche nach dem Sinn des Ganzen? Oder bleibt der Mensch, wie Jacques Monod ihn sah, "ein Zigeuner am Rande des Universums, --- das für seine Musik taub ist und gleichgültig gegen seine Hoffnungen, Leiden oder Verbrechen".

Ich kann nur wiederholen, was viele vor mir geäußert haben: Evolution ist eine Folge der Anfangsbedingungen unseres Universums und der Eigenschaften der Materie. Auch bei der organismischen Evolution – im Wechselspiel von Zufall und Notwendigkeit – geschieht nichts, was den Kompetenzbereich wissenschaftlicher Gesetze und wissenschaftlich begründbarer Rahmenbedingungen überschreiten würde. Es gibt keinen Grund für die Annahme spiritueller Kräfte. Auch die (scheinbare) Zielgerichtetheit evolutionärer Vorgänge, die Richtungskomponente, läßt sich kausal erklären, ohne Rest. Programmgesteuerte teleonomische Vorgänge sind auf Ontogenien, auf die Entwicklung von Individuen, beschränkt. Ein entsprechendes Programm für die Phylogenie, die Stammesentwicklung, ist nicht zu erkennen. Die Idee einer kosmischen Teleologie findet keine wissenschaftliche Stütze. Evolution ist nicht antizipatorisch. Alle Phylogenie, alle organismische Evolution, ist darwinistische Evolution. Es gibt keinen triftigen Grund, die Abstammungslehre und ihre Begründung zu bezweifeln.

Aus Erkenntnis über die Struktur und Evolution der Welt folgt aber nicht automatisch eine Einsicht in den Sinn der Welt. Erkenntnis kann mir vielleicht helfen, die bohrenden Fragen nach dem Sinn leichter und überzeugender zu beantworten, aber es bleibt jede Antwort auf die Sinnfrage ein Bekenntnis, ein Entschluß, der nicht auf Erkenntnis reduziert werden kann. Daß ich mein

Leben bejahe — und ihm damit Sinn verleihe —, diesen Entschluß
kann ich nicht aus meiner Erkenntnis über die Welt deduzieren.
Selbst die Einsicht in die unentrinnbaren, negativen Rahmenbedingungen der Evolution hilft uns im Grunde nicht weiter, wenn
es um die Frage nach dem Sinn und Ziel unseres eigenen Lebens
geht.

Ein Beispiel dazu:

Der Naturforscher weiß, daß der zweite Hauptsatz der Thermodynamik uneingeschränkt gilt. Das Ende der Welt ist vorprogrammiert. Unabhängig davon, ob man den Endzustand des als "Wärme-
tod des Weltalls" oder als "Kältetod hochstrukturierter Gebilde
ohne weitere Evolutionsmöglichkeit" auffaßt; das Leben auf der
Erde wird dem definitiven Tod nicht entgehen.

Die meisten Naturforscher reagieren auf diese ungeheuerliche Erkenntnis mit erstaunlicher Gelassenheit, vermutlich deshalb, weil
kosmische Ereignisse — und sei es das Ende der Welt — für die
existentiellen Entscheidungen, hic et nunc, erstaunlich irrelevant
sind.

3.4.6 Warum können wir die Sinnfrage nicht von uns weisen?

Warum können wir die Fragen nach dem Sinn, nach dem Sinn unseres Tuns, unseres Lebens, nach dem Sinn der Welt, nicht verdrän-
gen. Gehört die 'Frage nach dem Sinn' zum Menschenleben dazu,
ist sie ein notwendiger Teil unseres Denkens? — Ja, so ist es. Der
Intellekt, die Fähigkeit zum richtigen teleologischen Denken und
Handeln, ist das entscheidende Merkmal der Hominidenevolution.
Der Homo sapiens ist zum Meister der Welt geworden, weil er
teleologisches Denken und Handeln — also Zielsetzung und ziel-
strebige Aktion und damit 'Technik' — weit besser entwickelte
als seine Konkurrenten.

Die 'Frage nach dem Sinn' ist deshalb in unserem Gemüt nicht zu
unterdrücken, weil sie ein integraler Teil unseres Intellekts, eine
notwendige Folge unserer Begabung zum teleologischen Denken
und Handeln ist. Das Fragen nach dem 'Sinn' ist in uns genetisch
vorprogammiert. Es ist ein Erbstück der Hominidenevolution, nicht
eine Erfindung dekadenter Kultur. Eine verbindliche *Antwort* auf
die Frage ist hingegen nicht vorgegeben; ebenso wenig wie beim

teleologischen Denken und Handeln die jeweiligen Zielsetzungen unseres Intellekts vollständig vorprogrammiert sind.

Was wir mit unseren Genen geerbt haben, ist lediglich die Fähigkeit, die Kapazität, zum teleologischen Denken und Handeln; und verbunden damit die Fähigkeit und Neigung, nach dem Sinn von Vorgängen und Ereignissen zu fragen, auch dann, wenn wir sie nicht selbst in Gang gesetzt haben. Warum geht jeden Morgen die Sonne auf? Warum muß der Mensch sterben? Warum ist etwas, und warum ist nicht nichts?

Wie geschieht Sinngebung in einer säkularisierten, durch die Wissenschaft geprägten Welt?

Es ist nicht meine Aufgabe, Klage darüber zu führen, daß allem Anschein nach die Sinnlosigkeit um uns zunimmt, weil die Kraft zur Sinngebung, die Bereitschaft, das Leben zu bejahen und es mit Anstand und Würde zu führen, schwindet.

Ich möchte mir aber doch eine abschließende Bemerkung erlauben. Die eigentliche Gefahr für unser Weiterleben liegt nicht in der Bedrohung durch die äußeren Ereignisse — so schwierig die Dinge auch liegen —, sondern im Erlahmen unserer geistig-moralischen Kraft, den Herausforderungen unserer Zeit sinnvoll und kraftvoll zu begegnen.

Es gibt keine Patentlösung. Auch die 'sinnstiftende Tradition' kann uns nicht eindeutig leiten, wenn das Neue, das Unerhörte uns bedrängt.

Es gibt in einer säkularisierten und pluralistischen Welt auch keine kollektive Lösung mehr. Ein jeder von uns muß sich auf seine Art in einem Glaubensakt die verschütteten Quellen der Kraft und Zuversicht neu erschließen, wie seinerzeit der alte Galilei, dem Bertolt Brecht die Worte in den Mund legte: "Ich glaube an den Menschen, und das heißt, ich glaube an seine Vernunft! Ohne diesen Glauben würde ich nicht die Kraft haben, am Morgen aus meinem Bett aufzustehen."

Weiterführende Literatur

B r e s c h , C. (1977): Zwischenstufe Leben. Evolution ohne Ziel? München: Piper

E i g e n, M.; W i n k l e r, R. (1975): Das Spiel — Naturgesetze steuern den Zufall. München: Piper
M o n o d, J. (1971): Zufall und Notwendigkeit. München: Piper
S t e n t, G. S. (1978): Paradoxes of Progress. San Francisco: Freeman

3.5 Über die Verantwortung des Biologen

3.5.1 Die Grundlagen

Die Biologie zielt auf Erkenntnis, auf zuverlässiges gesichertes Wissen. 'Erkenntnisprogreß' bedeutet, daß unsere wissenschaftliche Arbeit dieses Wissen sicherer und umfassender macht.

Erkenntnis ist in der Welt, in der wir leben, die unabdingbare Basis erfolgreicher Problemlösungen. Wie wir uns bereits klar gemacht haben (→ Seite 169), ist ein Problem dann wissenschaftlich gelöst, wenn wir es 'kausal beherrschen'. Damit ist gemeint, daß sich das Problem in kausal erklärende Sätze aufgelöst hat. An die Stelle des Problems ist damit 'Erkenntnis' getreten, und der Weg ist offen für eine rationale 'praktische Problemlösung'.

Sicherlich sind die Wissenschaft als Institution und der Wissenschaftler als Person einbezogen in die allgemeine Sinn- und Vertrauenskrise, die Mode geworden ist in unserer Gesellschaft. Antiwissenschaftliche Subkulturen haben sich etabliert. Das Mißtrauen gegen die Wissenschaft wurde geschürt, das traditionelle Vertrauen in die Wissenschaft wurde Stück für Stück abgebaut. Immer lauter wurde behauptet, zunächst vor allem innerhalb der Universitäten, die etablierte Wissenschaft habe versagt. Aber noch immer gilt der Erkenntnisfortschritt in den Naturwissenschaften als das Paradigma des Fortschritts, auch wenn man uns die 'Bewältigung des Fortschritts' nicht mehr blindlings zutraut. Immer noch werden wir respektiert, solange wir uns in der Praxis bewähren. Solange die Menschen unserer Zeit gute Gründe haben, an einen engen Zusammenhang zwischen Erkenntnis und Wohlfahrt zu glauben, werden sie eine autonome Wissenschaft gewähren lassen und sie unterstützen.

3.5.2 Die Verantwortung des Wissenschaftlers

Die primäre Verantwortung des Wissenschaftlers, die eigentlich
moralische Verantwortung des Wissenschaftlers, leitet sich unmittelbar aus dem Ethos der Wissenschaft ab. Sie betrifft die Zuverlässigkeit der wissenschaftlichen Sätze, die Zuverlässigkeit des Wissens.

Der Wissenschaftler ist primär dafür verantwortlich, daß sich wissenschaftliche Sätze an der Realität bewähren. Der handelnde Mensch muß sich bei jeder Problemlösung und unter allen Umständen auf die Sätze der Wissenschaft verlassen können.

Die Sätze, die von der Wissenschaft in das menschliche Handeln, in die Praxis der Existenzbewältigung, einfließen, haben stets dieselbe Struktur. Es sind 'Wenn-dann-Sätze'. In allgemeiner Form lauten diese Sätze: Wenn die Faktorenkonstellation x gegeben ist, dann werden die Folgen y resultieren; oder: wenn man die Folgen y erreichen will, dann muß man die Konstellation x schaffen; oder: wenn man die Folgen y vermeiden will, dann muß man die Faktorenkonstellation x vermeiden. Sätze wie 'Die Konstellation x ist gut' haben erst dann eine wissenschaftliche Bedeutung, wenn man sie in die Form bringt 'Ich sage voraus, daß die Faktorenkonstellation x als gut befunden wird, um die Folgen y zu erreichen'. Ob es wünschenswert oder gerecht ist, y zu erreichen, ist in diesem Satz nicht impliziert. Ein solches Vorurteil ist wissenschaftlich nicht begründbar und in einer pluralistischen Gesellschaft, in der die *Ziele* im Streite liegen, prinzipiell strittig. Wenn Werturteile, politische oder persönliche Werturteile, wohlgemeinte Warnungen, in Wenn-dann-Sätze einfließen, geht die Zuverlässigkeit der Prognose allzu leicht verloren. Werturteile, auch wenn zufällig Konsens bestehen sollte, sind Einflußgrößen, die sich unversehens und sprunghaft ändern können.

Folgenabschätzung, etwa Technikfolgenabschätzung, muß dann zu Enttäuschungen und Fehlentscheidungen führen, wenn damit moralische Fragen beantwortet und ethische Probleme gelöst werden sollen, die sich grundsätzlich nicht in Form wissenschaftlicher Wenn-dann-Sätze behandeln lassen.

Wir müssen uns damit abfinden, daß jede Anwendung wissenschaftlicher Erkenntnis in der Praxis unserer Existenzbewältigung notwendigerweise ambivalent ist.

Die Wissenschaft geht davon aus, daß Erkenntnis *gut* ist. Die Anwendung von Erkenntnis in der menschlichen Praxis, also im Rahmen physikalischer oder biologischer Technik, ist hingegen immer ambivalent, ist immer ein zweischneidiges Schwert. Einstein glaubte sich tief verantwortlich vor der Menschheit, als er in den ersten Phasen seines Lebens gegen alle militärischen Vorbereitungen kämpfte. Er hielt sich für noch verantwortungsbewußter gegenüber der Menschheit, als er bei Roosevelt zugunsten der Atombombe intervenierte. Er hatte beidemal recht: Die Beurteilung einer technischen Leistung nach Gut und Böse ist prinzipiell niemals eindeutig, sie hängt vom Standpunkt und vom Zeitpunkt ab, von den jeweils waltenden Rahmenbedingungen, vom ideologischen oder ethischen Vorurteil. Dies kann man sich an jedem Stück Technik klarmachen, an einem Küchenmesser genauso wie an Penicillin, an einem Herbicid oder an einem Ovulationshemmer genauso wie an einem Atomreaktor.

Die primäre moralische Verantwortung des Wissenschaftlers betrifft ausschließlich die Zuverlässigkeit der wissenschaftlichen Sätze, die als 'Wenn-dann-Sätze' in 'Forschung und Entwicklung', in die riskbenefit-Analyse, in die Entscheidungs- und Folgeprozesse und damit in die Praxis eingehen. Der Wissenschaftler ist primär dafür verantwortlich, daß sich wissenschaftliche Sätze an der Realität bewähren, daß sie 'Erkenntnis' darstellen. Die Menschen müssen sich bei jeder Problemlösung und unter allen Umständen auf die Sätze der Wissenschaft verlassen können. Dies ist der entscheidende Punkt.

Die Enttäuschung der Öffentlichkeit über die Universität rührt in erster Linie davon her, daß wir uns weigern, klar und deutlich zu markieren, wo Erkenntnis endet und die Spekulation, die Vermutung, die Überzeugung — und vor allem — die politische Empfehlung, die Parteilichkeit, beginnen.

Natürlich wissen wir alle, daß 'Wissenschaftlichkeit' und 'Parteilichkeit' sich ausschließen. Aber die Grenzen sind unscharf geworden — durch unsere eigene Schuld. Wenn jemand sich zum Marxismus bekennt, trotz der Tatsache, daß keine einzige marxistische Prognose eingetroffen ist, so dokumentiert er damit, daß er einer nicht-wissenschaftlichen Weltanschauung huldigt. Dies ist nicht verwerflich. Wir alle tragen nicht-wissenschaftliche Ansichten und

Überzeugungen mit uns herum. Verwerflich ist es jedoch, Wissenschaft und nicht-wissenschaftliche Weltanschauung zu vermischen. "Wissenschaftlicher Marxismus" ist ein Widerspruch in sich.

Es war ein Fehler, gegenüber einer erwartungsvollen, auf Sicherheit bedachten Öffentlichkeit die Distinktion zwischen Erkenntnis und Überzeugung zu verwischen und damit Hoffnungen zu erwecken, die nicht zu erfüllen sind. Behauptungen, die zwar wissenschaftlich verbrämt, aber in Wirklichkeit politisch motiviert und ungenügend gesichert sind, haben unser Prestige zerrüttet. Manche von uns haben den Umstand, daß die Wissenschaft vielfach zu einer öffentlichen Angelegenheit geworden ist, moralisch nicht verkraftet. Wir wissen allmählich, daß öffentliche Dispute über kontroverse Fragen an der Grenzlinie zwischen Wissenschaft und Gesellschaft in der Regel negative, zuweilen entsetzliche Folgen für das fachliche und moralische Prestige der Wissenschaft haben. Natürlich können zwei Wissenschaftler verschiedene Auffassungen über eine Frage haben, die sich dem Zugriff der Wissenschaft noch entzieht, oder sie können zu verschiedenen Folgerungen kommen, weil sie zwar die gleichen Gesetze verwenden, aber verschiedene Randbedingungen in ihr Kalkül einsetzen (→ Seite 136). Aber allzu oft verlassen Wissenschaftler den Bereich ihrer fachlichen Kompetenz oder verwischen die Trennungslinie zwischen Überzeugung und Beweis. Sie untergraben damit die Vertrauenswürdigkeit der Wissenschaft.

Man kann, glaube ich, das moralische Obligo des Wissenschaftlers nicht oft genug betonen: Die primäre Verantwortung des Wissenschaftlers betrifft die Zuverlässigkeit des Wissens. Er ist primär dafür verantwortlich, daß sich der handelnde Mensch bei jeder Problemlösung und unter allen Umständen auf das Wissen der Wissenschaft verlassen kann.

Die Frage ist, ob es darüber hinaus eine besondere, eine spezifische Verantwortung des Wissenschaftlers — in unserem Fall des Biologen — für das Gemeinwohl gibt? Oder ist die strikte Trennung zwischen Sein und Sollen, die strikte epistemologische Distinktion zwischen wissenschaftlichen Sätzen und normativ-bewertenden Urteilen 'der Weisheit letzter Schluß'?

3.5.3 Verweigerung von Erkenntnis?

Kann, so lautet eine oft gestellte Frage, der Wissenschaftler durch
eine Verweigerung von Erkenntnis zu einer humaneren Welt beitragen? Es wurde tatsächlich immer wieder die Forderung erhoben,
dem Hippokratischen Eid für Ärzte eine entsprechende Verpflichtung für Wissenschaftler an die Seite zu stellen. Die Vorschläge für
einen solchen Eid laufen stets darauf hinaus, daß sich die Wissenschaftler verpflichten sollten, nur dann zu arbeiten, wenn sich die
Zielsetzung der Arbeit mit bestimmten Wertvorstellungen − humanen Wertvorstellungen − vereinbaren läßt. Descartes bereits hat am
Ende des Discours einen solchen Eid ins Auge gefaßt. Er schreibt:
"Ich könnte nicht an Projekten arbeiten, die nur deshalb für einige
nützlich sind, weil sie anderen schaden."
Ein Vorschlag aus unseren Tagen stammt von Dullart: "Als Wissenschaftler verpflichte ich mich, mein Wissen und Können ausschließlich in den Dienst der Menschheit zu stellen. Ich werde mich
niemals an Forschungen beteiligen, die auf die ungerechtfertigte
Ausrottung von Organismen oder auf die Störung biologischer
Gleichgewichte abzielen, falls diese Störung für die Menschheit
nachteilig ist. Die Leitidee meiner wissenschaftlichen Arbeit wird
die Förderung des Gemeinwohls sein. Ich übernehme die Verantwortung für unvorhergesehene, schädliche Resultate, die unmittelbar aus meiner Arbeit resultieren. Ich werde diese Schäden beheben,
soweit ich kann. Dies gelobe ich aus freien Stücken und leiste darauf
mein Ehrenwort."
Die Schwierigkeiten, die sich der Einführung und der Durchsetzung
einer solchen Verpflichtung entgegenstellen, sind offensichtlich.
Wie soll ein Konsens darüber erzielt werden und wer wird notfalls
darüber entscheiden, ob eine bestimmte wissenschaftliche Arbeit
als ein Dienst an der Menschheit angesehen werden kann? Welcher
erfahrene Mensch traut sich ein solches Urteil zu?
Die Forderung an den Wissenschaftler, er solle die möglichen Folgen
seiner Arbeit vorhersehen und im voraus sittlich verantworten, ist
prinzipiell unerfüllbar. Natürlich steht die persönliche Verweigerung
in einer freien Gesellschaft jedem offen. Sie ist allerdings, abgesehen
von besonders prominenten, heroischen Ausnahmen, wirkungslos,
da auch in der Wissenschaft fast jeder Mensch ersetzbar ist.

Gibt es überhaupt eine besondere, eine spezifische moralische Verantwortung des Wissenschaftlers für das Gemeinwohl?

Ich habe bereits angedeutet (→ Seite 198), daß die Wissenschaft für den einzelnen oder für das Kollektiv keine Werturteile, keine Sinnkriterien, keine Zielmodelle begründen kann, die den Charakter und die Verbindlichkeit wissenschaftlicher Sätze hätten. Die Wissenschaft kann den Menschen nicht verbindlich sagen, was im moralischen Sinn 'gut' ist oder was 'schön' ist. Sie kann die Fragen nach dem 'Ziel' nicht verbindlich beantworten. Vornehmer ausgedrückt: Die epistemologische Distinktion zwischen wissenschaftlichen Sätzen und normativ-bewertenden Urteilen ist für den Wissenschaftler bindend. Erkenntnis ist zwar eine unabdingbare Voraussetzung, aber kein hinreichender Grund für richtiges Handeln, für die richtige Führung unseres Lebens.

Trotzdem gibt es — glaube ich — eine spezifische moralische Verantwortung des Wissenschaftlers für das Gemeinwohl, der wir uns zu stellen haben. Es ist zwar zutreffend, daß die Wissenschaft den Menschen nicht verbindlich sagen kann, was im moralischen Sinn 'gut' und 'richtig' ist. Die Wissenschaft kann keine Werte begründen. Sehr wohl aber kann sie *Anti*-Werte begründen.

3.5.4 Anti-Werte

Mit 'Anti-Werten' bezeichne ich solche instrumentalen oder terminalen Werte, die wir nicht mehr in Betracht ziehen dürfen, wenn wir die Wohlfahrt des Menschen und das wenigstens mittelfristige Überleben der menschlichen Spezies als ein *universales* Ziel, als den *überragenden* terminalen Wert betrachten. Wenn wir diese Zielsetzung anvisieren, können wir zwar immer noch nicht wissenschaftlich verbindlich sagen, was an instrumentalen Werten richtig ist; sehr wohl können wir aber verbindlich sagen, was an instrumentalen Werten falsch ist. Zum Beispiel kann man begründen, daß die Erde bereits weit übervölkert ist und ein weiteres quantitatives Wachstum mit der Belastbarkeit der Ökosysteme und mit dem noch verbliebenen Ressourcenreservoir nicht zu vereinbaren ist. 'Populationswachstum' wäre deshalb beim heutigen Stand der Rahmenbedingungen als ein Anti-Wert anzusehen und die Enzyklika 'Humanae vitae' wäre als falsch einzustufen, unabhängig davon,

welche Werte Paul VI. seiner Enzyklika zugrunde legte. Es mag
höhere terminale Werte geben als das mittelfristige Überleben
des Homo sapiens. Entsprechend würden sich die deduzierten
instrumentalen Werte ändern. Wenn man jedoch die wenigstens
vorläufige Wohlfahrt der Menschen als einen überragenden terminalen Wert proklamiert, kann man nicht gleichzeitig die Geburten-
kontrolle zur Sünde erklären. Vielmehr muß dann unser Streben
weltweit darauf abzielen, es den Menschen zu ermöglichen, weniger
Nachkommen besser versehen ins Leben zu schicken als viele zu
schlecht.

Ich glaube, daß es zur moralischen Verantwortung des Wissenschaftlers gegenüber dem Gemeinwohl gehört, Anti-Werte zu begründen
und mutig für diese Einsicht einzutreten, auch wenn der Zeitgeist
oder die politische Opportunität es ihm geraten erscheinen lassen,
den Mund zu halten.

Eine praktische bedeutsame Variante dieses moralischen Engage-
ments ist die unerschrockene Opposition gegen wissenschaftlich
falsche politisch-ideologische Leitideen und Programme. Hier fun-
giert wissenschaftliche Kritik in der Tat als Korrektiv politischer
Entscheidungen. Der Wissenschaftler soll, auch im Interesse der
Gesellschaft, in der er lebt, opponieren, wenn er sieht, daß sich die
Prämissen politischer Ideologie oder metaphysischer Doktrin über
'Erkenntnis' hinwegsetzen. Gegen Erkenntnis kann auf die Dauer
niemand vernünftig regieren. Wir dürfen deshalb nicht zulassen, daß
Erkenntnis in praxi unterdrückt wird, weil sie nicht in das vorge-
prägte Überzeugungsmuster paßt. Es kann keinen tragfähigen
Grundwertekonsens geben, wenn die gemeinsamen Grundvorstel-
lungen gegen Erkenntnis verstoßen. Wir werden vielmehr, über kurz
oder lang, mit solchen 'Grundwerten' an der Realität scheitern.

Umso bedeutsamer ist unsere Verantwortung für die Zuverlässigkeit
der Erkenntnis, und umso schwerer wiegt unsere Verantwortung
für die Zukunft der Wissenschaft, für den Erhalt ihrer moralischen
Substanz (wissenschaftliches Ethos), für ihre optimale Organisation,
für die Erhaltung der soziokulturellen Rahmenbedingungen, intellektuelle Freiheit und Autonomie, unter denen Wissenschaft nur
gedeihen kann. Die Ethik des Wissens, das Gebot zu erkennen, muß
über alle sie begrenzenden Verbote und Tabus triumphieren. Sonst
ist das Ende unserer Kultur abzusehen. Die moderne Welt ist, ob

die Menschen dies verstehen oder nicht, auf Erkenntnis gegründet, irreversibel.

3.5.5 Verantwortung und Praxis

Unsere Verantwortung für die Zukunft des Menschen – was kann der Wissenschaftler *praktisch* tun?

1. Er muß wichtige und weniger wichtige Probleme unterscheiden! Zum Beispiel ist die derzeit populäre Diskussion über die 'Gefahren' von Genmanipulation und Gentransfer (→ Wade) nicht nur unwichtig, sondern weithin unsinnig! (→ Mohr, 1977a) Die Diskussion unwichtiger Themen lenkt unsere Kraft und das Interesse der Öffentlichkeit von den wichtigen Themen ab. "Das Retortenbaby ist nicht vergleichbar mit dem Nord-Süd-Konflikt" (R. Hertel).

2. Er soll die Menschen auf die Konsequenzen ihres Tuns hinweisen – in Form von Wenn-dann-Sätzen!

3. Er soll mehr Wahrhaftigkeit in die politische Diskussion einbringen, auf die Realitäten hinweisen, vor Illusionen warnen – unbeirrt von äußeren Rücksichten soll er nicht nur die 'Wahrheit' suchen, sondern diese 'Wahrheit' auch bekennen. "Wer die Wahrheit nicht weiß, ist nur ein Dummkopf; wer sie aber weiß und verschweigt, ist ein Verbrecher", so lautet ein Satz von Bertolt Brecht.

4. Er soll, vor allem, auf symmetrisches Argumentieren dringen. Ein Beispiel: Es genügt nicht, die Frage zu prüfen "Was kann eventuell passieren, wenn wir Kernkraftwerke betreiben?" Man muß mit dem gleichen Ernst und mit derselben Intensität die Frage prüfen "Was wird aus unserer Kultur, aus unserem Lebensstil, aus unserer Wirtschaft, aus dem Umweltschutz, aus der 3. und 4. Welt werden, wenn wir auf die friedliche Nutzung der Kernenergie verzichten?" Oder: Es genügt nicht, die Frage zu prüfen "Welche unerwünschten Rückstände hinterläßt der intensive Pflanzenbau unserer Tage im Ertragsgut?" Man muß mit dem gleichen Ernst und mit derselben Intensität die Frage prüfen "Was wird aus unserer Ernährungsbasis werden, was wird mit den hungernden Menschen in der Welt geschehen, wenn wir aus Angst vor einem minimalen Risiko den sog. biologischen Land-

bau bevorzugen und damit unweigerlich innerhalb weniger Jahre die Flächenerträge erheblich reduzieren und damit für viele Menschen in der Welt Nahrung unerschwinglich machen?''

Man erwartet von uns, daß wir unabhängig, kreativ und verantwortungsvoll denken und unkonventionelle Strategien der Problemlösung vorschlagen; aber nicht ins Blaue hinein wie manche Sozialphilosophen, sondern auf der Basis soliden Wissens.

Unsere Kultur ist auf wissenschaftlich-technischen Fortschritt gegründet; wir können uns nicht — auch wenn es im Interesse unserer wissenschaftlichen Arbeit dringend geboten wäre — in den Elfenbeinturm vornehmer Abstinenz zurückziehen, wenn es darum geht, den Fortschritt zu bewältigen.

3.5.6 Welche Themen sind vorrangig wichtig?

Die ökologische Krise? Dieses Thema (wir halten uns hier eng an Markl) hat in der Tat Vorrang. Der Mensch stößt, daran kann kein Zweifel bestehen, an seine ökologischen Grenzen. Unsere derzeitige Krise besteht darin, daß die Art Homo sapiens mit ihrem Anspruch an Ressourcen weit über die Tragfähigkeit der Umwelt hinausschießt und damit ihren Untergang provoziert. Dies ist für den Biologen eigentlich nicht weiter aufregend. Viele Millionen von Arten, vielleicht 500 Millionen Arten, sind im Verlauf der biologischen Evolution entstanden, haben in ihren Lebensräumen eine Zeitlang floriert und sind wieder verschwunden, weil sie eine ökologische Begrenzungskrise nicht überleben konnten. Solche Vorgänge gehören zum Alltag der Evolution; sie sind sozusagen biologisch normal.

Natürlich ist der Mensch eine Naturkatastrophe, wie viele erfolgreiche Arten vor ihm. Er greift brutal in die 'Ordnung der Natur' ein, er vernichtet andere Arten, er zerstört rücksichtslos die Vielfalt und Schönheit der Schöpfung, um Platz zu schaffen für mehr Menschen, immer mehr Menschen. Auch dies ist biologisch normal, und insofern passen die 'Humanae vitae'-Enzyklika und die Beschlüsse einer römischen Bischofskonferenz (1980) zum rauhen Alltagsgeschehen der Evolution. Biologisch normal ist dann allerdings auch die Begrenzungskrise und der drohende Untergang.

Die Populationsgröße des Homo sapiens ist infolge günstiger Umstände (Wissenschaft, Technik, Medizin) weit über die Tragekapazität des Biotops geraten. Die Folgen sind jetzt nicht mehr zu übersehen: Übernutzung der Ressourcen, Umweltzerstörung, Absinken der Tragekapazität (zum Beispiel nehmen die Flächen, die für den Ackerbau langfristig geeignet sind, weltweit rapide ab, obgleich heute (1980) bereits rund 600 Millionen Menschen buchstäblich am Hungertuch nagen und obgleich wir heute bereits das fossile Energieäquivalent von 1 l Erdöl für die Produktion von 1 kg Brot aufwenden!). Die Situation unserer Population ist krisenhaft instabil. Dies ist kein Scheinproblem, sondern eine tödliche Bedrohung. Was könnte man tun?

Eine Sicherung — wahrscheinlich die einzig mögliche Sicherung — wäre die Begrenzung der Populationsdichte im erheblichen Abstand von der maximalen Tragekapazität. Man hat diese Fähigkeit bei manchen Tieren vermutet, aber nie beweisen können. Wir kennen auch keinen biologisch-evolutiven Mechanismus, der dies bewirken könnte. Der Mensch, der Homo sapiens, hätte als erste Art die Chance, dies kraft eigener Einsicht in die Wege zu leiten. Wo liegt die Tragekapazität der Welt für unsere Art und in welchem Abstand von der Tragekapazität müssen wir uns einrichten, damit wir einen zumindest mittelfristig stabilen Zustand erreichen. Eine numerische Abschätzung ist schwierig, da hier die Wahl der Randbedingungen entscheidend hereinspricht; aber ich halte es für wahrscheinlich, daß die heutigen 4,6 Milliarden Menschen auf der Welt die Tragekapazität unseres Planeten bereits weit übersteigen. Wir leben zur Zeit von dem eng begrenzten Vorrat fossiler Ressourcen, sonst wären wir längst am Ende. In den 30er Jahren, als es etwa 2 Milliarden Menschen auf der Erde gab, rechneten kluge Populationsbiologen damit, daß sich der vernunftbegabte Mensch auf diesem Planeten mit etwa 2,7 Milliarden Menschen häuslich einrichten würde. Mit ihrer Empfehlung hatten sie vermutlich recht, nicht aber mit ihrer Prognose.

Es gehört zu den Grundthesen der Ökologie, daß Populationen letztendlich durch die verfügbare Nahrung begrenzt werden. Dennoch sind Berechnungen der maximalen Tragekapazität der Erde für Menschen — unbegrenzte Energieressourcen vorausgesetzt — total irreführend, da umweltbelastende Nebenwirkungen die theoretische Spitzenproduktion nicht zur Dauerproduktion werden lassen und

da zum humanen Leben mehr gehört als 10 000 KJ Nahrungszufuhr
pro Tag (Markl). Die ernährungstechnisch maximal mögliche Erd-
bevölkerung ist kein humanes Ziel, sondern eine Horrorvision.
Außerdem können wir uns landwirtschaftliche Intensivkultur nach
dem Versiegen der fossilen Energiequellen gar nicht mehr leisten.

3.5.7 Welches 'Prinzip Hoffnung'?

Für den Wissenschaftler ist ein utopisches, gegenüber der Realität
blindes 'Prinzip Hoffnung' nicht diskutabel. Manche vertrauen auf
neue Innovationen, die neue Horizonte eröffnen sollen; doch ohne
die geringste Sicherheit, daß dies wirklich eintreffen wird.

Was man von uns erwartet, ist eine auf Einsicht und Vernunft ge-
gründete und Schritt für Schritt rational verantwortete Überlebensstrategie, die auf einer Überlebensethik basiert. Wir brauchen sie
bald – heute, nicht morgen. Wir hätten sie eigentlich schon vor-
gestern gebraucht. Viele meiner Kollegen zweifeln daran, daß die
Menschheit imstande sein wird, sich aus den Gesetzen biologischer
Evolution zu lösen und die Verantwortung für die Zukunft des
Lebens auf dieser Erde der Vernunft zu übertragen, selbst wenn es
für eine Umkehr noch nicht zu spät sein sollte.

Es ist in der Tat mehr als fraglich, ob die Mehrzahl der Menschen
fähig sein wird, die wirklich wichtigen Probleme rechtzeitig zu erkennen, die gängigen Ideologien einer Überlebensstrategie anzupassen, ihr Verhalten zu ändern und durch politische Entscheidungen,
die eine bisher ungewohnte Konzentration von sachlichen Mitteln
und moralischen Kräften einschließen müßten, den Weg zu einer
umfassenden Problemlösung rechtzeitig freizumachen. Obgleich
dem Optimismus enge Grenzen gesetzt sind, sind Resignation und
Fatalismus keine würdige Alternative. Pessimismus vor den Aufgaben der Zukunft wird leicht zur selbsterfüllenden Prophetie.

Zwar wäre es eine Illusion, nach Art der Marxisten auf einen 'neuen
Menschen' zu hoffen. Wir wissen, daß jede künftige Ordnung mit
jenem 'alten Adam' rechnen muß, den uns "Der ferne Spiegel" der
Barbara Tuchman zeigt, mit seinen Schwächen, mit den gefährlichen, brutalen Seiten seiner Natur, deren genetische Grundlagen
in der Steinzeit entstanden sind. Das Überlebensmodell kann jedoch
auch mit den bewährten, *konstruktiven* Fähigkeiten des Menschen

rechnen, und diese Fähigkeiten (die Vernunft, Leistung, Opfer, Verzicht und Liebe einschließen) sind ungeheuer, sofern ein Ziel gesetzt ist, dessen Glanz die Fähigkeiten aktiviert.

Die moderne Wissenschaft und die aus ihr entstandene Technologie sind enorm leistungsfähig. Eine Wissenschaft, die den Flug zum Mond oder die In-vitro-Synthese eines Gens planen und technisch ausführen kann, kann auch Ökosysteme regenerieren, atmosphärischen Stickstoff fixieren und genügend Energie produzieren, falls man ihr nicht aus Angst oder Dummheit in den Arm fällt und den Mut nimmt. Nostalgisch-vornehme Resignation und ideologisch verkürzte Fehleinschätzungen der Realität wirken hier gleichermaßen lähmend.

Ich glaube, daß wir eine Überlebensstrategie noch schaffen könnten, wenn wir endlich begriffen, daß uns keine Alternative mehr bleibt. Wir haben nur noch eine kurze Spanne, aber sie müßte ausreichen. Entscheidend ist, daß wir die Zukunft bewußt wollen und uns entsprechend verhalten. Es genügt nicht, zu wissen, was vernünftig wäre; wir müssen vernünftig *handeln*.

Weiterführende Literatur

D u l l a a r t, J. (1970): Proposal of general, ethical statement for natural scientists. Acta Biotheoretica **19**, 212

M a r k l, H. (1980): Ökologische Grenzen und Evolutionsstrategie Forschung. Mitt. der Deutschen Forschungsgemeinschaft 3/80, p. I

M i c h a e l i s, A. R.; H a r v e y, H. (eds.) (1973): Scientists in Search of their Conscience. Heidelberg — New York: Springer

M o h r, H. (1977a): Structure and Significance of Science. New York — Heidelberg: Springer (p. 152 ff.)

M o h r, H. (1977b): Über die Verantwortung des Wissenschaftlers. Naturwiss. Rdsch. **30**, 37

M o h r, H. (1979): Wissenschaft und Ethik. In: Freiburger Vorlesungen zur Biologie des Menschen. Heidelberg: Quelle und Meyer

M o r l e y, D. (1978): The sensitive Scientist. London: SCM Press

T u c h m a n, B. (1980): Der ferne Spiegel. Düsseldorf: Claassen

W a d e, N. (1979): Gefahren der Genmanipulation. Berlin: Ullstein

Teubner Studienbücher   Fortsetzung

Geographie   Fortsetzung

Müller: **Tiergeographie**
Struktur, Funktion, Geschichte und Indikatorbedeutung von Arealen
268 Seiten. DM 28,80

Müller-Hohenstein: **Die Landschaftsgürtel der Erde**
2. Aufl. 204 Seiten. DM 28,—

Rathjens: **Die Formung der Erdoberfläche unter dem Einfluß des Menschen**
Grundzüge der Anthropogenetischen Geomorphologie
160 Seiten. DM 24,80

Semmel: **Grundzüge der Bodengeographie**
120 Seiten. DM 24,80

Weischet: **Einführung in die Allgemeine Klimatologie**
Physikalische und meteorologische Grundlagen
2. Aufl. 256 Seiten. DM 29,80

Windhorst: **Geographie der Wald- und Forstwirtschaft**
204 Seiten. DM 28,80

Wirth: **Theoretische Geographie**
Grundzüge einer Theoretischen Kulturgeographie
336 Seiten. DM 32,—

Preisänderungen vorbehalten